建设工程施工现场试验

马洪晔 马 克 主编

U0286313

中国建筑工业出版社

图书在版编目（CIP）数据

建设工程施工现场试验/马洪晔，马克主编. —北京：中国建筑工业出版社，2012.7
ISBN 978-7-112-14456-3

Ⅰ．①建…　Ⅱ．①马…②马…　Ⅲ．①建筑工程-施工现场-现场试验　Ⅳ.①TU74

中国版本图书馆 CIP 数据核字（2012）第 143976 号

本书简明扼要地阐述了建设工程施工现场试验工作的性质、管理和工作程序；对建设工程（道路、桥梁）施工材料进场复试、施工过程质量试验抽取试样和工程实体质量与使用功能检测常规试验项目、组批原则、取样方法等工作依据现行标准进行了深入浅出的论述。旨在提高建设工程施工现场试验人员的技术素质，确保现场试验工作质量。内容包括：现场试验工作、施工材料进场复试、施工过程质量检测试验、工程实体质量与使用功能检测和市政（道路、桥梁）工程，共5章39节。所有内容均在目录中列出索引，以方便读者查找。

本书内容丰富，既有学习价值又兼有工具书特点，可作为建设工程施工现场试验人员的培训教材，同时也是一部建设工程检测机构和施工技术人员的参考书。

* * *

责任编辑：封　毅
责任设计：张　虹
责任校对：肖　剑　赵　颖

建设工程施工现场试验
马洪晔　马　克　主编
*
中国建筑工业出版社出版、发行（北京西郊百万庄）
各地新华书店、建筑书店经销
霸州市顺浩图文科技发展有限公司制版
北京世知印务有限公司印刷
*
开本：787×1092毫米　1/16　印张：19¼　字数：467千字
2012年9月第一版　2013年9月第二次印刷
定价：**45.00**元
ISBN 978-7-112-14456-3
(22531)

本书编委会

编委会主任	何西令
编委会副主任	杨秀云　王　薇　张英莲
编委会委员	汪　良　任　平　任　容　董晓明　傅　瀛
	杨于北　马新疆　王　霓　刘　柯　刘长春
主　　编	马洪晔　马　克
编写人员	岳爱敏　刘继伟　张俊生　王华萍　刘惠心
	李瑞峰　周向阳　赵　洁

编写人员及编写内容

序号	内 容	章 节	编写人
1	前 言	卷 首	马洪晔
2	现场试验工作； 常用水泥、砂、卵（碎）石、轻集料、常用掺合料（粉煤灰、粒化高炉矿渣粉）； 土工击实、混凝土施工质量检验、建筑砂浆； 混凝土（砂浆）配合比	第一章； 第二章：第一节、第二节、第三节、第四节、第五节； 第三章：第一节、第三节、第四节、第五节	马洪晔
3	混凝土外加剂、防水材料、砖及砌块	第二章： 第六节、第九节、第十节	张俊生
4	建筑用钢材、钢结构紧固件及防火涂料、装饰装修材料、混凝土结构加固材料； 钢筋连接、钢结构高强度螺栓连接和钢网架螺栓球节点	第二章：第七节、第八节、第十一节、第十四节； 第三章：第二节、第六节	刘继伟
5	水泥基灌浆材料、节能材料（保温材料、外墙外保温用聚合物砂浆、增强网、电线电缆、采暖散热器、风机盘管机组、建筑外窗）； 系统节能	第二章： 第十二节、第十三节； 第四章：第五节	王华萍
6	建筑幕墙	第二章：第十五节	赵洁
7	建筑外窗现场检测、混凝土结构加固现场检测、钢结构工程现场检测、地基基础	第四章： 第一节、第二节、第八节、第九节	马克
8	钢筋保护层厚度、外墙饰面砖拉拔、混凝土抗压强度现场检测、外墙外保温现场检测、抹灰砂浆拉伸粘结强度现场检测	第四章： 第三节、第四节、第六节、第十节、第十一节	李瑞峰
9	室内环境污染控制	第四章：第七节	周向阳
10	市政工程材料试验	第五章：第一节	刘惠心
11	路基路面现场检测	第五章：第二节	岳爱敏

前　言

建设工程质量关乎人民群众生命、公有私有财产的安危。"质量第一，百年大计"始终是党和政府、百姓关注的头等大事。对建设工程内在质量的评价是通过检测试验来完成的。

建设工程质量检测是一个由施工现场抽取试样、委托送检、监理单位见证、检测单位验收试样并对试样进行试验或直接对现场实体进行检测、最终出具试验报告的系统工程。系统中的参与各方同时肩负着真实客观评价建设工程质量的重大责任。

现场试验工作是指依据国家、行业、地方等相关标准，对建设工程施工所使用的材料或施工过程中为控制质量而进行的试样（件）抽取，委托检测单位进行质量评价的活动；其中也包括现场试验人员直接进行的半成品性能、工序质量等检测试验活动。可以说现场试验工作是真实客观地评价工程质量的前提。

为了提高建设工程施工现场试验人员的技术素质，北京市工程质量检测试验方面的有关专家和人员编写了本书，其中囊括了建设工程施工现场试验技术工作管理和工作程序的基本过程。

本书主要内容包括：现场试验工作、施工材料进场复试、施工过程质量检测试验、工程实体质量与使用功能检测和市政（道路、桥梁）工程，共5章38节。所有内容均在目录中列出索引，以方便读者查找。

本书内容丰富、深入浅出，具有较强的可操作性；是一部现场试验人员的工具书和培训教材，同时也是现场施工和检测机构技术人员的参考资料。

由于编写人员水平有限，难免有不妥及错误之处，恳请专家和读者予以批评指正。

2012 年 4 月

目　　录

第一章 现场试验工作

第一节 现场试验工作的性质

现场试验工作是指依据国家、行业、地方等相关标准，对建设工程施工所使用的材料或施工过程中为控制质量而进行的试样（件）抽取，委托检测单位进行质量评价的活动；其中也包括现场试验人员直接进行的半成品性能、工序质量等检测试验活动。

多年来，行业主管部门在广泛调查研究、总结建筑工程施工现场的检测试验技术管理的实践经验的基础上，逐步把管理的重点指向了建筑工程施工现场的检测试验技术工作。住房和城乡建设部于 2010 年 7 月 1 日颁布实施的国家行业标准《建筑工程检测试验技术管理规范》JGJ 190—2010，是新中国成立以来，首次以"规范"的形式，对建筑工程施工现场的检测试验技术工作加以规范。这从一个侧面反映出了施工现场试验工作的重要性。

一、现场试验工作的重要性

建设工程质量关乎着人民群众生命、公有私有财产的安危。"质量第一，百年大计"始终是党和政府的一贯方针，是百姓关注的头等大事。而对建设工程内在质量的评价是通过检测来完成的。

建设工程质量检测是一个由施工现场抽取试样、委托送检、监理单位见证、检测单位验收试样并对试样进行试验或直接对现场实体进行检测、最终出具试验报告的系统工程。系统中的参与各方同时肩负着真实客观评价建设工程质量的重大责任。所以，《建筑工程检测试验技术管理规范》JGJ 190—2010 中以强制性条文，对建设工程质量检测参与各方作出了严格规定：

1. 施工单位及其取样、送检人员必须确保提供的检测试样具有真实性和代表性；

2. 进场材料的检测试样，必须从施工现场随机抽取，严禁在现场外制取；

3. 施工过程质量检测试样，除确定工艺参数可制作模拟试样外，必须从现场相应的施工部位制取；

4. 对检测试验结果不合格的报告严禁抽撤、替换或修改；

5. 见证人员必须对见证取样和送检的过程进行见证，且必须确保见证取样和送检过程的真实性；

6. 检测机构应确保检测数据和检测报告的真实性和准确性。

以上 6 条强制性条文中，有 4 条都是针对建设工程施工的现场试验工作，其中 3 条直指试样抽取。

之所以如此重视现场试验管理工作，是因为如果用于建设施工的材料和施工过程中所抽取的试样不真实、不具有代表性，那么后面的一切检测工作都变成了无的之矢，毫无意义。

二、现场材料抽取试样复试的目的和意义

任何建筑物都不是凭空而来的，是由各种建筑材料搭建而成，建筑材料质量的优劣直接关系建筑物的质量。

建筑材料运抵现场，在应用该种材料进行施工前，施工现场试验人员按标准规定从现场抽取材料试样委托检测机构进行检测，得到材料质量合格的试验报告后，再应用该种材料进行施工；反之，材料质量不合格，按照规定进行处置。从而杜绝了不合格材料进入施工过程。即是现场材料抽取试样复试的根本目的和意义。

材料、进入施工现场一般都附有厂家的产品质量合格证，但为了防止下列情况发生：

1. 在包装、搬运、运输过程或其他情况下，材料质量发生变化；

2. 产品质量合格证与材料实际质量不符等。

所以材料进入施工现场后要按标准规定在现场取得试样，到检测机构进行质量性能、质量合格与否的复试。

三、施工过程质量试件抽取检测的目的和意义

一个简单的道理是，我们不可能每建起一座建筑物后，为了检验最终质量而对它进行整体的破坏性荷载试验。那么，建筑物的实体质量如何体现呢？它是利用施工过程中或每道工序进行当中按照相关标准规定随机抽取试样（件），在标准规定时间委托检测单位对试样（件）进行检测，以试样（件）的质量检测结果来评价建筑物的实体质量。

如混凝土结构施工，在浇筑过程当中，按照相关规范要求的取样频率抽取试样，按标准要求制作成试件、养护至规定龄期，委托检测单位进行抗压强度试验，得到混凝土试件的抗压强度结果，以此反映抽取试样时所浇筑混凝土结构的强度质量。

反之，施工过程中没有按相关标准规定抽取试样，或抽取试样时掺杂进其他虚假因素，就无法获得检测结果或是虚假的检测结果；那么，就不能对建筑物的实体质量进行客观的评价。在这种情况下，要么是建筑物可能存在着质量隐患，要么，就要动用更多的人力、物力对建筑物进行实体检测。

建设工程作为一种特殊的产品，除具有一般工业产品具有的质量特性外，还具有其特定的内涵。综上所述，现场试验工作是保证建设工程质量的第一道关卡，其重要性显而易见。

第二节 现场试验工作管理

一、现场试验工作的组织与实施

《建筑工程检测试验技术管理规范》JGJ 190—2010 中第 3.0.3 条明确规定："建筑（设）工程施工现场检测试验的组织管理和实施应由施工单位负责。当建筑（设）工程实行施工总承包时，可由总承包单位负责整体组织管理和实施，分包单位按合同确定的施工范围各负其责"。

1. 该条款明确规定了施工现场检测试验组织管理的责任者是施工单位，这与哪方（建设单位或施工单位）与检测机构签订检测试验合同无关。

2. 该条款确定了总承包单位的整体组织管理和实施的责任；分包单位可按施工范围各负其责，但应服从总包方的整体组织管理。

二、现场试验人员、仪器设备、设施

建筑（设）工程施工现场应配备满足检测试验需要的试验人员、仪器设备、设施及相关标准。

这是根据多年来的实践经验，依据科学的管理方法总结出来的施工现场开展检测试验工作应具备的基本条件，是保证建设工程施工质量的重要前提之一。

1. 施工现场试验所配备的现场试验人员应掌握相关标准，并应经过技术培训、考核。

2. 为了保证现场试验工作的顺利进行，施工现场应配置必要的仪器、设备；并应建立仪器、设备管理台账，按有关规定对应进行检定（校准）的仪器、设备进行计量检定（校准）。并应做好日常维护保养，保持状态完好。

3. 施工现场的试验环境与设施，如工作间、标准养护室及温、湿度控制等设施应能满足试验工作的要求。

4. 施工现场试验工作的基本条件可参照表 1.2.1 进行配置。

现场试验工作基本条件　　　　　　　　　　　　　表 1.2.1

项　　目	基　本　条　件
试验人员	根据工程规模和试验工作的需要配备，宜为 1~3 人
仪器设备	根据试验项目确定。一般应配备：天平、台/案秤、温度计、湿度计、混凝土振动台、混凝土试模、砂浆试模、坍落度筒、砂浆稠度仪、钢直（卷）尺、环刀、烘（烤）箱等
设施	工作间（操作间）面积不宜小于 15m²，温、湿度应满足有关规定
	对混凝土结构工程，宜设标准养护室，不具备条件时可采用养护箱或养护池，温、湿度应符合标准规定

5. 为了使现场试验人员能够按照标准方法抽取、制作试样（件），施工现场应为现场试验人员配备相关的技术标准。

三、现场试验管理制度

各种科学的管理制度都是人类实践经验的总结，是为了达到某种目的而对制度执行人的行为进行规范和约束。

《建筑工程检测试验技术管理规范》JGJ 190—2010 中第 5.1.1 条规定："施工现场应建立健全检测试验管理制度，施工项目技术负责人应组织检查检测试验管理制度的执行情况"。就是为了达到规范施工现场的试验行为的目的，提出的建立健全检测试验管理制度的具体要求；同时规定了施工项目技术负责人是管理制度执行情况的第一责任人。

施工现场检测至少应涵盖以下几项试验管理制度：

1. 岗位职责；

2. 现场试样制取及养护管理制度；

3. 仪器设备管理制度；

4. 现场检测试验安全管理制度；

5. 检测试验报告管理制度。

四、建立试验台账

试验台账是记录检测试验综合信息的文档工具。建筑工程的施工周期一般较长，为确保检测试验工作按照检测试验计划和施工进度顺利实施，做到不漏检、不错检，并保证检测试验工作的可追溯性，对检测频次较高的检测试验项目应建立试样台账，以便管理。

检测试验结果是施工质量控制情况的真实反映。将不合格或不符合要求的检测试验结果及处置情况在台账中注明，并将台账作为资料保存，不仅能真实反映施工质量的控制过程，还能为检测试验工作的追溯提供依据。

施工现场一般应按单位工程分别建立下列试样台账：

1. 钢筋试样台账；

2. 钢筋连接接头试样台账；

3. 混凝土试件台账；

4. 砂浆试件台账；

5. 需要建立的其他试件台账。

《建筑工程检测试验技术管理规范》JGJ 190—2010 中，对试样台账的保存作出了规定：即"试样台账应作为施工资料保存"。

试样台账的参考式样见附录。

五、确保取样的真实性和代表性

施工现场试验管理工作的根本，就是为了达到一个目的：即确保试验取样具有真实性和代表性。

《建筑工程检测试验技术管理规范》JGJ 190—2010 中第 3.0.4 条，以强制性条文作出明确规定："施工单位及其取样、送检人员必须确保提供的试样具有真实性和代表性"。

如前文所述，检测试样如果是虚假的或不具有代表性，那后面的一道道工作都失去了意义，所以检测试样的真实性和代表性对工程质量的判定至关重要，必须明确其所承担的法律责任。

1. 检测试样的"真实性"，即该试样是按照有关规定真实制取，而非造假、替换或采用其他方式形成的假试样；而"代表性"是指该试样的取样方法、取样数量（抽样率）、制取部位等应符合有关标准的规定或符合科学的取样原则，能代表受检对象的实际质量状况。

2. 由于取样和送检人员均隶属于施工单位，故规定施工单位应对所提供的检测试样的真实性和代表性承担法律责任；而具体实施取样、送样的相应人员也应对所提供试样的真实性和代表性承担相应的法律责任。

第三节 现场试验工作程序

建设工程施工现场检测试验工作一般按以下程序进行：

1. 制订检测试验计划；

2. 制取（养护）试样；

3. 试样标识；

4. 登记台账；

5. 委托送检；

6. 试验报告管理。

所谓工作程序，并不是一定要顺序照搬，有可能是穿插进行的，但以上 6 项工作，是不可或缺的；本节对施工现场检测试验技术管理的工作程序作了一般规定，也可以说是主要步骤。

一、制订检测试验计划

建设工程施工是一项庞杂的系统工程，条块分割、纵横交叉；但检测试验却是贯穿几乎整个施工过程。制订检测试验计划是施工质量控制的重要环节，也是预防措施。有了计划，才能合理配置、利用检测试验资源，规范有序，避免漏检错检。

本节将回答以下 3 个问题，即计划由谁负责制订？怎样制订（编制要求及计划调整）？依据是什么？方便施工现场有关人员具体实施。

1. 施工检测试验计划应在工程施工前，由施工项目技术负责人组织有关人员编制，且现场试验人员应参与其中；并应报送监理单位进行审查和共同实施。

2. 根据施工检测试验计划应制订相应的见证取样和送检计划。

3. 施工检测试验计划应按检测试验项目分别编制，且应包括以下内容：

（1）检测试验项目名称；

（2）检测试验参数；

（3）试样规格；

（4）代表批量；

（5）施工部位；

（6）计划检测试验时间。

4. 施工检测试验计划编制应依据国家有关标准的规定和施工质量控制的需要，并应符合以下规定：

（1）材料的检测试验应依据预算量、进场计划及相关标准规定的抽检率确定抽检频次；

（2）施工过程质量检测试验应依据施工流水段划分、工程量、施工环境及质量控制的需要确定抽检频次；

（3）工程实体质量与使用功能检测应按照相关标准的要求确定检测频次；

（4）计划检测试验时间应根据工程施工进度计划确定。

5. 发生下列情况之一并影响施工检测试验计划实施时，应及时调整施工检测试验计划：

（1）设计变更；

（2）施工工艺改变；

（3）施工进度调整；

（4）材料和设备的规格、型号或数量发生变化。

6. 调整后的检测试验计划应重新报送监理单位进行审查。

目前，我国各省、市对见证取样项目及比例规定有所不同，近年新编或新修订的标准对某些检测项目也作出了见证试验的要求，为保证见证检测项目及抽检比例符合规定，监理单位应根据施工检测试验计划和施工单位共同制定相应的见证取样和送检计划。

监理单位对检测试验计划的实施进行监督是保证施工单位检测试验活动按计划进行的必要手段。

二、制取试样（件）

制取试样（件）是现场试验人员的主要工作，应尽职尽责，确保提供的试样具有真实性和代表性。

试样（件）制取一般包括两部分内容：

1. 材料进场检测，如水泥、钢材、防水材料、保温材料等；

2. 施工过程质量检测试验，如混凝土、砂浆试件，钢筋连接试件等。

《建筑工程检测试验技术管理规范》JGJ 190—2010 中第 5.4.1 条以强制性条文规定了："进场材料的检测试样，必须从施工现场随机抽取，严禁在现场外制取。"

《建筑工程检测试验技术管理规范》JGJ 190—2010 中第 5.4.2 条以强制性条文规定了："施工过程质量检测试样，除确定工艺参数可制作模拟试样外，必须从现场相应的施工部位制取"。

上述两条作为强制性条文，是针对进场材料和施工过程质量检测试验试样制取作出的严格规定。同时也是对《建筑工程检测试验技术管理规范》第 3.0.4 条"施工单位及其取样、送检人员必须确保提供的检测试样具有真实性和代表性"要求的具体体现。

只有在施工现场按照相关标准随机抽取的材料试样或在相应施工部位制取的施工过程质量检验试件，才是对应用于工程施工的材料和工程实体质量的真实反映，所以强调除确定工艺参数可制作模拟试件外，其他试样均应在现场内制取。

此规定可以进一步理解为：检测试验试样既不得在现场以外的任何其他地点制作，也不得由生产厂家或供应商直接向检测单位提供。

施工现场常见各类试样（件）制取的方法，依据标准、组批原则、取样数量等规定及取样注意事项参照本书的第二、第三章各节内容。

工程实体质量与使用功能的检测，除"混凝土结构实体检测用同条件养护试件"外，一般是委托检测机构到现场抽取试样或实地进行现场检测；施工现场试验人员应做好配合工作。

三、试样标识

试样标识是检测管理工作中的重要环节，也是试样身份的证明。施工现场对委托检测的材料试样或施工过程质量检验试件，应根据试样（件）的形状、包装和特性做出必要的唯一性标识。

试样（件）应有唯一性标识，并应符合下列规定：

1. 试样应按照取样时间顺序连续编号（试件编号），不得空号、重号；

2. 试样标识的内容应根据试样的特性确定，应包括：名称、规格（或强度等级）、制取日期等信息；

3. 试样标识应字迹清晰、附着牢固。

试样标识具有唯一性且应连续编号，是为了保证检测试验工作有序进行，也可在一定程度上防止出现虚假试样或"备用"试样，避免出现补做或替换试样等违规现象。

各类试样（件）的标识参考本书的第二、第三章各节中的"试件标识"。

四、登记台账

施工现场应建立试验台账，并应及时、实事求是地登记台账。登记台账的一般程序为：

1. 现场试验人员制取试样并做出标识后，应按试样编号顺序登记试样台账；

2. 到检测机构委托试验后，应在试样台账上登记该项试验的委托编号；

3. 从检测机构领取检测试验报告后，应在试样台账上登记该试验的报告编号；

4. 检测试验结果为不合格或不符合要求时，应在试样台账中注明处置情况。

本书附录中列举了"通用试样台账"、"钢筋试样台账"、"钢筋连接接头试样台账"、"混凝土试件台账"和"砂浆试件台账"等施工现场常用的五种试验台账样式供参考。

五、委托送检

委托送检的一般程序为：

1. 现场试验人员应根据施工需要及有关标准的规定，将标识后的试样及时送至检测单位委托检测试验。

2. 在委托检测试验时，应按检测单位委托单填写的要求，字迹清晰地正确填写试验委托单，并注明所检验试样所要求的标准依据。

3. 委托检验时，应和检测单位的相关人员一起，共同核对、确认所委托试样的数量、规格和外观。

4. 如有特殊要求，应向检测单位的相关人员声明，并在试验委托单中注明。

六、试验报告管理

检测试验报告管理，即报告的出具、领取交接、备查及存档全过程的管理。检测试验报告应真实反映工程质量，当出现检测试验结果不合格时，其意义更为重要，它不仅可以让我们及时了解材料的缺陷或实体结构存在的质量隐患，也是处置方案的依据，所以应对试验报告管理有充分的认识。

1. 检测试验报告的数据或结论由检测单位给出，检测单位对其真实性和准确性承担法律责任。

2. 现场试验人员应及时获取检测试验报告，并在检测机构的试验报告领取簿上签字确认，详细核查报告内容。当检测试验结果为不合格、不符合要求或无明确结论时，应及时报告施工项目技术负责人、监理单位及相关资料管理人员。

3. 检测试验报告的编号和检测试验结果应在试样台账上登记。

4. 现场试验人员应将登记后的检测试验报告移交给相关技术人员。

5.《建筑工程检测试验技术管理规范》JGJ 190—2010 中第 5.7.4 条以强制性条文规定："对检测试验结果不合格的报告严禁抽撤、替换或修改"。

但部分施工人员出于种种原因，特别担心工程质量不合格会受到处罚或影响工程验收等，采取了抽撤、替换或修改不合格检测试验报告的违规做法，掩盖了工程质量的真实情况，后果极其严重，应坚决制止。

6. 检测试验报告中的送检信息需要修改时，应由现场试验人员提出申请，写明原因，并经施工项目技术负责人批准。涉及见证检测报告送检信息修改时，尚应经见证人员同意并签字。

检测试验报告中的"送检信息"由现场试验人员提供。当检测试验报告中的送检信息填写不全或出现错误时，允许对其进行修改，但应按照规定的程序经过审批后实施。

第四节　现场试验

现场试验，是指现场试验人员在施工现场为控制施工质量，依据相关标准，进行的试验。根据有关规定，现场试验人员在施工现场可进行的试验项目有：混凝土稠度试验、回填土干密度（含水率）试验、混凝土冬期施工（大体积混凝土）测温等。

一、混凝土稠度（坍落度、扩展度、维勃稠度）试验

混凝土的稠度试验，是利用测定混凝土拌合物坍落度（维勃稠度）的方法评价混凝土拌合物的和易性，而和易性是影响混凝土施工的重要因素之一。

当骨料最大粒径不大于40mm、坍落度不小于10mm时，混凝土的稠度试验采用测定混凝土拌合物坍落度和坍落扩展度的方法。

1. 相关标准

《普通混凝土拌合物性能试验方法标准》GB/T 50080—2002。

2. 坍落度测定仪

坍落度仪由坍落筒、测量标尺、平尺、捣棒和底板等组成。坍落筒，是由铸铁或钢板制成的圆台筒，其内壁应光滑、无凹凸。底面和顶面应互相平行并与锥体轴线同轴，在其高度2/3处设2个把手，下端有脚踏板。坍落筒的尺寸为：顶部内径，100±1mm；底部内径，200±1mm；高度，300±1mm；筒壁厚度不应小于3mm。

底板采用铸铁或钢板制成。宽度不应小于500mm，其表面应光滑、平整，并具有足够的刚度。

捣棒用圆钢制成，表面应光滑，其直径为16±0.1mm、长度为600±5mm，且端部呈半球形。

3. 混凝土坍落度试验方法

混凝土坍落度试验依据《普通混凝土拌合物性能试验方法标准》按下列步骤进行：

（1）湿润坍落度筒及底板，在坍落度筒内壁和底板上应无明水。底板应放置在坚实水平面上，并把筒放在底板中心，然后用脚踩住两边的脚踏板，坍落度筒在装料时应保持固定的位置。

（2）把按要求取得的混凝土试样用小铲分3层均匀地装入筒内，使捣实后每层高度为筒高的1/3左右，每层用捣棒插捣25次。插捣应沿螺旋方向由外向中心进行，各次插捣应在截面上均匀分布。插捣筒边混凝土时，捣棒可以稍稍倾斜。插捣底层时，捣棒应贯穿整个深度，插捣第二层和顶层时，捣棒应插透本层至下一层的表面；浇灌顶层时，混凝土应灌到高出筒口。插捣过程中，如混凝土沉落到低于筒口，则应随时添加。顶层插捣完后，刮去多余的混凝土，并用抹刀抹平。

（3）清除筒边底板上的混凝土后，垂直平稳地提起坍落度筒，坍落度筒的提离过程应在5~10s内完成，从开始装料到提起坍落度筒的整个过程应不间断地进行，并应在150s内完成。

（4）提起坍落度筒后，测量筒高与坍落后混凝土试体最高点之间的高度差，即为该混凝土拌合物的坍落度值；坍落度筒提离后，如混凝土发生崩坍或一边剪坏现象，则应重新取样另行测定；如第二次试验仍出现上述现象，则表示该混凝土和易性（混凝土的和易性包括流动性、粘聚性和保水性）不好，应予记录备查。

（5）观察坍落后的混凝土试体的粘聚性及保水性。粘聚性的检查方法是用捣棒在已坍落的混凝土锥体侧面轻轻敲打，此时如果锥体逐渐下沉，则表示粘聚性良好，如果锥体倒塌、部分崩裂或出现离析现象，则表示粘聚性不好。保水性以混凝土拌合物稀浆析出的程度来评定，坍落度筒提起后如有较多的稀浆从底部析出，锥体部分的混凝土也因失浆而骨料外露，则表明此混凝土拌合物的保水性能不好，如坍落度筒提起后无稀浆或仅有少量稀浆自底部析出，即表示此混凝土拌合物保水性良好。

4. 混凝土坍落扩展度试验方法

当混凝土拌合物的坍落度大于 220mm 时，用钢尺测量混凝土扩展后最终的最大直径和最小直径，在这 2 个直径之差小于 50mm 的条件下，用其算术平均值作为坍落扩展度值；否则，此次试验无效。

如果发现粗骨料在中央集堆或边缘有水泥浆析出，表示此混凝土拌合物抗离析性不好，应予记录。

5. 混凝土坍落度或扩展度测试结果

混凝土拌合物坍落度和扩展度值以毫米为单位，测量精确至 1mm，结果表达修约至 5mm。

6. 维勃稠度试验

本方法适用于骨料最大粒径不大于 40mm，维勃稠度在 5～30s 之间的混凝土拌合物稠度测定。

（1）维勃稠度试验所用维勃稠度仪应符合《维勃稠度仪》JG 3043 中技术要求的规定。

（2）维勃稠度试验应按下列步骤进行：

① 维勃稠度仪应放置在坚实水平面上，用湿布把容器、坍落度筒、喂料斗内壁及其他用具润湿；

② 将喂料斗提到坍落度筒上方扣紧，校正容器位置，使其中心与喂料中心重合，然后拧紧固定螺钉；

③ 把按要求取样或制作的混凝土拌合物试样用小铲分 3 层经喂料斗均匀地装入筒内，装料及插捣的方法和混凝土坍落度方法相同；

④ 把喂料斗转离，垂直地提起坍落度筒，此时应注意不使混凝土试体产生横向的摆动；

⑤ 把透明圆盘转到混凝土圆台体顶面，放松测杆螺钉，降下圆盘，使其轻轻接触到混凝土顶面；

⑥ 拧紧定位螺钉，并检查测杆螺钉是否已经完全放松；

⑦ 在开启振动台的同时用秒表计时，当振动到透明圆盘的底面被水泥浆布满的瞬间停止计时，并关闭振动台。

（3）由秒表读出时间即为混凝土拌合物的维勃稠度值，精确至 1s。

7. 混凝土稠度测试要求

（1）对现场自拌混凝土，其拌合物的稠度应在搅拌地点和浇筑地点分别取样进行检测，每一工作班不应少于1次，以浇筑地点的测值为评定值。在预制混凝土构件厂（场），如混凝土拌合物从搅拌机出料起至浇筑入模的时间不超过15min时，其稠度可仅在搅拌地点取样测试。

（2）对于预拌混凝土，在卸料地点，应检测其稠度。

（3）在检测混凝土稠度（坍落度）的同时，应按本节的有关要求观察混凝土拌合物的黏聚性和保水性。

（4）混凝土稠度测试后，应按本节要求记录混凝土拌合物稠度值。

（5）混凝土拌合物稠度允许偏差值见表1.4.1。

混凝土拌合物允许偏差 表1.4.1

拌合物性能		允 许 偏 差		
坍落度（mm）	设计值	≤40	50~90	≥100
	允许偏差	±10	±20	±30
维勃稠度（s）	设计值	≥11	10~6	≤5
	允许偏差	±3	±2	±1
扩展度（mm）	设计值	≥350		
	允许偏差	±30		

8. 混凝土稠度的施工技术要求

（1）混凝土拌合物应在满足施工要求的前提下，尽可能采用较小的坍落度；泵送混凝土拌合物坍落度设计值不宜大于180mm。

（2）泵送高强混凝土的扩展度不宜小于500mm，自密实混凝土的扩展度不宜小于600mm。

（3）混凝土拌合物的坍落度的经时损失不应影响混凝土的正常施工。泵送混凝土拌合物的坍落度经时损失不宜大于30mm/h。

（4）混凝土拌合物应具有良好的和易性，并不得离析或泌水。

二、回（压实）填土试验

施工现场土的回填是为了提高回填土的密实度，改善其变形性质或渗透性质而采取的人工处理方法。

现场压实填土包括分层压实和分层夯实的填土。当利用压实填土作为建筑工程的地基持力层时，在平整场地前，应根据结构类型、填料性能和现场条件等，对拟压实的填土提出质量要求。

施工现场回填土的试验程序一般为：

1. 委托检测单位对回填用土进行击实试验；

2. 检测单位通过击实试验，给出施工单位所委托试验土样的最大干密度与最优含水率数值；

3. 施工单位依据最优含水率值控制现场回填土中的水分，力争达到最优含水率；

4. 施工单位依据最大干密度值乘以标准或设计给定的压实系数值，得到现场回填土干密度的最低控制值；

5. 现场试验人员实测已施工（经过碾压、夯实）填土的干密度，经计算如大于或等于最低控制值，压（夯）实填土施工合格；反之为不合格。

1. 相关标准

（1）《建筑地基基础工程施工质量验收规范》GB 50202—2002

（2）《土工试验方法标准》GB/T 50123—1999

2. 基本概念

（1）地基：为支撑基础的土体或岩体。

（2）基础：将结构所承受的各种作用传递到地基上的结构组成部分。

（3）复合地基：部分土体被增强或被置换，而形成的由地基土和增强体共同承担荷载的人工地基。

（4）碎石土：为粒径大于 2mm 的颗粒含量不超过全重 50％的土，可分为漂石、块石、卵石、碎石、圆砾和角砾。

（5）砂土：为粒径大于 2mm 的颗粒含量超过全重 50％、粒径大于 0.075mm 的颗粒超过全重 50％的土，砂土分为砾砂、粗砂、中砂、细砂和粉砂。

（6）黏性土：为塑性指数大于 10 的土，可分为黏土、粉质黏土。

（7）粉土：介于砂土和黏性土之间，塑性指数≤10 且粒径大于 0.075mm 的颗粒不超过全重 50％的土。

（8）素填土：由碎石土、砂土、粉土、黏性土等组成的填土。

（9）灰土：将细粒土和石灰按一定体积比混合成的土。通常有 3∶7 和 2∶8 两个比例，前者为石灰体积数，后者为土的体积数；与素土相比，灰土有较好的防潮、防水效果。

（10）土的塑限：黏性土由固态或半固态状态过渡到可塑状态的界限含水量称为土的塑限。

（11）土的液限：黏性土由可塑状态过渡到流动状态的界限含水量称为土的液限。

（12）塑性指数：塑性指数是液限与塑限的差值，即土处在可塑状态的含水量变化范围，反映土的可塑性的大小。

（13）夯填度：褥垫层夯实后的厚度与虚铺厚度的比值。

（14）巨粒土、粗粒土和细粒土：见图 1.4.1 土的粒组划分。

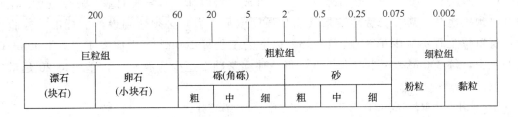

图 1.4.1　土的粒组划分（mm）

3. 土的含水率试验

本试验方法适用于粗粒土、细粒土、有机质土和冻土。

（1）本试验所用的主要仪器设备，应符合下列规定：

13

电热烘箱：应能控制温度为 105～110℃。

天平：称量 200g，最小分度值 0.01g；称量 1000g 最小分度值 0.1g。

（2）含水率试验，应按下列步骤进行：

① 取具有代表性试样 15～30g 或用环刀中的试样，有机质土、砂类土和整体状构造土为 50g，放入称量盒内，盖上盒盖，称盒加湿土质量，准确至 0.01g。

② 打开盒盖，将盒置于烘箱内，在 105～110℃ 的恒温下烘至恒量。烘干时间对黏土、粉土不得少于 8h，对砂土不得少于 6h，对含有有机质超过土质量 5% 的土，应控制在 65～70℃ 的恒温下烘至恒量。

③ 将称量盒从烘箱中取出，盖上盒盖，放入干燥容器内冷却至室温，称盒加干土质量，准确至 0.01g。

（3）试样含水率，应按下列式计算，准确至 0.1%。

$$w_0 = (m_0/m_d - 1) \times 100\%$$

式中　　w_0——含水率（%）；

　　　　m_d——干土质量（g）；

　　　　m_0——湿土质量（g）。

（4）本试验必须对两个试样进行平行测定，测定的差值：当含水率小于 40% 时为 1%；当含水率等于、大于 40% 时为 2%，对层状和网状构造的冻土不大于 3%。取 2 个测值的平均值，以百分数表示。

4. 压（夯）实土的取样

在压实填土的过程中，垫层的施工质量检验必须分层进行。应在每层的压实系数符合设计要求后铺填上层土。

（1）对大基坑每 50～100m² 不应少于 1 个检验点；

（2）对基槽每 10～20m² 不应少于 1 个点；

（3）每个独立柱基础不应少于 1 个点。采用贯入仪或动力触探检验垫层的施工质量时，每分层检验点的间距应小于 4m。

（4）竣工验收采用载荷试验检验垫层承载力时，每个单体工程不宜少于 3 点；对于大型工程则应按单体工程的数量或工程的面积确定检验点数。

（5）对灰土地基、砂和砂石地基、土工合成材料地基、粉煤灰地基、强夯地基、注浆地基、预压地基，其竣工后的结果（地基强度或承载力）必须达到设计的标准。检验数量，每单位工程不应少于 3 点，1000m² 以上的工程每 100m² 至少应有 1 点，3000m² 以上的工程，每 300m²。至少应有 1 点。每一独立基础下至少应有 1 点，基槽每 20 延米应有 1 点。

注：当用环刀取样时，取样点应位于每层厚度的 2/3 深度处。

5. 压（夯）实土的干密度试验

试验方法有 3 种：环刀法、灌水法、灌砂法。

（1）环刀法

本试验方法适用于细粒土。

① 本试验所用的主要仪器设备，应符合下列规定：

环刀：内径 61.8mm 和 79.8mm，高度 20mm。

天平：称量 500g，最小分度值 0.1g，称量 200g，最小分度值 0.01g。

② 根据试验要求用环刀切取试样时，应在环刀内壁涂一薄层凡士林，刃口向下放在土样上，将环刀垂直下压，并用切土刀沿环刀外侧切削土样，边压边削至土样高出环刀，根据试样的软硬采用钢丝锯或切土刀整平环刀两端土样，擦净环刀外壁，称环刀和土的总质量。

③ 试样的湿密度，应按下式计算：

$$\rho_0 = m_0/v$$

式中　ρ_0——试样的湿密度（g/cm^3），准确到 0.01g/cm^3；

　　　m_0——湿土试样的质量（g）。

④ 试样的干密度（ρ_d），应按下式计算：

$$\rho_d = \rho_0/(1 + 0.01w_0)$$

本试验应进行 2 次平行测定，两次测定的差值不得大于 0.03g/cm^3，取 2 次测值的平均值。

（2）灌水法

本试验方法适用于现场测定粗粒土的密度。

① 本试验所用的主要仪器设备，应符合下列规定：

储水筒：直径应均匀，并附有刻度及出水管。

台秤：称量 50kg，最小分度值 10g。

② 灌水法试验，应按下列步骤进行：

a. 根据试样最大粒径，确定试坑尺寸见表 1.4.2。

试坑尺寸（mm）   表 1.4.2

试样最大粒径	试 坑 尺 寸	
	直径	深度
5(20)	150	200
40	200	250
60	250	300

b. 将选定试验处的试坑地面整平，除去表面松散的土层。

c. 按确定的试坑直径划出坑口轮廓线，在轮廓线内下挖至要求深度，边挖边将坑内的试样装入盛土容器内，称试样质量，准确到 10g，并应测定试样的含水率。

d. 试坑挖好后，放上相应尺寸的套环，用水准尺找平，将大于试坑容积的塑料薄膜袋平铺于坑内，翻过套环压住薄膜四周。

e. 记录贮水筒内初始水位高度，拧开贮水筒出水管开关，将水缓慢注入塑料薄膜袋中。当袋内水面接近套环边缘时，将水流调小，直至袋内水面与套环边缘齐平时关闭出水管，持续（3～5）min，记录贮水筒内水位高度。当袋内出现水面下降时，应另取塑料薄膜袋重做试验。

③ 试坑的体积，应按下式计算：

$$V_p = (H_1 - H_2) \times A_w - V_0$$

式中　V_p——试坑体积（cm^3）；

H_1——贮水筒内被使水位高度（cm）；

H_2——贮水筒内注水终了时水位高度（cm）；

A_w——贮水筒断面积（cm²）；

V_0——套环体积（cm³）。

④ 试样的密度计算应按下式计算：

$$\rho_0 = m_p / V_p$$

式中　m_p——取自试坑内的试样质量（g）。

（3）灌砂法

本试验方法适用于现场测定粗粒土的密度。

① 本试验所用的主要仪器设备，应符合下列规定：

a. 密度测定器：由容砂瓶、灌砂漏斗和底盘组成（图 1.4.2）灌砂漏斗高 135mm、直径 165mm，尾部有孔径为 13mm 的圆柱形阀门；容砂瓶容积为 4L，容砂瓶和灌砂漏斗之间用螺纹接头连接。底盘承托灌砂漏斗和容砂瓶。

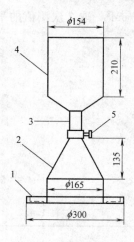

图 1.4.2　密度测定器
1—底盘；2—灌砂漏斗；
3—螺纹接头；4—容砂瓶；
5—阀门

b. 天平：称量 10kg，最小分度值 5g，称量 500g，最小分度值 0.1g。

② 标准砂密度的测定，应按下列步骤进行：

a. 标准砂应清洗洁净，粒径宜选用 0.25～0.50mm，密度宜 1.47～1.61g/cm³。

b. 组装容砂瓶与灌砂漏斗，螺纹连接处应旋紧，称其质量。

c. 将密度测定器竖立，灌砂漏斗口向上，关阀门，向灌砂漏斗中注满标准砂，打开阀门使灌砂漏斗内的标准砂漏入容砂瓶内，继续向漏斗内注砂漏入瓶内，当砂停止流动时迅速关闭阀门，倒掉漏斗内多余的砂，称容砂瓶、灌砂漏斗和标准砂的总质量，准确至 5g。试验中应避免震动。

d. 倒出容砂瓶内的标准砂，通过漏斗向容砂瓶内注水至水面高出阀门，关阀门，倒掉漏斗中多余的水，称容砂瓶、漏斗和水的总质量，准确到 5g，并测定水温，准确到 0.5℃，重复测定 3 次，3 次测值之间的差值不得大于 3mL，取 3 次测值的平均值。

e. 容砂瓶的容积，应按下式计算：

$$V_r = (m_{r2} - m_{r1}) / \rho_{wr}$$

式中　V_r——容砂瓶容积（mL）；

m_{r2}——容砂瓶、漏斗和水的总质量（g）；

m_{r1}——容砂瓶和漏斗的质量（g）；

ρ_{wr}——不同水温时水的密度（g/cm³），查表 1.4.3。

f. 标准砂的密度应按下式计算：

$$\rho_s = (m_{rs} - m_{r1}) / V_r$$

式中　ρ_s——标准砂的密度（g/cm³）；

m_{rs}——容砂瓶、漏斗和标准砂的总质量（g）。

16

温度 (℃)	水的密度 (g/cm³)	温度 (℃)	水的密度 (g/cm³)	温度 (℃)	水的密度 (g/cm³)
4.0	1.0000	15.0	0.9991	26.0	0.9968
5.0	1.0000	16.0	0.9989	27.0	0.9965
6.0	0.9999	17.0	0.9988	28.0	0.9962
7.0	0.9999	18.0	0.9986	29.0	0.9959
8.0	0.9999	19.0	0.9984	30.0	0.9957
9.0	0.9998	20.0	0.9982	31.0	0.9953
10.0	0.9997	21.0	0.9980	32.0	0.9950
11.0	0.9996	22.0	0.9978	33.0	0.9947
12.0	0.9995	23.0	0.9975	34.0	0.9944
13.0	0.9994	24.0	0.9973	35.0	0.9940
14.0	0.9992	25.0	0.9970	36.0	0.9937

水的密度 表 1.4.3

③ 灌砂法试验，应按下列步骤进行：

a. 按灌水法试验中挖坑的步骤依据规定尺寸挖好试坑，称试样质量。测定。

b. 向容砂瓶内注满砂，关阀门，称容砂瓶、漏斗和砂的总质量，准确至 10g。

c. 密度测定器倒置（容砂瓶向上）于挖好的坑口上，打开阀门，使砂注入试坑。在注砂过程中不应震动。当砂注满试坑时关闭阀门，称容砂瓶、漏斗和余砂的总质量，准确至 10g，并计算注满试坑所用的标准砂质量。

④ 试样的密度，应按下式计算：

$$\rho_0 = m_p / m_s / \rho_s$$

式中 m_s——注满试坑所用标准砂的质量（g）。

⑤ 试样的干密度（ρ_d），应按下式计算，准确 0.01g/cm³。

$$\rho_d = m_p / (1 + 0.01 w_0) / m_s / \rho_s$$

三、回弹法检验混凝土强度

施工现场如果配备了回弹仪，可以用回弹法对混凝土结构（构件）进行检测，推定混凝土结构（构件）的强度，供施工单位、监理单位实施质量控制。现场试验人员可依据相关标准进行。

四、施工现场测温

1. 大气温度测试

（1）目的：适用于混凝土结构实体检验用同条件养护试件的环境温度的记录和等效养护龄期的计算。

（2）设施：规格不小于 300mm×300mm×400mm 的百叶箱，内设温度计。放置位置要避免树荫和建筑物的影响，一般放置在离建筑物（大树）10m 以外，门的开口应向着北方以防太阳直射在温度计上。距地面高度 1.5m，通风条件较好的地方。

（3）测温：一般情况下记录每天 2：00、8：00、14：00 和 20：00 的大气温度，这四个时刻的算术平均值即为当天的日平均温度。

2. 混凝土冬期施工测温

（1）概念

"冬期施工"期限的划分原则是：根据当地多年气象资料统计，当室外日平均气温连续 5d 稳定低于 5℃时，该地区即进入冬期施工，当室外日平均气温连续 5d 高于 5℃时，可解除冬期施工管理。

（2）混凝土出机、入模温度测温

某地区进入冬期施工后，应控制混凝土的出机温度和入模温度，以保证新浇筑混凝土免遭冻害。混凝土的出机温度主要取决于水泥、砂、石和水等原材料温度；入模温度除取决于混凝土的出机温度外，还受大气条件（气温、风力）的影响；因此应对混凝土的出机温度和入模温度进行测试。

混凝土出机温度不低于 10℃，入模温度不低于 5℃。

同一配合比编号的混凝土，每一工作班至少对出机、入模温度测温 4 次。

（3）混凝土养护温度测温

① 目的：冬期施工时对混凝土养护温度进行测试，一般有两方面的原因：

a. 在施工以前对混凝土的内部最高温度、表面温度、温度收缩应力等进行必要的混凝土热工计算；实际情况是否与其符合，且混凝土实际温度变化情况究竟如何、养护的效果如何等，只有经过现场测温，才能掌握。通过测温，将混凝土深度方向的温度梯度控制在规范允许范围以内；同时通过测温，由于对混凝土内部温度，各关键部位温差等情况的精确掌握，还可以根据实际情况，尽可能地缩短养护周期，使后续工序尽早开始，加快施工进度，并节约成本。

b. 通过测温，计算出某一段时间内的混凝土内部平均温度，根据"温度、龄期对混凝土强度影响曲线"查得混凝土的即时参考强度，决定混凝土各类规定强度用的同条件养护试件的委托检验时间。

② 测温孔位置设置原则

测温孔位置应选择在温度变化大、容易散失热量、易于遭受冻结的部位，西北部或前阴的地方应多设置，测温孔不宜迎风设置，且应临时用纸团或线团封闭。

③ 混凝土结构测孔的设置

a. 梁（包括简支撑与连接梁）：梁上测温孔应垂直于梁的轴线，孔深为梁高的 1/3 至 1/2 处。

b. 现浇钢筋混凝土构造柱：每根构造柱下端设 1 个测温孔。

c. 底板：底板测温孔布置按纵横方向不大于 5m 间距布置，每间房间面积不大于 20m² 时可设 1 个测温孔，测温孔垂直于板面，孔深为板厚的 1/3～1/2。

d. 现浇混凝土墙板：墙厚为 20cm 及 20cm 以内时，单面设置测温孔，孔深为墙厚的 1/2；当墙厚大于 20cm 时，双面设置测温孔，孔深为墙厚的 1/3，并不小于 10cm，测温孔与板面成 30°倾斜角。大面积墙面测温孔按纵横方向均不大于 5m 的间距布置；每块墙面的面积小于 20m² 时，每面可设 1 个测温孔。

④ 混凝土养护期间的温度测量应符合下列规定：

a. 采用蓄热法或综合蓄热法时，在达到受冻临界强度之前，应每隔 4～6h 测量 1 次；

b. 采用负温养护法时，在达到受冻临界强度之前，应每隔 2h 测量 1 次；

c. 采用加热法时，升温和降温阶段每隔 1h 测量 1 次，恒温阶段每隔 2h 测量 1 次；

d. 混凝土在达到受冻临界强度后，可停止测温。

3. 大体积混凝土养护测温

（1）概念：大体积混凝土，顾名思义就是混凝土结构体积庞大，一般为一次浇筑量大于 1000m³ 或混凝土结构实体最小尺寸等于或大于 1m，且混凝土浇筑需有温度控制措施的混凝土。

现代建筑中时常涉及大体积混凝土施工，如高层楼房基础、大型设备基础、水利工程的大坝等。它主要的特点就是体积大，表面系数比较小，水泥水化热释放比较集中，内部温升比较快，混凝土内部的最高温度一般可达 60～65℃。混凝土内外温差较大时，会使混凝土产生温度裂缝，影响结构安全和正常使用。

一般来说，当其差值小于 25℃时，其所产生的温度应力将会小于混凝土本身的抗拉强度，不会造成混凝土的开裂，当温度差值大于 25℃时，其所产生的温度应力有可能大于混凝土本身的抗拉强度，造成混凝土的开裂。

（2）目的：为避免大体积混凝土因水泥水化热引起的混凝土内外温差过大而导致混凝土出现裂缝；以便一旦出现内外温差超过规定值，可迅速采取解决措施。

（3）测温点的布置：垂直方向，一般应沿浇筑的高度，布置在底部、中部和表面，垂直测点间距一般为 500～800mm；平面则应布置在边缘与中间，测点间距一般为 2.5～5.0m。测温点的布置，距边角和表面应大于 50mm。

（4）测温时间：在混凝土温度上升阶段每 2～4h 测一次，温度下降阶段每 8h 测一次，同时应测大气温度。

也可以这样掌握测温时间，即在混凝土浇筑后 1～3d 内每隔 2h 测温 1 次，4～7d 每隔 4h 测温 1 次，其后每隔 8h 测温 1 次；测温时间自混凝土浇筑开始，延续至撤除保温（降温）后为止，同时不应少于 20d。

4. 施工现场测温应做好记录；混凝土养护温度测温（包括冬期施工、大体积混凝土）应附测温孔布置图。

第五节　见证取样及送检

一、见证取样及送检

建设工程施工中所谓的见证取样和送检，是指在建设单位或监理单位人员的见证下，由施工单位的试验人员按照国家有关技术标准、规范的规定，在施工现场对工程中涉及结构安全的试块、试件和材料进行取样，并送至具备相应检测资质的检测机构进行检测的活动。

2005年8月建设部（现为"住房和城乡建设部"）以第141号令的形式颁布了《建设工程质量检测管理办法》，管理办法中明确规定了见证取样检测项目及要求。

二、见证取样及送检的目的

见证取样和送检，其目的就是通过"见证"来保证取样和送检"过程"的真实性，规范建设工程见证取样和送检工作，保证建设工程质量。住建部颁行业标准《建筑工程检测试验技术管理规范》JGJ 190—2010 中第3.0.6条以强制性条文明确规定："见证人员必须对见证取样和送检的过程进行见证，且必须确保见证取样和送检过程的真实性"。此条文明确规定监理单位及其见证人员应对"过程"的真实性承担法律责任，是对行政法规作出的进一步阐释，使其责任明确并具有可操作性。

对过程真实性的"见证"要素包括：取样地点和部位、取样时间、取样方法、试样数量（抽样率）、试样标识、存放及送检等。

三、见证取样及送检项目及比例

2005年11月1日（施行日期），建设部第141号令颁布的《建设工程质量检测管理办法》中对见证取样及送检作出规定，对以下8类检测项目应实行见证取样检测：

1. 水泥物理力学性能检验；
2. 钢筋（含焊接与机械连接）力学性能检验；
3. 砂、石常规检验；
4. 混凝土、砂浆强度检验；
5. 简易土工试验；
6. 混凝土掺加剂检验；
7. 预应力钢绞线、锚夹具检验；
8. 沥青、沥青混合料检验。

以后几年，各地方政府主管部门又根据当地建设工程的具体情况，及近年新编或修订国家、行业标准（规程）中增加了一些见证取样检测项目，同时对见证取样检测的比例作出了规定。如北京市建设主管部门2009年6月1日颁布实施的《北京市建设工程见证取样和送检管理规定》（试行）是这样规定的：

对下列涉及结构安全的试块、试件和材料应100％实行见证取样和送检：

1. 用于承重结构的混凝土试块；

2. 用于承重墙体的砌筑砂浆试块；

3. 用于承重结构的钢筋及连接接头试件；

4. 用于承重墙的砖和混凝土小型砌块；

5. 用于拌制混凝土和砌筑砂浆的水泥；

6. 用于承重结构的混凝土中使用的掺合料和外加剂；

7. 防水材料；

8. 预应力钢绞线、锚夹具；

9. 沥青、沥青混合料；

10. 道路工程用无机结合料稳定材料；

11. 建筑外窗；

12. 建筑节能工程用保温材料、绝热材料、粘结材料、增强网、幕墙玻璃、隔热型材、散热器、风机盘管机组、低压配电系统选择的电缆、电线等；

13. 钢结构工程用钢材及焊接材料、高强度螺栓预拉力、扭矩系数、摩擦面抗滑移系数和网架节点承载力试验；

14. 国家及地方标准、规范规定的其他见证检验项目。

四、见证取样及送检程序

施工现场的见证取样及送检的程序一般按下列步骤进行：

1. 制订见证取样和送检计划、确定见证试验检测机构

单位工程施工前，施工现场技术负责人应按照有关标准和规定，与建设（监理）单位共同制订《见证取样和送检计划》，并一起考察确定承担见证试验的检测机构；

2. 施工项目部负责确定现场（试验）取样人员；建设（监理）单位负责确定现场见证人员；并以"告知书"的形式告知负责监督该工程的监督机构和检测机构；

3. 施工现场应依据《见证取样和送检计划》，在涉及见证取样时，通知见证人并在见证人员的见证下，按照相关标准进行施工材料或施工过程试验项目的取样和制样；

4. 见证人在试样（件）或其包装上作出标识或封志；

5. 见证人员根据取样的具体情况填写《见证记录》；

6. 现场试验人员登记取（制）样台账并填写试验委托单后，持见证试样（作出标识或封志后）和《见证记录》，与见证人一起去承担见证试验的检测机构办理委托试验。

五、见证取样及送检管理

为保证见证取样及送检工作的规范性，建设（监理）单位和施工单位应具体做好以下管理工作：

1. 施工单位应按照规定制定检测试验计划，配备试验人员，负责施工现场的取样工作，做好材料取样记录、试块和试件的制作、养护记录等。

2. 监理单位应按规定配备足够的见证人员，负责见证取样和送检的现场见证工作，不需要强制监理的建设工程由建设单位按照要求配备见证人员。

3. 见证人员应由具备建设工程施工试验知识的专业技术人员担任。

4. 见证人员确定后，应在见证取样和送检前告知该工程的质量监督机构和承担相应见证试验的检测机构。

见证人员更换时，应在见证取样和送检前将更换后的见证人员信息告知检测机构和监

督机构。

5. 见证取样方法、抽样检验方法应严格按相关工程建设标准执行；

6. 在施工过程中，见证人员应按照见证取样和送检计划，对施工现场的见证取样和送检进行见证。试验人员应在试样或其包装上作出标识、封志。

标识和封志应至少标明试件编号、取样日期等信息，并由见证人员和试验人员签字。见证人员填写见证记录，由施工单位将见证记录归入施工技术档案。

试验人员和见证人员应共同做好样品的成型、保养、存放、封样、送检等全过程工作；

7. 施工单位应对见证取样和送检试样的代表性和真实性负责，监理单位负监理责任。因玩忽职守或弄虚作假，使样品失去代表性和真实性造成质量事故的，应依法承担相应的责任。

8. 检测机构应对样品和见证记录进行确认，对不符合下列要求的样品应当拒收：

（1）见证记录无见证人员签字，或签字的见证人员未告知检测机构；

（2）检测试样的数量、规格等不符合检测标准要求；

（3）封样标识和封志信息不全；

（4）封样标识和封志上无试验人员和见证人员签字。

9. 检测机构应设专人负责试样留置工作。

10. 检测机构对出现的不合格检测结果应在当日告知监理单位（建设单位）和工程质量监督机构，并应单独建立检测结果不合格台账。

11. 见证取样和送检的检测报告，应加盖检测机构"有见证试验"专用章，由施工单位汇总后纳入工程施工技术档案。

12. 质量监督机构应加强对工程参建各方见证取样和送检行为的监督管理，对发现的违法违规行为依法进行处罚并按照动态监督管理规定予以处理。

13. 试验人员和见证人员对见证取样和送检试样的代表性和真实性负责。因玩忽职守或弄虚作假使样品失去代表性和真实性造成质量事故的，应依法承担相应的责任。

六、附件

附件1《见证取样和送检见证人告知书》；

附件2《见证记录》。

见证取样和送检见证人告知书

_____质量监督站：

_____检 测 机 构：

我单位决定，由_____同志担任

_____工程见证取样和送检见证人。有关的印章和签字如下，请查收备案。

见证取样和送检印章	见证人签字

建设单位项目部名称（盖章）：

项目负责人：　　　　　　　　　　　　　　　　年　月　日

监理单位项目部名称（盖章）：

项目负责人：　　　　　　　　　　　　　　　　年　月　日

施工单位项目部名称（盖章）

项目负责人：　　　　　　　　　　　　　　　　年　月　日

见 证 记 录

编号：_____

工程名称：_____

取样部位：_____

样品名称：_____取样数量：_____

取样地点：_____取样日期：_____

见证记录：

见证取样和送检印章：_____

试验人员签字：_____

见证人员签字：_____

年　　月　　日

第二章　施工材料进场复试

第一节　常用水泥

一、相关标准

应该熟悉掌握的常用水泥标准有：

1.《通用硅酸盐水泥》GB 175—2007；

2.《水泥取样方法》GB 12573—90。

《通用硅酸盐水泥》GB 175—2007 代替了原《硅酸盐水泥、普通硅酸盐水泥》、《矿渣硅酸盐水泥、火山灰质硅酸盐水泥、粉煤灰硅酸盐水泥》和《复合硅酸盐水泥》3 个标准。

二、基本概念

1. 定义

《通用硅酸盐水泥》GB 175—2007 中定义：通用硅酸盐水泥是以硅酸盐水泥熟料和适量的石膏及规定的混合材料制成的水硬性胶凝材料。

2. 分类

通用硅酸盐水泥按混合材料（粒化高炉矿渣、粒化高炉矿渣粉、粉煤灰、火山灰质混合材料等）的品种和掺量（5％～80％）分为：硅酸盐水泥、普通硅酸盐水泥、矿渣硅酸盐水泥、火山灰质硅酸盐水泥、粉煤灰硅酸盐水泥和复合硅酸盐水泥 6 个品种。

3. 代号

通用硅酸盐水泥的代号分别为硅酸盐水泥：P·Ⅰ（不加掺合料）、P·Ⅱ（添加＜10％的掺合料）；普通硅酸盐水泥：代号 P·O；矿渣硅酸盐水泥：代号 P·S·A（熟料＋石膏≥50％且＜80％）、P·S·B（熟料＋石膏≥30％且＜50％）；火山灰质硅酸盐水泥：P·P；粉煤灰硅酸盐水泥：P·F；复合硅酸盐水泥：P·C。

4. 强度等级

各品种常用水泥的强度等级划分见表 2.1.1。

常用水泥品种及强度等级　　　　　　　　　　　　　　　　　表 2.1.1

水泥品种	强度等级						
硅酸盐水泥	/	/	42.5	42.5R	52.5	52.5R	62.5	62.5R
普通硅酸盐水泥	/	/	42.5	42.5R	52.5	52.5R	/	/
矿渣硅酸盐水泥 火山灰质硅酸盐水泥 粉煤灰硅酸盐水泥 复合硅酸盐水泥	32.5	32.5R	42.5	42.5R	52.5	52.5R	/	/

注：等级后面带"R"的为早强型水泥。

5. 化学指标

各品种常用水泥的化学指标应符合表 2.1.2 的规定：

常用水泥化学指标 表 2.1.2

水泥品种	代号	不溶物	烧失量	三氧化硫	氧化镁	氯离子
				（质量分数）		
硅酸盐水泥	P·Ⅰ	≤0.75	≤3.0	≤3.5	≤5.0	≤0.06
硅酸盐水泥	P·Ⅱ	≤1.50	≤3.5			
普通硅酸盐水泥	P·O	/	≤5.0			
矿渣硅酸盐水泥	P·S·A			≤4.0	≤6.0	
矿渣硅酸盐水泥	P·S·B				/	
火山灰质硅酸盐水泥	P·P	/	/	≤3.5	≤6.0	
粉煤灰硅酸盐水泥	P·F					
复合硅酸盐水泥	P·C					

6. 强度

不同品种、不同强度等级的通用硅酸盐水泥，其不同龄期的强度应符合表 2.1.3 的规定。

常用水泥不同龄期的强度规定（MPa） 表 2.1.3

品 种	强度等级	抗压强度		抗折强度	
		3d	28d	3d	28d
硅酸盐水泥	42.5	≥17.0	≥42.5	≥3.5	≥6.5
硅酸盐水泥	42.5R	≥22.0	≥42.5	≥4.0	≥6.5
硅酸盐水泥	52.5	≥23.0	≥52.5	≥4.0	≥7.0
硅酸盐水泥	52.5R	≥27.0	≥52.5	≥5.0	≥7.0
硅酸盐水泥	62.5	≥28.0	≥62.5	≥5.0	≥8.0
硅酸盐水泥	62.5R	≥32.0	≥62.5	≥5.5	≥8.0
普通硅酸盐水泥	42.5	≥17.0	≥42.5	≥3.5	≥6.5
普通硅酸盐水泥	42.5R	≥22.0	≥42.5	≥4.0	≥6.5
普通硅酸盐水泥	52.5	≥23.0	≥52.5	≥4.0	≥7.0
普通硅酸盐水泥	52.5R	≥27.0	≥52.5	≥5.0	≥7.0
矿渣硅酸盐水泥 火山灰质硅酸盐水泥 粉煤灰硅酸盐水泥 复合硅酸盐水泥	32.5	≥10.0	≥32.5	≥2.5	≥5.5
矿渣硅酸盐水泥 火山灰质硅酸盐水泥 粉煤灰硅酸盐水泥 复合硅酸盐水泥	32.5R	≥15.0	≥32.5	≥3.5	≥5.5
矿渣硅酸盐水泥 火山灰质硅酸盐水泥 粉煤灰硅酸盐水泥 复合硅酸盐水泥	42.5	≥15.0	≥42.5	≥3.5	≥6.5
矿渣硅酸盐水泥 火山灰质硅酸盐水泥 粉煤灰硅酸盐水泥 复合硅酸盐水泥	42.5R	≥19.0	≥42.5	≥4.0	≥6.5
矿渣硅酸盐水泥 火山灰质硅酸盐水泥 粉煤灰硅酸盐水泥 复合硅酸盐水泥	52.5	≥21.0	≥52.5	≥4.0	≥7.0
矿渣硅酸盐水泥 火山灰质硅酸盐水泥 粉煤灰硅酸盐水泥 复合硅酸盐水泥	52.5R	≥23.0	≥52.5	≥4.5	≥7.0

7. 胶凝材料

（1）水硬性胶凝材料：即能在空气中硬化，又能在水中硬化的胶凝材料；水泥就属于此种材料。

（2）气硬性胶凝材料：只能在空气中硬化，而不能在水中硬化的胶凝材料；如石灰。

8. 适用范围

水泥中因其熟料矿物及掺合料性质、比例的不同，故有其不同的适用性。常用水泥的适用范围见表 2.1.4。

常用水泥的适用范围　　　　　　　　　　　表 2.1.4

水泥品种	适 用 范 围	
	适用于	不适用于
硅酸盐水泥	1. 配制高强度混凝土； 2. 先张法预应力制品； 3. 道路； 4. 低温下施工的工程	1. 大体积混凝土； 2. 地下工程
普通硅酸盐水泥	适应性较强，无特殊要求的混凝土工程都可以使用	
矿渣硅酸盐水泥	1. 地面、地下、水中各种混凝土工程； 2. 高温车间建筑	需要早强和受冻融循环干湿交替的工程
火山灰质硅酸盐水泥 粉煤灰硅酸盐水泥 复合硅酸盐水泥	1. 地下工程、大体积混凝土工程； 2. 一般工业和民用建筑	需要早强和受冻融循环干湿交替的工程

三、常规试验项目

1. 在下列情况下水泥必须进行复试，并提供试验报告：

（1）用于承重结构的水泥；

（2）用于使用部位有强度等级要求的水泥；

（3）水泥出厂超过 3 个月（快硬硅酸盐水泥出厂超过 1 个月）；

（4）进口水泥。

2. 水泥的常规试验项目有：

（1）胶砂强度；

（2）安定性；

（3）凝结时间。

胶砂强度、安定性和凝结时间是水泥的重要技术指标。

胶砂强度：水泥本身的强度决定于熟料的矿物成分和细度，作为胶凝材料，它的强度又决定了混凝土或砌筑砂浆的最终强度是否满足设计要求。

安定性：又称作体积安定性。如果在水泥已经硬化后，产生不均匀的体积变化，即所谓体积安定性不良，就会使构件产生膨胀性裂缝，降低建筑物质量，甚至引起严重事故。

凝结时间：水泥的凝结时间分为初凝时间和终凝时间，初凝时间为水泥加水拌和时至水泥浆开始失去可塑性的时间；终凝时间为水泥加水拌和时至水泥浆完全失去可塑性并开始产生强度的时间。

作为胶凝材料，水泥初凝时间过快，势必影响混凝土的运输、浇捣和振捣时间；凝结时间过慢，即迟迟不产生强度，将会影响工程进度。

《通用硅酸盐水泥》GB 175—2007 中规定：硅酸盐水泥初凝时间不小于 45min，终凝时间不大于 390min；普通硅酸盐水泥、矿渣硅酸盐水泥、火山灰质硅酸盐水泥、粉煤灰硅酸盐水泥和复合硅酸盐水泥初凝时间不小于 45min，终凝时间不大于 600min。

四、组批（抽样频率）及复试原则

1. 散装水泥：对同一水泥厂生产的同期出厂的同品种、同强度等级的水泥，以一次进场的同一出厂编号的水泥为一批。但一批的总量不得超过 500t；

2. 袋装水泥：对同一水泥厂生产的同期出厂的同品种、同强度等级的水泥，以一次进场的同一出厂编号的水泥为一批。但一批的总量不得超过 200t；

3. 存放期超过 3 个月的水泥，使用前必须按批量重新取样进行复试，并按复试结果使用；

4. 建筑施工企业应分别按单位工程取样；

5. 构件厂、预拌混凝土搅拌站应在水泥进厂（站）时取样；并根据贮存、使用情况定期复试。

五、进厂检验与材质证明文件核验

1. 材料进场检验

水泥进场后，应检验以下内容：

（1）进场批量；

（2）水泥包装情况（袋装或散装）；

（3）水泥标识。

水泥可以散装或袋装，袋装水泥每袋净含量为 50kg，且应不少于标示质量的 99%；随机抽取 20 袋总质量（含包装袋）应不少于 1000kg。

水泥包装袋上应清楚注明：执行标准、水泥品种、代号、强度等级、生产者名称、生产许可证标志（QS）及编号、出厂编号、包装日期、净含量。包装袋两侧应根据水泥的品种采用不同的颜色印刷水泥名称和强度等级，硅酸盐水泥和普通硅酸盐水泥采用红色，矿渣硅酸盐水泥采用绿色；火山灰质硅酸盐水泥、粉煤灰硅酸盐水泥和复合硅酸盐水泥采用黑色或蓝色。

散装水泥应提交与袋装水泥标志相同内容的卡片。

2. 资料（材质证明）核验内容

核验水泥生产者的《出厂质量证明书》，其内容应包括：厂别、品种、出厂日期、出厂编号和厂家的试验数据；

六、取样方法

对已进入现场的每批水泥，视存放情况，应抽取试样复验其强度、安定性和凝结时间，水泥试验的取样应按下述规定进行：

1. 散装水泥：按照规定的组批原则，随机地从不少于 3 个车罐中各采集等量水泥，经混拌均匀后，再从中称取不少于 12kg 水泥作为检验试样。取样选用"槽形管状取样器"（见图 2.1.1（a）），通过转动取样器内管控制开关，在适当位置插入水泥一定深度，关闭后小心抽出。将所取样品放入洁净、干燥、不易受污染的容器中。

2. 袋装水泥：按照规定的组批原则，随机地从不少于 20 袋中各采集等量水泥，经混拌均匀后，再从中称取不少于 12kg 水泥作为检验试样。取样选用"取样管"（见图 2.1.1

(b)），将取样管插入水泥适当深度，用大拇指按住气孔，小心抽出取样管，将所取样品放入洁净、干燥、不易受污染的容器中。

七、取样注意事项

水泥是混凝土建筑结构的基本材料，水泥的质量直接关系到混凝土结构的强度和建筑物的耐久性，在现场取样时要注意以下问题：

1. 要注意区分散装水泥和袋装水泥组批规则的不同，散装水泥每 500t 为 1 个取样单位；袋装水泥每 200t 为 1 个取样单位。

2. 袋装水泥取样时应严格按规定，用"取样管"从不少于 20 袋水泥中采集出等量水泥混拌均匀，再从中称取不少于 12kg 作为送检试样；切不可图省事，随意从 1 袋中取出。因为，缺乏代表性的试样，会造成试验结果的错判和误判。

3. 水泥是水硬性胶结（和水化合后产生强度）材料，易吸收空气中的水分，造成水泥板结，降低强度、影响使用。所以，在现场取样后不要久放，应尽快送到试验室委托试验，盛装试样的容器应尽量密封。

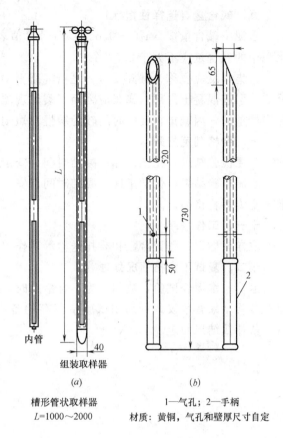

内管
组装取样器
(a)

槽形管状取样器
L=1000～2000

1—气孔；2—手柄
材质：黄铜，气孔和壁厚尺寸自定

图 2.1.1 散装水泥取样管与袋装
水泥取样器（取样管）
(a) 散装水泥取样管；(b) 袋装水泥取样器（取样管）

4. 标准规定，水泥出厂 3 个月后要重新进行试验，应注意现场水泥的存放、使用情况，提前到试验室进行委托试验。

八、试样标识

按标准取得试样后，应及时对试样作出唯一性标识，标识应包括以下内容：工程编号、试样编号、水泥品种、强度等级和取样日期；参考样式见图 2.1.2。

工程编号	××××××	试样编号	
水泥品种	P·O		
强度等级	42.5R		
取样日期	年　　月　　日		

图 2.1.2 试件标识样式

九、碱含量（选择性指标）

水泥中碱含量按 $Na_2O + 0.658K_2O$ 计算值表示。若使用活性集料，应使用低碱水泥，水泥中的碱含量应不大于 0.60%。

碱集料反应也称为碱硅反应，是指混凝土中的碱性物质与集料中的活性成分发生化学反应，引起混凝土内部自膨胀应力而开裂的现象。碱集料反应给混凝土工程带来的危害是相当严重的，因碱集料反应时间较为缓慢，短则几年，长则几十年才能被发现。

十、合格判定规则

水泥检验结果，化学指标、凝结时间、安定性和强度均符合标准规定为合格品；

水泥检验结果，化学指标、凝结时间、安定性和强度中的任何一项技术要求不符合标准规定为不合格品。

十一、工作程序

取样、标识、登记台账和委托送检等工作程序参照第一章第三节。

十二、复试不合格情况处理

退货。水泥经试验，被判定为不合格品时，在厂家无争议的情况下，应予退货；如厂家对试验结果有争议，可利用试验室留存的备用试样，委托具有资质的仲裁机构进行复试，依仲裁结果而定。

第二节 砂

一、相关标准

应该熟悉掌握与砂有关的技术标准、规程有：

1.《普通混凝土用砂、石质量及检验方法标准》JGJ 52—2006；

2.《建筑用砂》GB/T 14684—2011；

3.《人工砂应用技术规程》DBJ/T01-65—2002。

二、基本概念

本节采用标准以《普通混凝土用砂、石质量及检验方法标准》JGJ 52—2006 为主。

1. 建筑用砂的分类如下：

$$建筑用砂 \begin{cases} 天然砂：包括河砂、湖砂、山砂、淡化海砂 \\ 人工砂 \begin{cases} 机制砂 \\ 混合砂 \end{cases} \end{cases}$$

2. 各类建筑用砂（建筑工程中混凝土及其制品和砌筑砂浆用砂）的定义：

（1）天然砂：由自然风化、水流搬运和分选、堆积形成的、粒径小于 4.75mm 的岩石颗粒，但不包括软质岩、风化岩石的颗粒。

（2）人工砂：经除土处理的机制砂、混合砂的统称。

（3）机制砂：由机械破碎、筛分制成的，粒径小于 4.75mm 的岩石颗粒，但不包括软质岩、风化岩石的颗粒。

（4）混合砂：由机制砂和天然砂混合制成的砂。

3. 技术指标

（1）细度模数

砂根据细度模数（μ_f）的不同划分为粗砂、中砂和细砂、特细砂：

粗砂：$\mu_f = 3.7 \sim 3.1$；

中砂：$\mu_f = 3.0 \sim 2.3$；

细砂：$\mu_f = 2.2 \sim 1.6$；

特细砂：$\mu_f = 1.5 \sim 0.7$。

在质量（重量）相同的前提下，砂颗粒越细比表面积越大。配制混凝土时，如要保持一定的流动性就需要更多的水；在保证混凝土强度的前提下就要保证水灰比不变，那么水泥用量就要加大。

砂过细，水泥用量增大，混凝土易出现收缩裂缝等弊病。

砂过粗（细度模数大于 3.7），配制混凝土时和易性不易控制，且内摩擦力大，不易振捣成型。

（2）颗粒级配

砂颗粒级配区见表 2.2.1。

砂颗粒级配区   表 2.2.1

累计筛余(%) 级配区 公称粒径	Ⅰ区	Ⅱ区	Ⅲ区
5.00mm	10～0	10～0	10～0
2.50mm	35～5	25～0	15～0
1.25mm	65～35	50～10	25～0
630μm	85～71	70～41	40～16
315μm	95～80	92～70	85～55
160μm	100～90	100～90	100～90

砂子的颗粒级配，即表示砂子大小颗粒的搭配状态，在混凝土中砂子之间的空隙是由水泥浆所填充，为达到节约水泥和提高强度的目的，就应当尽量减小砂子之间的空隙。如果是同样粗细的砂子（单粒级），空隙最大，两三种粒径的砂子搭配起来，空隙就小了。

（3）天然砂中含泥量、泥块含量的限值

天然砂中含泥量、泥块含量的限值见表 2.2.2。

天然砂中含泥量、泥块含量限值   表 2.2.2

混凝土强度等级	≥C60	C55～C30	≤C25
含泥量(按质量分数计,%)	≤2.0	≤3.0	≤5.0
泥块含量(按质量分数计,%)	≤0.5	≤3.0	≤2.0

注：1. 有抗冻、抗渗或其他特殊要求的小于或等于 C25 混凝土用砂，含泥量应不大于 3.0%；

　　2. 有抗冻、抗渗或其他特殊要求的小于或等于 C25 混凝土用砂，其泥块含量应不大于 1.0%。

（4）人工砂或混合砂中的石粉含量

人工砂或混合砂中的石粉含量应符合表 2.2.3 的规定：

人工砂或混合砂中石粉含量   表 2.2.3

混凝土强度等级		≥C60	C55～C30	≤C25
石粉含量 (%)	MB<1.40(合格)	≤5.0	≤7.0	≤10.0
	≥1.40(不合格)	≤2.0	≤3.0	≤5.0

注：MB<1.40（合格），根据使用地区和用途，在试验验证的基础上，可由供需双方协商确定；

　　MB——亚甲蓝值（g/kg），表示每千克 0～2.50mm 公称粒径试样所消耗的亚甲蓝克数。

人工砂或混合砂中的泥块含量的限值同天然砂。

含泥量：天然砂中粒径小于 75μm 的颗粒含量。

石粉含量：人工砂中粒径小于 75μm 的颗粒含量。

（5）人工砂的压碎指标值

人工砂的压碎指标值应符合表 2.2.4 的规定

类　别 项　目	Ⅰ类	Ⅱ类	Ⅲ类
单粒级最大压碎指标(%)	<20	<25	<30

表 2.2.4

人工砂按技术要求分为Ⅰ类、Ⅱ类、Ⅲ类；Ⅰ类宜用于强度等级大于 C60 的混凝土；Ⅱ类宜用于强度等级 C30～C60 及抗冻、抗渗或其他要求的混凝土；Ⅲ类宜用于强度等级小于 C30 的混凝土和建筑砂浆。

（6）砂中的有害物质含量

当砂中含有云母、轻物质、有机物、硫化物及硫酸盐等有害物质，其含量应符合表 2.2.5 的规定。

砂中的有害物质含量 表 2.2.5

项　目	质　量　指　标
云母含量(按质量计,%)	≤2.0
轻物质含量(按质量计,%)	≤1.0
硫化物及硫酸盐含量(折算成 SO_3 按质量计,%)	≤1.0
有机物含量(用比色法试验)	颜色不应深于标准色,如深于标准色时,应按水泥胶砂强度试验方法进行强度对比试验,抗压强度比不应低于 0.95

（7）砂的放射性指标限量

砂的放射性指标限量应符合表 2.2.6 的规定

砂的放射性指标限量 表 2.2.6

测　定　项　目	限　　量
内照射指数	≤1.0
外照射指数	≤1.0

内照射指数：是指建筑材料中天然放射性核素镭-226 的放射性比活度，除以相关标准规定限量而得的商；单位是贝可/千克（Bq/kg），即每千克质量物质所含的贝可数。

外照射指数：是指建筑材料中天然放射性核素镭-226、钍-232 和钾-40 的放射性比活度分别除以其各自单独存在时相关标准规定限量而得的商之和。

三、常规试验项目

1. 天然砂的常规试验项目有：

（1）筛分析；

（2）含泥量；

（3）泥块含量。

2. 人工砂的常规试验项目有：

（1）筛分析；

（2）石粉含量（含亚甲蓝试验）；

（3）泥块含量；

（4）压碎指标。

筛分析：砂的粗细程度和颗粒级配用筛分析的方法进行测定，用级配区表示砂子的颗粒级配，通过累计筛余百分率计算出细度模数，表示砂子的粗细程度。

含泥量、泥块含量：拌制混凝土的骨料要求清洁不含杂质，以保证混凝土的质量。而砂、石属于天然材料，常含有一些有害杂质，如云母、黏土、泥块、淤泥等，粘附在砂、石表面，妨碍水泥与砂、石的粘结降低混凝土的强度；同时还增加混凝土的用水量，从而加大混凝土的收缩，降低抗渗性和抗冻性。一些有机杂质、硫化物及硫酸盐都对水泥有腐蚀作用，也会降低混凝土的强度。

压碎指标：用于检验人工砂在自然风化和其他外界物理化学因素作用下抵抗破裂的能力及控制其颗粒形状的技术指标。

亚甲蓝 MB 值：用于判定人工砂中粒径小于 $75\mu m$ 颗粒含量主要是泥土还是与被加工母岩化学成分相同的石粉的指标。

四、进厂检验与材质证明文件核验

1. 材料进场检验

砂进场后，应检验以下内容：

（1）进场批量；

（2）规格。

2. 材质证明文件核验

核验供料单位提供的产品合格证或质量检验报告，内容应包括：产地、名称、规格、检测依据、检测项目、检测结果、结论、检测日期等内容。

五、组批原则

1. 使用单位应按砂的同产地同规格分批验收。采用大型交通工具（如火车、货船或汽车）运输的，应以 400m³ 或 600t 为一验收批；采用小型交通工具（如拖拉机等）运输的，应以 200m³ 或 300t 为一验收批。不足上述量者，应按一验收批进行验收。

当砂质量比较稳定、进料量又较大时，可以 1000t 为一验收批。

2. 每一验收批取样一组，对于每一单项检验项目，砂的每组样品取样数量应满足表 2.2.7 的规定。当需要做多项检验时，可在确保样品经一项试验后不致影响其他试验结果的前提下，用同组样品进行多项不同的试验。

砂每一试验项目所需砂的最少取样数量　　　　表 2.2.7

检 验 项 目	最少取样数量(g)	检 验 项 目	最少取样数量(g)
筛分析	4400	有机物含量	2000
表观密度	2600	云母含量	600
吸水率	4000	轻物质含量	3200
紧密密度和堆积密度	5000	硫化物及硫酸盐含量	50
含水率	1000	氯离子含量	2000
含泥量	4400	贝壳含量	10000
泥块含量	20000	碱活性	20000
石粉含量	1600	/	/
人工砂压碎值指标	分成公称粒级 5.00～2.50mm；2.50～1.25mm；1.25mm～630μm；630～315μm；315～160μm，每个粒级各需 100g		
坚固性	分成公称粒级 5.00～2.50mm；2.50～1.25mm；1.25mm～630μm；630～315μm；315～160μm，每个粒级各需 100g		

六、取样方法

1. 在料堆上取样时，取样部位应均匀分布，取样时先将取样部位表层铲除，然后由各部位抽取大致相等的试样 8 份。

2. 从皮带运输机上取样时，应在皮带运输机机尾的出料处用接料器定时抽取试样 4 份。

3. 从火车、汽车、货船上取样时，应从不同部位和深度抽取大致相等的砂 8 份组成一组样品。

4. 建筑施工企业应按单位工程分别取样。

5. 构件厂、搅拌站应在砂进厂（场）时取样，并根据贮存、使用情况定期复验。

七、试样标识

按标准取得试样后，应及时对试样做出唯一性标识，标识应包括以下内容：工程编号、试样编号、砂子品种、规格和取样日期；参考样式见图 2.2.1。

工程编号	×××××	试样编号	
砂子品种	河砂或人工砂		
规格	中砂		
取样日期	年　　月　　日		

图 2.2.1　试件标识样式

八、取样注意事项

砂在混凝土中作为细集料，与水泥、水混合后成为砂浆，起着胶结和填充粗集料空隙的作用；砂的粗细程度、含泥量和泥块含量等质量指标，对混凝土的和易性及混凝土结构的耐久性（如砂偏细，易使混凝土产生干缩裂缝，从而影响混凝土的耐久性）有着重要影响。

由于进入现场的砂子存在着质量波动，而且砂在堆放的各部位也有差异，所以现场取砂试样要注意有代表性；按照标准要求，取样部位应均匀分布（砂堆的顶部和底部石粒偏多），且要将取样部位的表层铲除后在抽取。

九、工作程序

取样、标识、登记台账和委托送检等工作程序参照第一章第三节。

十、复试不合格情况处理

1. 退货

根据砂的具体用途，对照技术指标判定，如果不符合要求，应对已进场的砂子进行退货处理。

2. 改做其他用途

如果试验结果判定，不符合某一用途的技术指标，但技术指标符合其他用途，可把已进场的砂子改做他用；例如：砂的含泥量为 4%，不能用作拌制 C30 级的混凝土，但可以用该砂拌制 C25 及以下级别的混凝土或拌制砌筑砂浆。

第三节 卵（碎）石

一、相关标准

1. 《普通混凝土用砂、石质量及检验方法标准》JGJ 52—2006；
2. 《建筑用卵石、碎石》GB/T 14685—2011。

二、基本概念

本节采用标准以《普通混凝土用砂、石质量及检验方法标准》JGJ 52—2006 为主。

1. 定义

(1) 碎石：由天然岩石或卵石经破碎、筛分而得的粒径大于 5mm 的岩石颗粒。

(2) 卵石：由自然风化、水流搬运和分选、堆积形成的粒径大于 5mm 的岩石。

2. 粒级

按卵石、碎石粒径尺寸分为连续粒级和单粒级，见表 2.3.1。

碎石或卵石的颗粒级配范围　　　　　　　　　表 2.3.1

级配情况	公称粒径(mm)	累计筛余,按质量计(%)								
		筛孔尺寸(方孔筛)(mm)								
		2.36	4.75	9.5	16.0	19.0	26.5	31.5	37.5	53
连续粒级	5～10	95～100	80～100	0～15	0	—	—	—	—	—
	5～16	95～100	85～100	30～60	0～10	0	—	—	—	—
	5～20	95～100	90～100	40～80	—	0～10	0	—	—	—
	5～25	95～100	90～100	—	30～70	—	0～5	0	—	—
	5～31.5	95～100	90～100	70～90	—	15～45	—	0～5	0	—
	5～40	—	95～100	70～90	—	30～65	—	—	0～5	0
单粒级	10～20	—	95～100	85～100	—	0～15	0	—	—	—
	16～31.5	—	95～100	—	85～100	—	—	0～10	0	—
	20～40	—	—	95～100	—	80～100	—	—	0～10	0
	31.5～63	—	—	—	95～100	—	75～100	45～75	—	—
	40～80	—	—	—	—	95～100	—	—	70～100	—

连续粒级：将石子粒径按其尺寸大小分级，分级尺寸时连续，然后按适当比例配合。一般天然河卵石就属于这一类。连续粒级因大小颗粒搭配较好，配制混凝土时，混合物的和易性好。

单粒级：单一粒径尺寸的石子。这种石子颗粒间有较大的"空当"，因而可以减少颗粒间的干扰。颗粒间的空隙，可以由很小的石子或砂子填充，降低孔隙率，增加密实性。宜配制高强度的混凝土。

3. 类别

按卵石、碎石技术要求分为Ⅰ类、Ⅱ类、Ⅲ类。

Ⅰ类宜用于强度等级大于 C60 的混凝土；Ⅱ类宜用于强度等级 C30～C60 及抗冻、抗渗或其他要求的混凝土；Ⅲ类宜用于强度等级小于 C30 的混凝土。

4. 技术指标

（1）针状和片状颗粒的总含量

卵石或碎石中针、片状颗粒含量应符合表 2.3.2 的规定。

碎石或卵石中针、片状颗粒含量　　　　　表 2.3.2

混凝土强度等级	≥C60	C30～C55	≤C25
针、片状颗粒含量(按质量计，%)	≤8	≤15	≤25

（2）含泥量

卵石或碎石中含泥量应符合表 2.3.3 的规定。

碎石或卵石中的含泥量　　　　　表 2.3.3

混凝土强度等级	≥C60	C30～C55	≤C25
含泥量(按质量计，%)	≤0.5	≤1.0	≤2.0

对于有抗冻、抗渗或其他特殊要求的混凝土，其所用碎石或卵石中含泥量不应大于1.0%。当卵石或碎石的含泥是非黏土质的石粉时，其含泥量可由 0.5%、1.0%、2.0%，分别提高到 1.0%、1.5%、3.0%。

（3）泥块含量

卵石或碎石中泥块含量应符合表 2.3.4 的规定。

碎石或卵石中的泥块含量　　　　　表 2.3.4

混凝土强度等级	≥C60	C30～C55	≤C25
泥块含量(按质量计，%)	≤0.2	≤0.5	≤0.7

对于有抗冻、抗渗或其他特殊要求的强度等级小于 C30 的混凝土，其所用卵石或碎石中泥块含量不应大于 0.5%。

（4）压碎值指标

① 碎石的压碎值指标宜符合表 2.3.5 的规定。

碎石的压碎值指标　　　　　表 2.3.5

岩石品种	混凝土强度等级	碎石压碎值指标(%)
沉积岩	C40～C60	≤10
	≤C35	≤16
变质岩或深成的火成岩	C40～C60	≤12
	≤C35	≤20
喷出的火成岩	C40～C60	≤13
	≤C35	≤30

注：沉积岩包括石灰岩、砂岩等；变质岩包括片麻岩、石英岩等；深成的火成岩包括花岗岩、正长岩、闪长岩和橄榄岩等；喷出的火成岩包括玄武岩和辉绿岩等。

碎石的强度可用岩石的抗压强度和压碎值指标表示。岩石的抗压强度应比所配制的混凝土强度至少高 20%。当混凝土强度等级大于或等于 C60 时，应进行岩石抗压强度检验。岩石强度首先应由生产单位提供，工程中可采用压碎值指标进行质量控制。

② 卵石的压碎值指标宜符合表 2.3.6 的规定。

卵石的压碎值指标　　　　　　　表 2.3.6

混凝土强度等级	C40～C60	≤C35
压碎值指标（%）	≤12	≤16

（5）坚固性指标

卵石和碎石的坚固性用硫酸钠溶液法检验，试样经 5 次循环后，其质量损失应符合表 2.3.7 的规定。

碎石或卵石的坚固性指标　　　　　　　表 2.3.7

混凝土所处的环境条件及其性能要求	5 次循环后的质量损失（%）
在严寒及寒冷地区室外使用，并经常处于潮湿或干湿交替状态下的混凝土；有腐蚀性介质作用或经常处于水位变化区的地下结构或有抗疲劳、耐磨、抗冲击等要求的混凝土	≤8
在其他条件下使用的混凝土	≤12

（6）有害物质含量

卵石或碎石中的硫化物和硫酸盐含量，以及卵石中有机物等有害物质含量，应符合表 2.3.8 的规定。

碎石或卵石中的有害物质含量　　　　　　　表 2.3.8

项　　目	质　量　要　求
硫化物及硫酸盐含量（折算成 SO_3，按质量计，%）	≤1.0
卵石中有机质的含量（用比色法试验）	颜色应不深于标准色。当颜色深于标准色时，应配制成混凝土进行强度对比试验，抗压强度比应不低于 0.95

当碎石或卵石中含有颗粒状硫酸盐或硫化物杂质时，应进行专门检验，确认能满足混凝土耐久性要求后，方可采用。

（7）碱活性

对于长期处于潮湿环境的重要混凝土结构，其所使用的碎石或卵石应进行碱活性检验。

进行碱活性检验时，首先应采用岩相法检验碱活性骨料的品种、类型和数量。当检验出骨料中含有活性二氧化硅时，应采用快速砂浆棒法和砂浆长度法进行碱活性检验；当检验出骨料中含有活性炭酸盐时，应采用岩石柱法进行碱活性检验。

经上述检验，当判定骨料存在潜在碱-碳酸盐反应危害时，不宜作混凝土骨料；否则，应通过专门的混凝土试验，作出最后评定。

当判定骨料存在潜在碱-硅反应危害时，应控制混凝土中的碱含量不超过 $3.0kg/m^3$，或采用能抑制碱-骨料反应的有效措施。

（8）放射性指标

卵石或碎石中的放射性指标限量应符合表 2.3.9 的规定。

放射性指标限量 表 2.3.9

测 定 项 目	限 量
内照射指数	≤1.0
外照射指数	≤1.0

三、常规试验项目

碎（卵）石的常规试验项目有：

（1）筛分析；

（2）含泥量；

（3）泥块含量；

（4）针状和片状颗粒的总含量；

（5）压碎指标值。

针状和片状颗粒的总含量：石子中针、片状颗粒含量过大，易使新拌混凝土的和易性变差；针、片状碎石的坚韧性较差，其压碎指标值随着针片状含量的增加而增大，从而造成混凝土抗压强度值降低。因此控制针、片状粗骨料在混凝土中的含量，不仅便于混凝土泵送与施工，而且有利于提高建筑工程质量。

四、进厂检验与材质证明文件核验

1. 材料进场检验

砂进场后，应检验以下内容：

（1）进场批量；

（2）规格。

2. 材质证明文件核验

核验供料单位提供的产品合格证或质量检验报告，内容应包括：产地、名称、规格、检测依据、检测项目、检测结果、结论、检测日期等内容。

五、组批原则

1. 应按石的同产地、同规格分批验收。采用大型交通工具（如火车、货船或汽车）运输的，应以 400m³ 或 600t 为一验收批；采用小型交通工具（如拖拉机等）运输的，应以 200m³ 或 300t 为一验收批。不足上述量者，应按一验收批进行验收。

当石质量比较稳定、进料量又较大时，可以 1000t 为一验收批。

2. 每一验收批取样一组，对于每一单项检验项目，石的每组样品取样数量应满足表 2.3.10 的规定。当需要做多项检验时，可在确保样品经一项试验后不致影响其他试验结果的前提下，用同组样品进行多项不同的试验。

每一单项检验项目所需碎石或卵石的最小取样质量（kg） 表 2.3.10

试 验 项 目	最大公称粒径(mm)							
	10.0	16.0	20.0	25.0	31.5	40.0	63.0	80.0
筛分析	8	15	16	20	25	32	50	64
表观密度	8	8	8	8	12	16	24	24

试 验 项 目	最大公称粒径(mm)							
	10.0	16.0	20.0	25.0	31.5	40.0	63.0	80.0
含水率	2	2	2	2	3	3	4	6
吸水率	8	8	16	16	16	24	24	32
堆积密度、紧密密度	40	40	40	40	80	80	120	120
含泥量	8	8	24	24	40	40	80	80
泥块含量	8	8	24	24	40	40	80	80
针、片状含量	1.2	4	8	12	20	40	—	—
硫化物、硫酸盐	1.0							

注：有机物含量、坚固性、压碎值指标及碱-骨料反应检验，应按试验要求的粒级及质量取样。

六、取样方法

1. 在料堆上取样时，取样部位均匀分布，取样时先将取样部位表层铲除，然后由各部位抽取大致相等的石子 16 份组成一组试样。

2. 从皮带运输机上取样时，应在皮带运输机机尾的出料处，用接料器定时抽取 8 份石子，组成一组试样。

3. 从火车、汽车、货船上取样时，应从不同部位和深度抽取大致相等的石 16 份组成一组样品。

4. 建筑施工企业应按单位工程分别取样。

5. 构件厂、搅拌站应在进厂（场）时取样，并根据贮存、使用情况定期复验。

七、试样标识

按标准取得试样后，应及时对试样做出唯一性标识，标识应包括以下内容：工程编号、试样编号、石子品种、规格和取样日期；参考样式见图 2.3.1。

工程编号	×××××××	试样编号	
石子品种	卵石或(卵石)		
规格	5~25mm		
取样日期	年　月　日		

图 2.3.1　试件标识样式

八、石子现场取样注意事项

卵石、碎石作为粗集料，在混凝土中起着骨架作用，对混凝土的强度起着重要作用。同砂一样，现场取样时也要注意试样的代表性。因为石子的粒径决定了混凝土配制时的用水量和砂率的取值范围，所以取样时要按照标准的要求，使试样能代表现场石子的实际情况。

九、试验结果判定

1. 筛分析：通过筛分析试验，判定石子的颗粒级配是符合连续粒级还是符合单粒粒级；一般不宜用颗粒较大的（最大粒径大于31.5mm）单粒级的石子配制混凝土。颗粒级配不符合表2.3.1的要求时，应采取措施并经试验证实能确保工程质量，方允许使用。

2. 针状和片状颗粒的总含量：混凝土强度等级大于或等于C60时，卵石或碎石中针、片状颗粒含量应≤8%；混凝土强度等级大于或等于C30时，卵石或碎石中针、片状颗粒含量应≤15%；当混凝土强度等级小于C30时，卵石或碎石中针、片状颗粒含量应≤25%；等于及小于C10级的混凝土，其针、片状颗粒含量可适量放宽到40%。

3. 含泥量和泥块含量：混凝土强度等级大于或等于C60时，含泥量应≤0.5%，泥块含量应≤0.2%；混凝土强度等级大于或等于C30及有抗冻、抗渗或其他特殊要求的混凝土含泥量应≤1.0%，泥块含量应≤0.5%；当混凝土强度等级小于C30时，含泥量应≤2.0%，泥块含量应≤0.7%。

4. 压碎指标值：宜符合表2.3.5的要求。

十、工作程序

取样、标识、登记台账和委托送检等工作程序参照第一章第三节。

十一、复试不合格情况处理

1. 退货

根据石子的具体用途，对照上述试验结果判定，如果不符合要求，应对已进场的石子进行退货处理。

2. 改做其他用途

如果试验结果判定，不符合某一用途的技术指标，但技术指标符合其他用途，可把已进场的石子改做他用；例如：石子的含泥量为1.2%，不能用作拌制C30及以上级别的混凝土，但可以用该石子拌制C25及以下级别的混凝土。

第四节 轻 集 料

一、相关标准

《轻集料及其试验方法 第一部分：轻集料》GB/T 17431.1—2010

二、基本概念

1. 定义

堆积密度不大于 1200kg/m³ 的粗细集料的总称。

过去习惯称为轻骨料。

2. 分类

按形成方式分为

(1) 人造轻集料：轻粗集料（陶粒等）和轻细集料（陶砂等）；

(2) 天然轻集料：浮石、火山渣等；

(3) 工业废渣轻集料：自燃煤矸石、煤渣等。

3. 作用

建筑工程中，利用轻集料主要是配制轻骨料混凝土。

用轻粗集料、轻砂（或普通砂）、水泥和水配制而成的干表观密度（干容重）不大于 1950kg/m³ 的混凝土称为轻骨料混凝土；

用轻砂做细集料配制而成的混凝土称为全轻混凝土。

轻混凝土与普通混凝土相比，其最大特点是容重轻、具有良好的保温性能。混凝土的容重越小，热导率越低，保温性能越好。由于自重轻、弹性模量低、抗震性能好、耐火性能也较好等特点，主要用作工业与民用建筑，特别是高层建筑和桥梁工程等的承重结构。

4. 技术指标

(1) 轻粗集料颗粒级配

各种轻粗集料的颗粒级配应符合表 2.4.1 的要求，但人造轻粗集料的最大粒径不宜大于 19.0mm。

轻粗集料颗粒级配　　　　　　　　　　　　　　　　　　　表 2.4.1

轻集料	级配类别	公称粒径(mm)	各号筛的累计筛余(按质量计)(%)							
			方孔筛孔径(mm)							
			37.5	31.5	26.5	19.0	16.0	9.50	4.75	2.36
粗集料	连续粒级	5~40	0~10	/	/	40~60	/	50~85	90~100	95~100
		5~31.5	0~5	0~10	/	/	40~75	/	90~100	95~100
		5~25	0	0~5	0~10	/	30~70	/	90~100	95~100
		5~20	/	0	0~5	/	0~10	40~80	90~100	95~100
		5~16	/	/	0	0~5	0~10	20~60	85~100	95~100
		5~10	/	/	/	/	0	0~15	80~100	95~100
	单粒级	10~16	/	/	/	/	0~15	85~100	90~100	/

（2）轻细集料颗粒级配

各种轻细集料的颗粒级配应符合表2.4.2的要求。

轻细集料颗粒级配　　　　　　　　　表2.4.2

轻集料	公称粒径（mm）	各号筛的累计筛余（按质量计）（%）						
		方孔筛孔径						
		9.50mm	4.75mm	2.36mm	1.18mm	600μm	300μm	150μm
细集料	0~5	0	0~10	0~35	20~60	30~80	65~90	75~100

（3）轻细集料的细度模数宜在2.3~4.0范围内。

（4）各种粗细混合轻集料宜满足下列要求：

① 2.36mm筛上累计筛余为（60±2）%；

② 筛除2.36mm以下颗粒后，2.36mm筛上的颗粒级配满足表2.4.1和表2.4.2中公称粒径5~10mm的颗粒级配要求。

（5）密度等级

轻集料密度等级按堆积密度划分，并应符合表2.4.3的要求。

密度等级　　　　　　　　　表2.4.3

轻集料种类	密度等级		堆积密度范围（kg/m³）
	轻粗集料	轻细集料	
人造轻集料 天然轻集料 工业废渣轻集料	200	/	>100,≤200
	300	/	>200,≤300
	400	/	>300,≤400
	500	500	>400,≤500
	600	600	>500,≤600
	700	700	>600,≤700
	800	800	>700,≤800
	900	900	>800,≤900
	1000	1000	>900,≤1000
	1100	1100	>1000,≤1100
	1200	1200	>1100,≤1200

（6）轻粗集料的筒压强度与强度等级

① 不同密度等级的轻粗集料的筒压强度应不低于表2.4.4的规定。

② 不同密度等级高强轻粗集料的筒压强度和强度等级应不低于表2.4.5的规定。

（7）吸水率

不同密度等级粗集料的吸水率应不大于表2.4.6的规定。

轻粗集料筒压强度

表 2.4.4

轻粗集料种类	密度等级	筒压强度（MPa）
人造轻集料	200	0.2
	300	0.5
	400	1.0
	500	1.5
	600	2.0
	700	3.0
	800	4.0
	900	5.0
天然轻集料	600	0.8
	700	1.0
	800	1.2
	900	1.5
	1000	1.5
工业废渣轻集料中的自燃煤矸石	900	3.0
	1000	3.5
	1100～1200	4.0

高强轻粗集料的筒压强度与强度等级

表 2.4.5

轻粗集料种类	密度等级	筒压强度（MPa）	强度等级
人造轻集料	600	4.0	25
	700	5.0	30
	800	6.0	35
	900	6.5	40

轻粗集料的吸水率

表 2.4.6

轻粗集料种类	密度等级	1h 吸水率（%）
人造轻集料 工业废渣轻集料	200	30
	300	25
	400	20
	500	15
	600～1200	10
人造轻集料中的粉煤灰陶粒	600～900	20
天然轻集料	600～1200	/

注：人造轻集料中的粉煤灰陶粒：系指采用烧结工艺生产的粉煤灰陶粒。

（8）软化系数

① 人造轻粗集料和工业废料轻粗集料的软化系数应不小于 0.8；天然轻粗集料的软化

系数应不小于0.7。

② 轻细集料的吸水率和软化系数不作规定。

（9）粒型系数

不同粒型轻粗集料的粒型系数应符合表2.4.7的规定。

轻粗集料的粒型系数 表2.4.7

轻粗集料种类	平均粒型系数
人造轻集料	≤2.0
天然轻集料工业废渣轻集料	不作规定

轻集料的粒型系数：即颗粒的长向最大值与中间截面处的最小尺寸之比。如果粒型系数值过大，则显示颗粒状为针形颗粒。

（10）有害物质

轻集料中有害物质应符合表2.4.8的规定。

有害物质规定 表2.4.8

项 目 名 称	技 术 指 标
含泥量（%）	≤3.0
	结构混凝土用轻集料≤2.0
泥块含量（%）	≤1.0
	结构混凝土用轻集料≤0.5
煮沸质量损失（%）	≤5.0
烧失量（%）	≤5.0
	天然轻集料不作规定，用于无筋混凝土的煤渣允许≤18
硫化物和硫酸盐含量（按 SO_3 计）（%）	≤1.0
	用于无筋混凝土的自燃煤矸石允许含量≤1.5
有机物含量	不深于标准色；如深于标准色，按 GB/T 17431.2—2010 中 18.6.3 的规定操作，且试验结果不低于 95%
氯化物（以氯离子含量计）含量（%）	≤0.02
放射性	符合 GB 6566 的规定

三、常规试验项目

轻集料的常规试验项目有：

（1）堆积密度；

（2）粒型系数；

（3）筒压强度；

（4）吸水率。

四、进厂检验与材质证明文件核验

1. 材料进场检验

轻集料进场后，应检验以下内容：

（1）进场批量；

（2）包装；

（3）品种、规格。

2. 材质证明文件核验

核验供料单位提供的产品合格证或质量检验报告，内容应包括：产地、名称、规格、检测依据、检测项目、检测结果、结论、检测日期等内容。

五、组批原则

轻集料按类别、名称、密度等级分批验收，每 400m³ 为一批，不足 400m³ 也按一批计。

六、取样方法

1. 散装料堆，试样可从料堆椎体从上到下的不同部位、不同方向任选 10 个点抽取。

2. 从袋装料和车、船上（散装）抽取试样时，应从 10 个料袋或不同位置和高度部位抽取。

3. 抽取试样数量参照表 2.4.9

轻集料取样数量   表 2.4.9

试验项目	用料量（L）		
	细集料	粗集料	
		$D_{max} \leqslant 19.0mm$	$D_{max} > 19.0mm$
堆积密度	15	30	40
筒压强度	/	5	5
吸水率	/	4	4
粒型系数	/	2	2

七、试样标识

按标准取得试样后，应及时对试样做出唯一性标识，标识应包括以下内容：工程编号、试样编号、轻集料品种、密度等级和取样日期；参考样式见图 2.4.1。

工程编号	×××××	试样编号	
轻集料品种	页岩陶粒		
密度等级	400 级		
取样日期	年　月　日		

图 2.4.1　试件标识样式

八、取样注意事项

1. 在料堆上要注意取样的均匀，具有代表性。避免抽取离析的及面层的材料。

2. 袋装材料，切忌不要随意从一袋中抽取作为试样，而要按标准从 10 袋中均匀抽取足量的试样。

九、试验结果判定

1. 各项试验结果均符合技术指标要求，则判定该批轻集料合格；

2. 若试验结果中有一项性能不符合规定的技术指标，允许从同一批轻集料中加倍取样，对不符合项进行复验；

3. 复验后，若该项试验结果符合本部分的规定，则判定该批轻集料合格；否则，判该批轻集料不合格。

十、工作程序

取样、标识、登记台账和委托送检等工作程序参照第一章第三节。

十一、复试不合格情况处理

轻集料进场试验不合格，经加倍取样复验仍不合格，退货。

第五节　常用掺合料
Ⅰ. 粉煤灰

一、相关标准

1. 《粉煤灰在混凝土和砂浆中应用技术规程》JGJ 28—86；
2. 《用于水泥和混凝土中的粉煤灰》GB/T 1596—2005；
3. 《粉煤灰混凝土应用技术规程》GBJ 146—90；
4. 《混凝土矿物掺合料应用技术规程》DBJ/T 01-64—2002。

二、基本概念

1. 定义

从电厂煤粉炉排出的烟气中收集到的细颗粒粉末称为粉煤灰。

2. 等级划分

粉煤灰按其品质分为Ⅰ、Ⅱ、Ⅲ三个等级。

3. 技术指标

拌制混凝土和砂浆用粉煤灰的技术要求（GB/T 1596—2005）见表 2.5.1。

拌制混凝土和砂浆用粉煤灰技术要求　　　　表 2.5.1

指　标	粉煤灰级别		
	Ⅰ	Ⅱ	Ⅲ
细度(0.045mm 方孔筛筛余),≤(%)	12.0	25.0	45.0
烧失量,≤(%)	5.0	8.0	15.0
需水量比,≤(%)	95	105	115
三氧化硫,≤(%)	3.0	3.0	3.0
含水量,≤(%)	1	1	1
游离氧化钙,≤(%)	F 类	1.0	
	C 类	4.0	
安定性　雷氏夹沸煮后增加距离,≤(mm)	C 类	5.0	

三、常规试验项目

1. 细度；
2. 烧失量；
3. 需水量比。

粉煤灰作为掺合料，是因为它能改善混凝土、砂浆的和易性，品质好的粉煤灰按适当比例掺入混凝土中，能提高其强度；节约水泥用量，降低混凝土的生产成本；同时，可有效地抑制碱集料反应，提高混凝土的耐久性；降低水化热，故适用于大体积混凝土工程。

但前提是粉煤灰的质量要有所保证，如果颗粒过粗，在拌制混凝土的过程中颗粒不能有效分散，与水泥的亲和性便会降低，起不到应有的作用；烧失量如果过大，说明粉煤灰中存在着未充分燃烧的煤或其他有机杂质，掺到混凝土、砂浆中会起到相反的作用。

四、进厂检验与材质证明文件核验

1. 材料进场检验

粉煤灰进场后，应检验以下内容：

（1）进场批量；

（2）检验包装：散装还是袋装。

2. 材质证明文件核验

进场的粉煤灰应有生产单位的出厂合格证，合格证的内容应包括：厂名、合格证编号、级别、批号、出厂日期、代表数量等；并应提供质量检测报告。

五、组批原则

粉煤灰进场后，以连续供应的 200t 相同等级的粉煤灰为一批，不足 200t 的也按一批取样，粉煤灰的重量按干灰（含水量小于 1%）的重量计算。

或每一编号为一取样单位，当散装粉煤灰运输工具的容量超过该厂规定出场编号吨数时，允许该编号的数量超过取样规定吨数。

六、取样方法

1. 散装灰取样：从 10 个以上不同部位取等量样品，混合拌匀，所取总质量至少 3kg。

2. 袋装灰取样：从每批中任抽 10 袋，取等量样品，混合拌匀，所取总质量至少 3kg。

七、试样标识

按标准取得粉煤灰试样后，应及时对试样做出唯一性标识，标识应包括以下内容：工程编号、试样编号、试样名称、等级和取样日期；参考样式见图 2.5.1。

工程编号	×××××	试样编号	
名称	粉煤灰		
等级	Ⅱ级		
取样日期	年　月　日		

图 2.5.1　试件标识样式

八、取样注意事项

粉煤灰作为掺合料用于混凝土或砂浆中，一般有 2 种作用：一是利用粉煤灰替代一定量的水泥，能够降低混凝土的成本或改善混凝土的性能；二是掺入的粉煤灰不替代水泥，只是用于改善混凝土或砂浆的和易性。所以在现场取粉煤灰试样时要注意以下 2 个问题：

1. 要对粉煤灰的出厂合格证进行核验，尤其要注意其等级；如上所述：《粉煤灰在混凝土和砂浆中应用技术规程》中规定，混凝土等级不同对粉煤灰品质的要求也不一样。

2. 同水泥取样相似，对袋装粉煤灰也不要图省事，要按照标准要求从每批中任抽 10 袋，并从每袋中各取试样不少于 1kg，混合拌匀，按四分法缩取到 3kg。

九、试验结果判定

作为掺合料拌制混凝土和砂浆用的粉煤灰，试验结果符合表 2.5.1 的技术要求时为等级品。若其中任何一项不符合要求，允许在同一编号中重新加倍取样进行全部项目的复检，以复检结果判定，复检不合格可降级处理。凡低于表 2.5.1 最低级别要求的为不合格品。

十、工作程序

取样、标识、登记台账和委托送检等工作程序参照第一章第三节。

十一、复试不合格情况处理

1. 退货

根据粉煤灰的具体用途，对照上述试验结果判定，如果不符合要求，应对已进场的粉煤灰进行退货处理。

2. 改做其他用途

如果试验结果判定，不符合某一用途的技术指标，但技术指标符合其他用途，可把已进场的粉煤灰改做他用。

Ⅱ．粒化高炉矿渣粉

一、相关标准

1.《用于水泥和混凝土中的粒化高炉矿渣粉》GB/T 18046—2000；

2.《混凝土矿物掺合料应用技术规程》DBJ/T 01-64—2002；

3.《水泥取样方法》GB 12573—90

二、基本概念

1. 定义

粒化高炉矿渣粉是从炼铁高炉中排出的，以硅酸盐和铝酸盐为主要成分的熔融物，经淬冷成粒后粉磨所得的粉体材料。

矿渣粉以无定形的玻璃体结构为主，含少量的结晶型矿物。因矿渣中玻璃体含量多，结构处在高能量状态，不稳定、潜在活性大，需磨细才能将其潜在活性发挥出来。

2. 等级划分

粒化高炉矿渣粉按其品质分为 S105、S95、S75 3 个级别。

3. 技术指标

粒化高炉矿渣粉的技术要求见表 2.5.2。

矿渣粉技术要求 表 2.5.2

项 目		级 别		
		S105	S95	S75
密度(g/cm³)	≥	2.8		
比表面积(m²/kg)	≥	350		
活性指数(%)	7d	95	75	55
	28d	105	95	75
流动度比(%)	≥	85	90	95
含水量(%)	≥	1.0		
二氧化碳(%)	≥	4.0		
氯离子(%)	≥	0.02		
烧失量(%)	≥不小于	3.0		

4. 粒化高炉矿渣粉作为混凝土掺合料的作用

(1) 掺入矿渣粉能大幅度提高混凝土的强度，因此可配制高强度混凝土；

(2) 可替代 10%～40% 的水泥，配制混凝土可节约水泥用量，降低混凝土的生产成本同时，可有效地抑制碱集料反应，提高混凝土的耐久性；

(3) 掺入矿渣粉配制的混凝土，可提高其抗海水的浸蚀性能，故适用于海水工程；

(4) 掺入矿渣粉配制的混凝土，可显著降低水化热，故适用于建造大体积混凝土工程；

（5）作为添加剂，可制作墙体材料及压力管道等；

（6）掺加矿渣粉可显著增加混凝土的致密度，改善其抗渗性，故可用于喷补工程；

（7）掺加矿渣粉配制的混凝土，可减少其泌水量，提高和易性、可泵性，因此是大型混凝土搅拌站的优选材料。

三、常规试验项目

轻集料的常规试验项目有：

1. 比表面积；

2. 活性指数；

3. 流动度比。

比表面积是指单位质量物料所具有的总面积。分外表面积、内部面积两类。理想的非孔性物料只具有外表面积，如硅酸盐水泥。

固体有一定的几何形状外形，借助通常的仪器和计算可求得其表面积。但粉末或多孔性物质表面积的测定较困难，它们不仅具有不规则的外表面，还有复杂的内表面。通常称1g固体所占有的总表面积为该物质的比表面积。

活性指数：主要验证矿渣粉的火山灰活性指标，以评价矿渣粉用作活性混合材或者活性集料等的性能。矿渣粉是很好的潜在水化活性材料，在碱性环境下，与水泥熟料水化产生的氢氧化钙发生二次水化反应。

通过测定材料的流动度比，确定需水量的比值。如果流动度比值小，配制混凝土时就需要更多的水，影响混凝土的和易性。

四、进厂检验与材质证明文件核验

1. 材料进场检验

矿渣粉进场后，应检验进场批量。

2. 材质证明文件核验

进场的矿渣粉应有生产单位的出厂合格证，合格证的内容应包括：厂名、合格证编号、级别、批号、出厂日期、代表数量等；并应提供质量检测报告。

五、组批原则

没有具体规定。可参照粉煤灰，以连续供应的200t相同等级为一批，不足200t的也按一批取样。

六、取样方法

在20个以上部位取等量样品总量至少20kg。

七、试样标识

按标准取得矿渣粉试样后，应及时对试样作出唯一性标识，标识应包括以下内容：工程编号、试样编号、试样名称、等级和取样日期；参考样式见图2.5.2。

工程编号	××××××	试样编号	
名称		矿渣粉	
等级		S95级	
取样日期		年　　月　　日	

图 2.5.2　试件标识样式

八、取样注意事项

矿渣粉作为掺合料用于混凝土中的作用如上所述，能大幅度提高混凝土的强度，节约水泥用量，降低混凝土的生产成本或改善混凝土的性能；所以在现场取矿渣粉试样时要注意以下 2 个问题：

1. 要对矿渣粉的出厂合格证进行核验，尤其要注意其品质等级；混凝土配制等级不同对矿渣粉品质的要求也不一样。

2. 同水泥取样相似，对矿渣粉也不要图省事，注意取样要用代表性。

九、试验结果判定

试验结果符合表 2.6.1 的技术要求的为合格品。若其中任何一项不符合要求，应重新加倍取样进行不合格项目的复验，评定时以复检结果为准，凡不符合表 2.6.1 中要求的为不合格品。

十、工作程序

取样、标识、登记台账和委托送检等工作程序参照第一章第三节。

十一、复试不合格情况处理

1. 退货

根据矿渣粉的具体用途，对照上述试验结果判定，如果不符合要求，应对已进场的矿渣粉进行退货处理。

2. 改做其他用途

如果试验结果判定，不符合某一用途的技术指标，但技术指标符合其他用途，可把已进场的矿渣粉改做他用。

第六节　混凝土外加剂

一、相关标准

1. 《混凝土外加剂的定义、分类、命名与术语》GB 8075—2005；
2. 《混凝土外加剂》GB 8076—2008；
3. 《混凝土泵送剂》JC 473—2001；
4. 《砂浆、混凝土防水剂》JC 474—2008；
5. 《混凝土防冻剂》JC 475—2004；
6. 《混凝土膨胀剂》GB 23439—2009；
7. 《喷射混凝土用速凝剂》JC 477—2005；
8. 《混凝土外加剂应用技术规范》GB 50119—2003；
9. 《混凝土外加剂应用技术规程》DBJ 01-61—2002；
10. 《混凝土外加剂中释放氨的限量》GB 18588—2001；
11. 《民用建筑工程室内环境污染控制规范》GB 50325—2001 (2006)；
12. 《混凝土用水标准》JGJ 63—2006；
13. 《建设用砂》GB/T 14684—2011；
14. 《建设用卵石、碎石》GB/T 14685—2011；
15. 《普通混凝土用砂、石质量标准及检验方法》JGJ 52—2006；
16. 《普通混凝土配合比设计规程》JGJ 55—2011；
17. 《普通混凝土拌合物性能试验方法标准》GB 50080—2002；
18. 《预防混凝土结构工程碱集料反应规程》DBJ01-95—2005；
19. 《聚羧酸盐系高性能减水剂》JG/T 223—2007。

二、基本概念

混凝土外加剂是一种在混凝土搅拌之前和（或）拌制过程中加入的，用以改善新拌混凝土和（或）硬化混凝土性能的材料。

1. 名词

(1) 普通减水剂：在混凝土坍落度基本相同的条件下，能减少拌合用水量的外加剂。

(2) 早强剂：加速混凝土早期强度发展的外加剂。

(3) 缓凝剂：延长混凝土凝结时间的外加剂。

(4) 引气剂：在搅拌混凝土过程中能引入大量均匀分布、稳定而封闭的微小气泡且能保留在硬化混凝土中的外加剂。

(5) 高效减水剂：在混凝土坍落度基本相同的条件下，能大幅度减少拌合用水量的外加剂。

(6) 早强减水剂：兼有早强和减水功能的外加剂。

(7) 缓凝减水剂：兼有缓凝和减水功能的外加剂。

（8）引气减水剂：兼有引气和减水功能的外加剂。

（9）防水剂：能提高砂浆、混凝土抗渗性能的外加剂。

（10）泵送剂：能改善混凝土拌合物泵送性能的外加剂。

（11）阻锈剂：能抑制或减轻混凝土中钢筋或其他金属预埋件锈蚀的外加剂。

（12）加气剂：混凝土制备过程中因发生化学反应放出气体，使硬化混凝土中有大量均匀分布气孔的外加剂。

（13）膨胀剂：在混凝土硬化过程中因化学作用能使混凝土产生一定体积膨胀的外加剂。

（14）防冻剂：能使混凝土在负温下硬化，并在规定养护条件下达到预期性能的外加剂。

（15）速凝剂：能使混凝土迅速凝结硬化的外加剂。

（16）缓凝高效减水剂：兼有缓凝功能和高效减水功能的外加剂。

（17）泵送型防冻剂：兼有泵送和防冻功能的外加剂。

（18）泵送型防水剂：兼有泵送和防水功能的外加剂。

（19）促凝剂：能缩短拌合物凝结时间的外加剂。

（20）着色剂：能制备具有彩色混凝土的外加剂。

（21）保水剂：能减少混凝土或砂浆失水的外加剂。

（22）絮凝剂：在水中施工时，能增加混凝土黏稠性，抗水泥和集料分离的外加剂。

（23）增稠剂：能提高混凝土拌合物黏度的外加剂。

（24）减缩剂：减少混凝土收缩的外加剂。

（25）保塑剂：在一定时间内，减少混凝土坍落度损失的外加剂。

（26）磨细矿渣：粒状高炉矿渣经干燥、粉磨等工艺达到规定细度的产品。比表面积 $550\sim750m^2/kg$。

（27）硅灰：在冶炼硅铁合金或工业硅时，通过烟道排出的硅蒸气氧化后，经收尘器收集的以无定形二氧化硅为主要成分的产品。

（28）磨细粉煤灰：干燥的粉煤灰经磨细达到规定细度的产品。比表面积 $400\sim600m^2/kg$。

（29）磨细天然沸石：以一定品位纯度的天然沸石为原料，经粉磨至规定细度的产品。比表面积 $500\sim700m^2/kg$。

2. 基本术语

（1）外加剂掺量

外加剂掺量以外加剂占水泥（或者总胶凝材料）质量的百分比表示。

（2）推荐掺量范围

由外加剂生产企业根据试验结果确定、推荐给使用方的外加剂掺量范围。

（3）基准水泥

专门用于检测混凝土外加剂性能的水泥。

（4）基准混凝土

符合相关标准试验条件规定的、未掺有外加剂的混凝土。

（5）受检混凝土

符合相关标准试验条件规定的、掺有外加剂的混凝土。

（6）受检标养混凝土

按照相关标准规定条件配制的掺加有防冻剂的标准养护混凝土。

（7）受检负温混凝土

按照相关标准规定条件配制的掺加有防冻剂并按规定条件养护的混凝土。

3. 性能术语

（1）减水率

在混凝土坍落度基本相同时，基准混凝土和受检混凝土单位用水量之差与基准混凝土单位用水量之比。

（2）泌水率

单位质量混凝土泌出水量与其用水量之比。

（3）泌水率比

受检混凝土和基准混凝土的泌水率之比。

（4）凝结时间

混凝土由塑性状态过渡到硬化状态所需时间。

（5）初凝时间

混凝土从加水开始到贯入阻力达到 3.5MPa 所需要的时间。

（6）终凝时间

混凝土从加水开始到贯入阻力达到 28MPa 所需要的时间。

（7）凝结时间差

受检混凝土与基准混凝土凝结时间的差值。

（8）抗压强度比

受检混凝土与基准混凝土同龄期抗压强度之比。

（9）收缩率比

受检混凝土与基准混凝土同龄期收缩率之比。

（10）坍落度增加值

水灰比相同时，受检混凝土和基准混凝土坍落度之差。

（11）压泌水率比

受检混凝土与基准混凝土在常压条件下的泌水率之比。

（12）压力泌水率比

受检泵送混凝土与基准混凝土在压力条件下的泌水率之比。

（13）初始坍落度

混凝土搅拌出机后，立刻测定的坍落度。

（14）坍落度保留值

混凝土拌合物按规定条件存放一定时间后的坍落度值。

（15）坍落度损失

混凝土初始坍落度与某一特定时间的坍落度保留值的差值。

（16）抗渗压力比

受检混凝土抗渗压力与基准混凝土抗渗压力之比。

表 2.6.1

受检混凝土性能指标

项目		高性能减水剂 早强型 HPWR-A	高性能减水剂 标准型 HPWR-S	高性能减水剂 缓凝型 HPWR-R	高效减水剂 标准型 HWR-S	高效减水剂 缓凝型 HWR-R	普通减水剂 早强型 WR-A	普通减水剂 标准型 WR-A	普通减水剂 缓凝型 WR-R	引气减水剂 AEWR	泵送剂 PA	早强剂 Ac	缓凝剂 Re	引气剂 AE
减水率(%) ≥		25	25	25	14	14	8	8	8	10	12	—	—	6
泌水率比(%) ≤		50	60	70	90	100	95	100	100	70	70	100	100	70
含气量(%)		≤6.0	≤6.0	≤6.0	≤3.0	≤4.5	≤4.0	≤4.0	≤5.5	≥3.0	≤5.5	—	—	≥3.0
凝结时间之差(min)	初凝	−90~+90	−90~+120	>+90	−90~+120	>+90	−90~+90	−90~+120	>+90	−90~+120	—	−90~+90	>+90	−90~+120
	终凝	—	—	—	—	—	—	—	—	—	—	—	—	—
1h经时变化量	坍落度(mm)	—	≤80	≤60	—	—	—	—	—	—	≤80	—	—	—
	含气量(%)	—	—	—	—	—	—	—	—	−1.5~+1.5	—	—	—	−1.5~+1.5
抗压强度比(%) ≥	1d	180	170	—	140	—	135	—	—	—	—	135	—	—
	3d	170	160	—	130	—	130	115	—	115	—	130	—	95
	7d	145	150	140	125	125	110	115	110	110	115	110	100	95
	28d	130	140	130	120	120	100	110	110	100	110	100	100	90
收缩率比(%) ≤	28d	110	110	110	135	135	135	135	135	135	135	135	135	135
相对耐久性(200次)(%) ≥		—	—	—	—	—	—	—	—	80	—	—	—	80

注：1. 表中抗压强度比和相对耐久性、收缩率比为强制性指标，其余为推荐性指标。

2. 除含气量和相对耐久性外，表中所列数据为掺外加剂混凝土与基准混凝土的差值或比值。

3. 凝结时间指标中"−"号表示提前，"+"号表示延缓。

4. 相对耐久性（200次）性能指标中的"≥80"表示将28d龄期的受检混凝土试件快速冻融循环200次后，动弹性模量保留值≥80%。

5. 1h含气量经时变化量指标中的"−"号表示含气量增加，"+"号表示含气量减少。

6. 其他品种的外加剂是否需要测定相对耐久性指标，由供、需双方协商确定。

7. 当用户对泵送剂等产品有特殊要求时，需要进行的补充试验项目、试验方法及指标，由供需双方协商决定。

（17）抗渗高度比

受检混凝土抗渗高度与基准混凝土抗渗高度之比。

（18）限制膨胀率

掺有膨胀剂的试件在规定的纵向限制器具限制下的膨胀率。

（19）固体含量

液体外加剂中固体物质的含量。

（20）含水率

固体外加剂在规定温度下烘干失去水的重量占外加剂重量之比。

（21）防冻剂规定温度

受检混凝土在负温养护时的温度，该温度允许波动范围为 $\pm 2\,°C$，标准中规定温度分别为 $-5\,°C$、$-10\,°C$、$-15\,°C$。

三、分类

常用混凝土外加剂按其主要功能分为 4 类：

1. 改善混凝土拌合物流变性能的外加剂，如减水剂、泵送剂等。

2. 调节混凝土凝结时间、硬化性能的外加剂，如缓凝剂、早强剂、速凝剂等。

3. 改善混凝土耐久性的外加剂，如引气剂、防水剂、阻锈剂、矿物外加剂等。

4. 改善混凝土其他性能的外加剂，如膨胀剂、防冻剂、着色剂等。

四、技术指标、等级划分和产品代号

1. 《混凝土外加剂》GB 8076—2008 标准中规定的各种减水剂以及泵送剂、早强剂、缓凝剂和引气剂

（1）掺减水剂、泵送剂、早强剂、缓凝剂、引气剂等外加剂混凝土的性能应符合表 2.6.1 的要求。

（2）减水剂、泵送剂、早强剂、缓凝剂、引气剂等外加剂匀质性指标

《混凝土外加剂》GB 8076—2008 标准中规定的减水剂、泵送剂、早强剂、缓凝剂、引气剂等外加剂匀质性指标应符合表 2.6.2 的要求。

减水剂、泵送剂、早强剂、缓凝剂、引气剂等外加剂匀质性指标　　表 2.6.2

项　　目	指　　标
氯离子含量(%)	不超过生产厂控制值
总碱量(%)	不超过生产厂控制值
含固量(%)	$S>25\%$ 时，应控制在 $0.95\sim1.05S$
	$S\leqslant25\%$ 时，应控制在 $0.90\sim1.10S$
含水率(%)	$W>5\%$ 时，应控制在 $0.90\sim1.10W$
	$W\leqslant5\%$ 时，应控制在 $0.80\sim1.20W$
密度(g/cm³)	$D>1.1$ 时，应控制在 $D\pm0.03$
	$D\leqslant1.1$ 时，应控制在 $D\pm0.02$
细度	应在生产厂控制范围内
pH 值	应在生产厂控制范围内
硫酸钠含量(%)	不超过生产厂控制值

注：1. 生产厂应在相关的技术资料中明示产品匀质性指标的控制值；
　　2. 对相同和不同批次之间的匀质性和等效性的其他要求，可由供需双方商定；
　　3. 表中的 S、W 和 D 分别为含固量、含水率和密度的生产厂控制值。

（3）产品代号

各种外加剂的类型与相应代号见表2.6.3。

外加剂的类型与代号 表2.6.3

外加剂类型	代号	外加剂类型	代号
早强型高性能减水剂	HPWR-A	缓凝型普通减水剂	WR-R
标准型高性能减水剂	HPWR-S	引气减水剂	AEWR
缓凝型高性能减水剂	HPWR-R	泵送剂	PA
标准型高效减水剂	HWR-S	早强剂	Ac
缓凝型高效减水剂	HWR-R	缓凝剂	Re
早强型普通减水剂	WR-A	引气剂	AE
标准型普通减水剂	WR-S	/	/

2. 其他外加剂

说明：对于混凝土泵送剂而言，目前是《混凝土外加剂》GB 8076—2008和《混凝土泵送剂》JC 473—2001并施阶段。今后，在收到标准管理部门下发的与混凝土泵送剂相关标准作废或变更的通知时，按通知要求执行。

（1）泵送剂（《混凝土泵送剂》JC 473—2001）

能改善混凝土拌合物泵送性能的外加剂称为泵送剂。所谓泵送性能，就是混凝土拌合物具有能顺利通过输送管道、不阻塞、不离析、黏塑性良好的性能。泵送剂通常由减水剂、缓凝剂、引气剂、减阻剂等复合而成。

泵送剂具有高流化、黏聚、润滑、缓凝的性能，适合制作高强或流态型的混凝土。

泵送剂分为液体泵送剂和固体泵送剂两种。

① 泵送剂匀质性指标

《混凝土泵送剂》JC 473—2001标准泵送剂匀质性指标应符合表2.6.4的要求。

泵送剂匀质性指标 表2.6.4

试 验 项 目	指 标
含固量	液体泵送剂:应在生产厂控制值相对量的6%之内
含水量	固体泵送剂:应在生产厂控制值相对量的10%之内
密度	液体泵送剂:应在生产厂控制值的±0.02g/cm³ 之内
细度	固体泵送剂:应在生产厂控制值相对量的5%之内
氯离子含量	应在生产厂控制值相对量的5%之内
总碱量($Na_2O+0.658K_2O$)	应在生产厂控制值相对量的5%之内
水泥净浆流动度	应不小于生产控制值的95%

② 掺泵送剂受检混凝土的性能指标

《混凝土泵送剂》JC 473—2001标准中规定的掺泵送剂受检混凝土的性能指标应符合表2.6.5的规定

（2）防冻剂

掺防冻剂混凝土的防冻机理：混凝土拌合物浇筑后之所以能逐渐凝结硬化，直至获得最终强度，是由于水泥水化作用的结果。而水泥水化作用的速度除与混凝土本身组成材料和配合比有关外，还与外界温度密切相关。当温度升高时水化作用加快，强度增长加快，而当温度降低到0℃时，存在于混凝土中的水有一部分开始结冰，逐渐由液相（水）变为

试 验 项 目		性 能 指 标	
		一等品	合格品
坍落度增加值（mm） ≥		100	80
常压泌水率比（%） ≤		90	100
压水泌水率比（%） ≥		90	95
含气量（%） ≤		4.5	5.5
坍落度保留值（mm） ≥	30min	150	120
	60min	120	100
抗压强度比（%） ≥	3d	90	85
	7d	90	85
	28d	90	85
收缩率比（%） ≤	28d	135	135
对钢筋的锈蚀作用		应说明对钢筋有无锈蚀作用	

固相（冰），这时参与水泥水化作用的水减少了，水化作用减慢，强度增长相应变慢。温度继续降低，当存在于混凝土中的水完全变成冰，也就是完全出液相变成固相时，水泥水化作用基本停止，此时混凝土的强度不会再增长；由于水变成冰后体积约增大 9%，同时产生 2.5MPa 左右的膨胀应力，这个应力往往大于混凝土硬化后产生的初始强度值，使混凝土结构受到不同程度的破坏（即早期受冻破坏）；此外，当水变成冰后，还会在集料和钢筋表面上产生颗粒较大的冰凌，减弱水泥浆与集料和钢筋的粘结力。当冰凌融化后，还会在混凝土内部形成各种空隙，而降低混凝土的耐久性。

对冬期施工的混凝土进行了大量的试验结果表明：在受冻混凝土中水泥水化作用停止之前，使混凝土达到一个较小强度值（抗冻临界强度），可以使混凝土早期不遭受冻害，后期强度不受到损失。所以延长混凝土中水的液体形态，使之有充裕的时间与水泥发生水化反应，达到混凝土的最小临界强度及减少混凝土中自由水的含量是防止混凝土冻害的关键。在实际的工程中，针对具体情况，通常采用蓄热法和掺加防冻剂两种方法来保证水的液态。防冻剂的作用在于降低拌和物冰点，细化冰晶，使混凝土在负温下保持一定数量的液相水，使水泥缓慢水化，改善了混凝土的微观结构，从而使凝土在较短的时间内达到抗冻临界强度，待来年温度升高时强度持续增长并达到设计强度。

防冻剂按其成分可分为强电解质无机盐类（氯盐类、氯盐阻锈类、无氯盐类）、水溶性有机化合物类、有机化合物与无机盐复合类、复合型防冻剂。

——氯盐类：以氯盐（如氯化钠、氯化钙等）为防冻组分的外加剂；

——氯盐阻锈类：含有阻锈组分，并以氯盐为防冻组分的外加剂；

——无氯盐类：以亚硝酸盐、硝酸盐等无机盐为防冻组分的外加剂；

——有机化合物类：以某些醇类、尿素等有机化合物为防冻组分的外加剂；

——复合型防冻剂：以防冻组分复合早强、引气、减水等组分的外加剂。

① 防冻剂匀质性指标

防冻剂匀质性指标应符合表 2.6.6 的要求。

序号	试 验 项 目	指 标
1	固体含量（%）	液体防冻剂： $S \geq 20\%$ 时，$0.95S \leq X < 1.05S$ $S < 20\%$ 时，$0.90S \leq X < 1.10S$ S 是生产厂提供的固体含量（质量%），X 是测试的固体含量（质量%）
2	含水率（%）	粉状防冻剂： $W \geq 5\%$ 时，$0.90W \leq X \leq 1.10W$ $W < 5\%$ 时，$0.80W \leq X \leq 1.20W$ W 是生产厂提供的固体含量（质量%），X 是测试的含水率（质量%）
3	密度	液体防冻剂 $D > 1.1$ 时，要求为 $D \pm 0.03$ $D \leq 1.1$ 时，要求为 $D \pm 0.02$ D 时生产厂提供的密度值
4	氯离子含量（%）	无氯盐防冻剂：$\leq 0.1\%$（质量百分比） 其他防冻剂：不超过生产厂控制值
5	碱含量（%）	不超过生产厂提供的最大值
6	水泥净浆流动度（mm）	应不小于生产厂控制值的 95%
7	细度（%）	粉状防冻剂细度应不超过生产厂提供的最大值

② 掺防冻剂受检混凝土的性能指标

掺防冻剂受检混凝土的性能指标应符合表 2.6.7 的规定。

序号	试 验 项 目		性 能 指 标					
			一等品			合格品		
1	减水率（%） ≥		10			—		
2	泌水率比（%） ≤		80			100		
3	含气量（%） ≥		2.5			2.0		
4	凝结时间差（min）	初凝	$-150 \sim +150$			$-210 \sim +210$		
		终凝						
5	抗压强度比（%） ≥	规定温度（℃）	−5	−10	−15	−5	−10	−15
		R-7	20	12	10	20	10	8
		R28	100		95	95		90
		R-7+28	95	90	85	90	85	80
		R-7+56	100			100		

（3）速凝剂

这里主要讨论用于水泥混凝土采用喷射法施工，能使混凝土迅速凝结硬化的速凝剂。

混凝土速凝剂是由铝氧熟料、纯碱、增稠剂等多种组分经改性配制而成的一种灰色粉状产品。对水泥具有速凝快硬和早强减水作用，掺入适量该产品的水泥净浆能迅速凝结硬化，具有较高的早期强度，并能保持水泥的其他性能。

混凝土速凝剂按照产品形态分为粉状速凝剂和液体速凝剂；按照产品等级分为一等品

与合格品。

① 速凝剂匀质性指标

速凝剂匀质性指标应符合表 2.6.8 的要求。

试验项目	指　　标	
	液体	粉状
密度	应在生产厂所控制值的±0.02g/cm³ 之内	/
氯离子含量	应小于生产厂最大控制值	应小于生产厂最大控制值
总碱量	应小于生产厂最大控制值	应小于生产厂最大控制值
pH 值	应小于生产厂控制值±1 之内	/
细度	/	80μm 筛余应小于 15%
含水率	/	≤2.0%
含固量	应大于生产厂最小控制值	

② 掺速凝剂的净浆和硬化砂浆性能指标

掺速凝剂净浆及硬化砂浆的性能应符合表 2.6.9 的要求。

掺速凝剂净浆及硬化砂浆的性能要求　　　　　表 2.6.9

产品等级	试　验　项　目			
	净浆		砂浆	
	初凝时间 (min:s) ≤	终凝时间 (min:s) ≤	1d 抗压强度 (MPa) ≥	28d 抗压强度比 (%) ≥
一等品	3:00	8:00	7.0	75
合格品	5:00	12:00	6.0	70

（4）膨胀剂

混凝土膨胀剂是与水泥、水拌和后经水化反应生成钙矾石、氢氧化钙或钙矾石和氢氧化钙，使混凝土产生体积膨胀的一种外加剂。

混凝土膨胀剂按水化产物分为：硫铝酸钙类混凝土膨胀剂（代号 A）、氧化钙类混凝土膨胀剂（代号 C）和硫铝酸钙—氧化钙类混凝土膨胀剂（代号 AC）三类。

混凝土膨胀剂按限制膨胀率分为Ⅰ型和Ⅱ型。

硫铝酸钙类混凝土膨胀剂与水泥、水拌和后，经水化反应生成钙矾石的混凝土膨胀剂。氧化钙类混凝土膨胀剂是与水泥、水拌和后经水化反应生成氢氧化钙的混凝土膨胀剂。硫铝酸钙—氧化钙类混凝土膨胀剂是与水泥、水拌和后经水化反应生成钙矾石和氢氧化钙的混凝土膨胀剂。

① 应用特点

A. 利用其微膨胀的特点，实现混凝土结构自防水，取消外防水措施，提高经济效益 2/3。

B. 利用其补偿收缩的特点，取消超长现浇混凝土结构后浇带，地下混凝土工程不超过 60m 长不设后浇带；超过 60m，以膨胀加强带取代后浇带，降低成本、缩短工期。

C. 大体积混凝土温差裂缝控制

采用膨胀剂，可适当放宽温控指标，一般不必再采用冷却集料，在混凝土中埋设冷却管等传统施工方法，节约施工费用。

D. 屋面现浇施工

采用 MPC 等产品现浇屋面，具有结构简单、造价低廉、防水耐久性好等特点，已获广泛使用。

② 用途

A. 地下建筑物：如地铁、地下停车场、地下仓库、隧道、矿井、人防工程、基坑等；

B. 水池、游泳池、水塔、贮罐、大型容器、粮仓、油罐、山洞内仓库等；

C. 高强度公路路面、桥梁混凝土面层、涵洞等；

D. 预制构件、框架结构接头的锚接、管道接头、后张预制构件的灌浆材料、后浇缝的回填、岩浆灌浆材料；

E. 水泥制品：自应力、预应力与钢套预应力混凝土水管、楼板、柱、梁柱、防水屋面板等；

F. 机械设备的地脚螺钉、机座与混凝土基础之间的无收缩灌注；

G. 铸铁管、钢管的内衬防护砂浆；

H. 自防水刚性屋面、砂浆防渗层、砂浆防潮层等；

I. 体育场看台、城市雕塑、博物馆、宾馆等；

J. 建造高强度、高抗渗竖井、大坝回槽填充混凝土。

③ 质量要求

A. 物理性能指标

混凝土膨胀剂的物理性能指标应符合表 2.6.10 的规定。

混凝土膨胀剂性能指标　　　　　　　　　　表 2.6.10

项　　目			指　标　值	
			Ⅰ 型	Ⅱ 型
细度	比表面积(m²/kg)	≥	200	
	1.18mm 筛筛余(%)	≤	0.5	
凝结时间	初凝(min)	≥	45	
	终凝(min)	≤	600	
限制膨胀率(%)	水中 7d	≥	0.025	0.050
	空气中 21d	≥	−0.020	−0.010
抗压强度(MPa)	7d	≥	20.0	
	28d	≥	40.0	

注：本表中的限制膨胀率为强制性的，其余为推荐性的。

B. 混凝土膨胀剂中的氧化镁含量应不大于 5%。

C. 碱含量（选择性指标）

混凝土膨胀剂中的碱含量按 $Na_2O+0.658K_2O$ 计算值表示。若使用活性集料，用户要求提供低碱混凝土膨胀剂时，混凝土膨胀剂中的碱含量应不大于 0.75%，或由供需双方协商确定。

④ 产品标志

本标准涉及的所有混凝土膨胀剂产品名称标注为 EA，按下列顺序进行标记：产品名称、代号、型号、标准号。

示例：

Ⅰ型硫铝酸钙类混凝土膨胀剂的标记：EA AⅠGB 23439—2009。

Ⅱ型氧化钙类混凝土膨胀剂：EA CⅡGB 23439—2009。

Ⅱ型硫铝酸钙—氧化钙类混凝土膨胀剂：EA ACⅡGB 23439—2009。

五、常规试验项目

外加剂的常规试验项目和检验标准见表 2.6.11。

常规试验项目和检验标准

表 2.6.11

品　　种	常规试验项目	检验标准
普通减水剂	pH 值、密度(或细度)、减水率	GB 8076/8077
高效减水剂	pH 值、密度(或细度)	GB 8076/8077
早强减水剂	密度(或细度)、1d 和 3d 抗压强度比、减水率	GB 8076/8077
缓凝减水剂	pH 值、密度(或细度)、减水率、凝结时间差	GB 8076/8077
引气减水剂	pH 值、密度(或细度)、减水率、含气量	GB 8076/8077
早　强　剂	密度(或细度)、1d 和 3d 抗压强度比	GB 8076/8077
缓凝剂	pH 值、密度(或细度)、凝结时间差	GB 8076/8077
引气剂	pH 值、密度(或细度)、含气量	GB 8076/8077
泵送剂	pH 值、密度(或细度)、坍落度增加值、坍落度损失值	JC 473/GB 8007
防水剂	密度(或细度)	JC 473/GB 8007
防冻剂	钢筋锈蚀、密度(或细度)、−7d 和＋28d 抗压强度比	JC 473/GB 8007
膨胀剂	限制膨胀率	GB 23439—2009
速凝剂	密度(或细度)、1d 抗压强度、凝结时间	JC477/GB 8007

注：缓凝高效减水剂检验参数与缓凝减水剂相同。

六、组批原则及取样数量

1. 组批原则

(1) 对于《混凝土外加剂》GB 8076—2008 标准中规定的混凝土减水剂、泵送剂、早强剂、缓凝剂和引气剂等外加剂

① 掺量≥1%的同品种外加剂每一批号为 100t；

② 掺量<1%的外加剂每一批号为 50t；

③ 不足 100t 或 50t 的，可按一个批量计，同一批号的产品必须混合均匀。

(2) 防水剂

① 年产 500t 以上的防水剂每 50t 为一批；

② 年产 500t 以下的防水剂每 30t 为一批；

③ 不足 50t 或 30t 的也按一个批量计。

(3) 泵送剂

① 年产 500t 以上的泵送剂每 50t 为一批；

② 年产 500t 以下的泵送剂每 30t 为一批；

③ 不足 50t 或 30t 的也按一个批量计。

（4）防冻剂

每 50t 防冻剂为一批，不足 50t 也作为一批。

（5）速凝剂

每 20t 速凝剂为一批，不足 20t 也作为一批。

（6）膨胀剂

日产量超过 200t 时，以 200t 为一批号，不足 200t 时，应以不超过日产量为一批号。

2. 取样数量

每一批号取样数量：

（1）防冻剂按最大掺量不少于 0.15t 水泥所需要的量；

（2）速凝剂不少于 4kg；

（3）其他外加剂不少于 0.2t 水泥所需用的外加剂量。

七、材质证明文件核验

外加剂进场时，供方应向需方提供下列质量证明文件：

1. 型式检验报告。

2. 出厂检验报告与合格证。

出厂检验报告包含的检测项目详见表 2.6.12。

出厂检验报告包含的检测项目 表 2.6.12

序号	外加剂品种	出厂检测项目	
1	减水剂	pH 值、氯离子含量、总碱量； 此外， 粉剂：含水率、细度； 液体：含固量、密度	高效减水剂和早强型普通减水剂：硫酸钠含量；
2	早强剂		早强剂：硫酸钠含量；
3	缓凝剂		/
4	引气剂		/
5	泵送剂	固体泵送剂：含水量、细度、水泥净浆流动度； 液体泵送剂：含固量、密度、水泥净浆流动度； 说明：含硫酸钠的泵送剂应按 GB/T 8077 进行硫酸钠含量试验	
6	防冻剂	固体泵送剂：含水率、氯离子含量、水泥净浆流动度、细度； 液体泵送剂：固体含量、密度、氯离子含量、水泥净浆流动度	
7	速凝剂	凝结时间、细度、含水率、密度和 1d 的抗压强度	
8	膨胀剂	细度、凝结时间、水中 7d 的限制膨胀率、抗压强	

出厂检验报告内容应包括出厂检测项目以及合同约定的其他技术要求。生产厂应在产品发出之日起的 12d 内寄发除 28d 抗压强度检验结果以外的各项检测结果，32d 内补报 28d 强度检验结果。

3. 产品说明书

（1）对于减水剂、早强剂、缓凝剂和引气剂，产品说明书至少应包括下列内容：

① 生产厂名称；

② 产品名称及类型；

③ 产品性能特点、主要成分及技术指标；

④ 运用范围；

⑤ 适用范围；

⑥ 推荐掺量；

⑦ 贮存条件及有效期。有效期从生产日期算起，企业根据产品性能自行规定；

⑧ 使用方法、注意事项、安全防护提示等。

（2）泵送剂生产厂随货提供说明书的内容应包括：

① 产品名称及型号；

② 主要特性及成分；

③ 适用范围及推荐掺量；

④ 总碱量；

⑤ 氯离子含量；

⑥ 有无毒性；

⑦ 易燃状况；

⑧ 贮存条件及有效期；

⑨ 使用方法及注意事项。

（3）防冻剂生产厂应随货提供产品说明书的内容应包括：

① 产品名称；

② 主要防冻组分及碱含量（$Na_2O+0.658K_2O$）；

③ 适用范围；

④ 规定温度；

⑤ 掺量；

⑥ 禁用场合；

⑦ 贮存条件；

⑧ 有效期；

⑨ 使用方法及注意事项。

（4）速凝剂生产厂应随货提供产品说明书的内容应包括：

① 生产厂家；

② 产品名称及型号；

③ 适用范围；

④ 推荐掺量；

⑤ 产品的匀质性指标；

⑥ 有无毒性；

⑦ 易燃状况；

⑧ 贮存条件及有效期；

⑨ 使用方法和注意事项等。

（5）膨胀剂：

无相关规定。

八、取样方法

取样应具有代表性，固体外加剂可连续取，也可以从 20 个以上不同部位取等量样品；液体外加剂取样时应注意从容器的上、中、下三层分别取样。

每一批号取得的试样应充分混合均匀，分为两等份，一份按规定项目进行试验，另一份要密封保存半年，以备有疑问时提交国家指定的检验机关进行复验或仲裁。

九、取样注意事项和与水泥适应性快速鉴定办法

1. 取样注意事项

取样应具有代表性。粉状外加剂不得取自数袋甚至 1 袋；液体外加剂不得取自数筒甚至 1 筒，杜绝这种以点带面的取样方法，防止所取试样的质量不能代表该批外加剂的质量。

当同一品种外加剂的供方、批次、产地和等级等发生变化时，需方应对外加剂进行复检，结果合格并满足施工要求方可使用。

2. 外加剂与水泥适应性的快速鉴定办法

应合理采用水泥净浆流动度、水泥胶砂流动度或混凝土拌合物性能试验方法，判定水泥与外加剂的适应性，严防外加剂品质的变化，产生对水泥的不适应，导致出现混凝土单方用水量过大、混凝土凝结时间显著变化、混凝土坍落度损失过快等现象，影响混凝土拌合物性能或结构混凝土强度，最终影响施工进度或结构质量。

十、试样标识

对于袋装的外加剂，对其采用挂牌标识；对于瓶装或桶装外加剂，对其采用粘贴标识。标识内容为工程编号、试件编号、材料名称和取样时间，如需区别不同的楼号，应在试件编号前缀上楼号。如：3-6，"3" 表示楼号，"6" 表示试件编号。参考样式见图 2.6.1。

工程编号	××××××	试样编号	3-6
材料名称	防冻剂		
取样时间	年　　月　　日		

图 2.6.1　试件标识样式

当试件系见证试验时，见证人员的应在标识签上作出见证标识，见证标识内容为取样时间和见证人员签名。

十一、试验结果判定

试验结果判定详见表 2.6.13。

常用外加剂试验结果判定汇总表　　　　　　　　　　　　　　表 2.6.13

序号	外加剂品种	试验结果判定方法
1	减水剂	所检项目均符合标准技术要求，则判定为该批产品检测合格
2	早强剂	
3	缓凝剂	
4	引气剂	
5	泵送剂	所检项目均符合标准技术要求，则判定该批号泵送剂为相应等级的产品。如不符合上述要求时，则判定该批号泵送剂为不合格品

序号	外加剂品种	试验结果判定方法
6	防冻剂	所检项目均符合标准技术要求,则可判定为相应等级的产品。否则判为不合格品
7	速凝剂	所检项目均符合标准技术要求,则判定为相应等级的产品。不符合相应等级要求,则判定为不合格品。对于不合格品,可重新抽样,按照本标准型式检验项目复验一次
8	膨胀剂	所检项目均符合标准技术要求,则可判定为合格,否则判为不合格品

十二、工作程序

取样、标识、登记台账和委托送检等工作程序参照第一章第三节。

十三、不合格情况处理

外加剂经试验被判定为不合格品时,在厂家无争议的情况下,应予退货。如厂家对试验结果有争议,可用试验室留存的备用试样,委托具有资质的仲裁机构进行复试,依仲裁结果而定。

第七节　建筑用钢材

一、相关标准

1. 《混凝土结构设计规范》GB 50010—2010；
2. 《混凝土结构工程施工质量验收规范》GB 50204—2002（2011 版）；
3. 《混凝土结构工程施工质量验收规程》DBJ 01-82—2004；
4. 《钢筋混凝土用钢 第 1 部分：热轧光圆钢筋》GB 1499.1—2008；
5. 《钢筋混凝土用钢 第 2 部分：热轧带肋钢筋》GB 1499.2—2007；
6. 《钢筋混凝土用钢 第 3 部分：钢筋焊接网》GB 1499.3—2010；
7. 《钢筋混凝土用余热处理钢筋》GB 13014—91；
8. 《碳素结构钢》GB/T 700—2006；
9. 《低合金高强度结构钢》GB/T 1591—2008；
10. 《冷轧带肋钢筋》GB 13788—2008；
11. 《冷轧扭钢筋》JG 190—2006；
12. 《预应力混凝土用钢绞线》GB/T 5224—2003；
13. 《钢及钢产品交货一般技术条件》GB/T 17505—1998；
14. 《钢及钢产品 力学性能试验取样位置及试样制备》GB/T 2975—1998；
15. 《金属材料室温拉伸试验方法》GB/T 228.1—2010；
16. 《金属材料弯曲试验方法》GB/T 232—2010；
17. 《型钢验收、包装、标志及质量证明书的一般规定》GB 2101—2008；
18. 《钢丝验收、包装、标志及质量证明书的一般规定》GB 2103--2008。

二、基本概念

1、热轧带肋钢筋

（1）定义和分类

按热轧状态交货，横截面通常为圆形且表面带肋的钢筋混凝土结构用钢材。其抗拉强度较高，塑性和可焊性较好，表面的肋使钢筋和混凝土之间有较大的握裹力，广泛用于房屋、桥梁、道路等工程建设。

热轧带肋钢筋按其内部晶粒结构分为普通热轧带肋钢筋和细晶粒热轧带肋钢筋；按屈服强度特征值分为 335、400、500 级。

钢筋牌号的构成及其含义见表 2.7.1。

热轧带肋钢筋牌号的构成及其含义　　　　　　　　　　　　　表 2.7.1

类别	牌号	牌号构成	英文字母含义
普通热轧带肋钢筋	HRB335	由 HRB＋屈服强度特征值构成	HRB—热轧带肋钢筋的英文（Hot rolled Ribbed Bars)缩写
	HRB400		
	HRB500		

类别	牌号	牌号构成	英文字母含义
细晶粒热轧带肋钢筋	HRBF335	由 HRBF＋屈服强度特征值构成	HRBF—热轧带肋钢筋的英文缩写后加"细"的英文(Fine)首位字母
	HRBF400		
	HRBF500		

（2）技术指标

① 热轧带肋钢筋力学性能指标和工艺性能指标见表 2.7.2。

热轧带肋钢筋力学性能指标和工艺性能指标 　　表 2.7.2

牌号	公称直径 d（mm）	力学性能			工艺性能	
		下屈服强度 R_{eL}（MPa）	抗拉强度 R_m（MPa）	断后伸长率 A（％）	弯心直径	弯曲角度 α
		不小于			受弯部位表面不得产生裂纹	
HRB335 HRBF335	6～25 28～40 ＞40～50	335	455	17	3d 4d 5d	180°
HRB400 HRBF400	6～25 28～40 ＞40～50	400	540	16	4d 5d 6d	180°
HRB500 HRBF500	6～25 28～40 ＞40～50	500	630	15	6d 7d 8d	180°

注：直径 28～40mm 各牌号钢筋的断后伸长率 A 可降低 1％；直径大于 40mm 各牌号钢筋的断后伸长率 A 可降低 2％。

② 热轧带肋钢筋实际重量与理论重量的偏差应符合表 2.7.3 的规定。

热轧带肋钢筋实际重量与理论重量的偏差要求 　　表 2.7.3

公称直径(mm)	实际重量与理论重量的偏差(％)
6～12	±7
14～20	±5
22～50	±4

（3）其他要求

对有抗震设防要求的结构，其纵向受力钢筋的性能应满足设计要求；当设计无具体要求时，对按一、二、三级抗震等级设计的框架和斜撑构件（含梯段）中的纵向受力钢筋应采用 HRB335E、HRB400E、HRB500E、HRBF335E、HRBF400E 或 HRBF500E 钢筋，其强度和最大力下总伸长率的实测值应符合下列规定（该类钢筋其他要求与对应等级钢筋相同）：

① 钢筋的抗拉强度实测值与屈服强度实测值的比值（强屈比）不应小于 1.25；

② 钢筋的屈服强度实测值与屈服强度标准值的比值（超屈比）不应大于 1.30；

③ 钢筋的最大力下总伸长率不应小于 9％。

2. 热轧光圆钢筋

(1) 定义和分类

经热轧成型，横截面通常为圆形，表面光滑的钢筋。其强度较低但塑性好，伸长率高，具有便于弯折成型、容易焊接的特点，可用作小型钢筋混凝土结构的主要受力筋，构件的箍筋，钢、木结构的拉杆等。

热轧光圆钢筋按屈服强度特征值分为235和300级。

钢筋牌号的构成及其含义见表2.7.4。

热轧光圆钢筋牌号的构成及其含义 表2.7.4

类别	牌号	牌号构成	英文字母含义
热轧光圆钢筋	HPB235	由HPB＋屈服强度特征值构成	HPB—热轧光圆钢筋的英文(Hot rolled Plain Bars)缩写
	HPB300		

(2) 技术指标

① 热轧光圆钢筋力学性能指标和工艺性能指标见表2.7.5。

热轧光圆钢筋技术条件 表2.7.5

牌号	公称直径d（mm）	力学性能			工艺性能	
		下屈服强度R_{eL}（MPa）	抗拉强度R_m（MPa）	断后伸长率A（%）	弯心直径	弯曲角度（α）
		不小于			受弯部位表面不得产生裂纹	
HPB235	6～22	235	370	25.0	d	180°
HPB300		300	420			

② 热轧光圆直条钢筋实际重量与理论重量的偏差应符合表2.7.6的规定。

热轧光圆直条钢筋实际重量与理论重量的偏差要求 表2.7.6

公称直径(mm)	实际重量与理论重量的偏差(%)
6～12	±7
14～22	±5

③ 按盘卷交货的钢筋，每根盘条重量应不小于500kg，每盘重量应不小于1000kg。

3. 冷轧带肋钢筋

(1) 定义和分类

热轧圆盘条经冷轧后，在其表面带有沿长度方向均匀分布的3面或2面横肋的钢筋。冷轧带肋钢筋在预应力混凝土构件中，是冷拔低碳钢丝的更新换代产品，在现浇混凝土结构中，则可代换其他钢筋，以节约钢材，是冷加工钢材中较好的一种。

冷轧带肋钢筋的牌号由CRB和钢筋的抗拉强度最小值构成，C、R、B分别为冷轧(Cold rolled)、带肋（Ribbed)、钢筋（Bar）3个词的英文首位字母。

冷轧带肋钢筋分为CRB550、CRB650、CRB800、CRB970 4个牌号。CRB550为普通混凝土用钢筋，其他牌号为预应力混凝土用钢筋。

CRB550钢筋的公称直径范围为4～12mm，CRB650及以上牌号钢筋的公称直径为4mm、5mm、6mm。

（2）技术指标

① 冷轧带肋钢筋力学性能指标和工艺性能指标见表 2.7.7。

冷轧带肋钢筋力学性能指标和工艺性能指标 表 2.7.7

牌号	力学性能				工艺性能		
	规定非比例延伸强度 $R_{p0.2}$(MPa) ≥	抗拉强度 R_m(MPa) ≥	$A_{11.3}$（％）	A_{100}（％）	反复弯曲次数	弯心直径	弯曲角度 α
			伸长率 ≥		受弯部位表面不得产生裂纹		
CRB550	500	550	8.0	—	—	3d	180°
CRB650	585	650	—	4.0	3		
CRB800	720	800	—	4.0	3		
CRB970	875	970	—	4.0	3		

注：表中 d 为钢筋公称直径；钢筋公称直径为 4mm、5mm、6mm 时，反复弯曲试验的弯曲半径分别为 10mm、15mm 和 15mm。

② 冷轧带肋钢筋实际重量与理论重量的偏差要求：不超过±4％。

4. 碳素结构钢

（1）定义和分类

用以焊接、铆接、栓接工程结构的热轧钢板、钢带、型钢和钢棒，属于碳素钢的一种。碳素结构钢塑性较好，适宜于各种加工工艺，在焊接、冲击及适当超载的情况下不会突然破坏，对轧制、加热及骤冷的敏感性较小，因此用途很多、用量很大，主要用于铁道、桥梁、各类建筑工程。

碳素结构钢的牌号由代表屈服强度的字母、屈服强度数值、质量等级符号、脱氧方法符号等 4 个部分按顺序组成，其牌号的构成及其含义见表 2.7.8。

碳素结构钢的牌号构成及含义 表 2.7.8

牌 号	等 级	脱氧方法
Q195	—	F、Z
Q215	A、B	F、Z
Q235	A、B	F、Z
	C	Z
	D	T、Z
Q275	A	F、Z
	B、C	Z
	D	T、Z

Q——钢材屈服强度"屈"字汉语拼音首位字母；
ABCD——分别为质量等级；
F——沸腾钢"沸"字汉语拼音首位字母；
Z——镇静钢"镇"字汉语拼音首位字母；
TZ——特殊镇静钢"特镇"两字汉语拼音首位字母。
在牌号组成表示方法中，"Z"与"TZ"符号可以省略

（2）技术指标

碳素结构钢力学性能指标和工艺性能指标见表 2.7.9。

72

牌号	等级	拉伸试验												冷弯试验
		上屈服强度 R_{eH}（MPa）						抗拉强度 R_m（MPa）	伸长率 A（%）					$B=2a$
		钢材厚度（直径）（mm）							钢材厚度（直径）（mm）					
		≤16	16～40	40～60	60～100	100～150	150～200		≤40	40～60	60～100	100～150	150～200	
		≥							≥					
Q195	—	195	185	—	—	—	—	315～430	33	—	—	—	—	180°受弯部位表面不得产生裂纹
Q215	A	215	205	195	185	175	165	335～450	31	30	29	27	26	
	B													
Q235	A	235	225	215	215	195	185	375～500	26	25	24	22	21	
	B													
	C													
	D													
Q275	A	275	265	255	245	225	215	410～540	22	21	20	18	17	
	B													
	C													
	D													

注：1. 厚度大于 100mm 的钢材，抗拉强度下限允许降低 20MPa，宽带钢（包括剪切钢板）抗拉强度上限不作交货条件；

2. B 为试样宽度，a 为试样厚度（或直径）；

3. 钢材厚度（或直径）大于 100mm 时，弯曲试验由双方协商确定。

5. 低合金高强度结构钢

（1）定义和分类

低合金高强度结构钢是在含碳量 $W_C≤0.20\%$ 的碳素结构钢基础上，加入少量的合金元素发展起来的，强度高于碳素结构钢。此类钢中除含有一定量硅或锰基本元素外，还含有其他如钒（V）、铌（Nb）、钛（Ti）、铝（Al）、钼（Mo）、氮（N）、和稀土（RE）等微量元素。此类钢同碳素结构钢比，具有强度高、综合性能好、使用寿命长、应用范围广、比较经济等优点。该钢多轧制成板材、型材、无缝钢管等，被广泛用于桥梁、船舶、锅炉、车辆及重要建筑结构中。

低合金高强度结构钢的牌号由代表屈服强度的字母、屈服强度数值、质量等级符号等 3 个部分按顺序组成，例如：Q345D。其中

Q——钢材屈服强度"屈"字汉语拼音首位字母；

345——屈服强度数值，单位 MPa；

D——质量等级。

当需方要求钢板具有厚度方向性能时，则在上述规定的牌号后加上代表厚度方向性能级别的符号，例如：Q345DZ15。

（2）技术指标

低合金高强度结构钢力学性能指标和工艺性能指标见表 2.7.10。

低合金高强度结构钢力学性能指标和工艺性能指标

表 2.7.10

下表各组分别为：拉伸试验——下屈服强度 R_{eL}（MPa，不小于，按钢材厚度 mm 分列）、抗拉强度 R_{m}（MPa，按钢材厚度/直径 mm 分列）、伸长率 A（%，不小于）；冷弯试验（180°，d 为弯心直径，a 为试样厚度）。

牌号	质量等级	下屈服强度 R_{eL} ≤16	16~40	40~63	63~80	80~100	100~150	150~200	200~250	250~400	R_{m} ≤40	40~63	63~80	80~100	100~150	150~250	250~450	A ≤40	40~63	63~100	100~150	150~250	250~400	冷弯 ≤16 $d=2a$	16~100 $d=3a$
Q345	A、B	345	335	325	315	305	285	275	265	—	470~630	470~630	470~630	470~630	450~600	450~600	—	20	19	19	18	17	—	180°受弯部位表面不得产生裂纹	
Q345	C	345	335	325	315	305	285	275	265	265	470~630	470~630	470~630	470~630	450~600	450~600	—	21	20	20	19	18	17		
Q345	D、E	345	335	325	315	305	285	275	265	265	470~630	470~630	470~630	470~630	450~600	450~600	450~630	21	20	20	19	18	17		
Q390	A、B	390	370	350	330	310	—	—	—	—	490~650	490~650	490~650	490~650	470~620	—	—	20	19	19	18	—	—		
Q390	C、D、E	390	370	350	330	310	—	—	—	—	490~650	490~650	490~650	490~650	470~620	—	—	20	19	19	18	—	—		
Q420	A、B	420	400	380	360	340	—	—	—	—	520~680	520~680	520~680	520~680	500~650	—	—	19	18	18	18	—	—		
Q420	C、D、E	420	400	380	360	340	—	—	—	—	520~680	520~680	520~680	520~680	500~650	—	—	19	18	18	18	—	—		
Q460	C、D、E	460	440	420	400	380	—	—	—	—	550~720	550~720	550~720	550~720	530~700	—	—	17	17	16	16	—	—		
Q500	C、D、E	500	480	470	450	440	—	—	—	—	610~770	600~760	590~750	540~730	—	—	—	17	17	17	—	—	—		—
Q550	C、D、E	550	530	520	500	490	—	—	—	—	670~830	620~810	600~790	590~780	—	—	—	16	16	16	—	—	—		
Q620	C、D、E	620	600	590	570	—	—	—	—	—	710~880	690~880	670~860	—	—	—	—	15	15	15	—	—	—		
Q690	C、D、E	690	670	660	640	—	—	—	—	—	770~940	750~920	730~900	—	—	—	—	14	14	14	—	—	—		—

注：
1. 当屈服强度不明显时，可测量 $R_{p0.2}$ 代替下屈服强度；
2. 宽度不小于600mm的扁平材，拉伸、弯曲试验取横向试样，宽度小于600mm的扁平材、型材及棒材，拉伸、弯曲试验取纵向试样，断后伸长率最小值相应提高1%（绝对值）；
3. 厚度250~450mm的数值适用于扁平材；
4. ABCDE——分别为质量等级；d 为弯心直径（直径）。

6. 预应力混凝土用钢绞线

（1）定义和分类

预应力混凝土用钢绞线是采用2根、3根或7根由高碳钢盘条经过表面处理后冷拔成的高强度钢丝，以一定的捻距捻制而成，并经消除应力处理（稳定化处理）的绞合钢缆，适合预应力混凝土或类似的用途。按照钢丝表面形态可以分为冷拉光圆钢丝钢绞线（标准型钢绞线）、刻痕钢丝钢绞线、模拔型钢绞线；按照结构分为5类，其名称和代号分别为：

用2根钢丝捻制的钢绞线　　　　　　　　1×2

用3根钢丝捻制的钢绞线　　　　　　　　1×3

用3根刻痕钢丝捻制的钢绞线　　　　　　1×3I

用7根钢丝捻制的标准型钢绞线　　　　　1×7

用7根钢丝捻制又经模拔的钢绞线　　　（1×7）C

钢绞线的标记包含以下内容：预应力钢绞线，结构代号，公称直径，强度级别，标准号，例如：预应力钢绞线1×7-15.20-1860-GB/T 5224—2003。

（2）技术指标

1×7预应力混凝土用钢绞线力学性能指标见表2.7.11。

1×7预应力混凝土用钢绞线力学性能指标　　　　　　表2.7.11

钢绞线结构	钢绞线公称直径 D_n（mm）	抗拉强度 R_m（MPa）	整根钢绞线的最大力 F_m（kN）不小于	规定非比例延伸力 $F_{p0.2}$（MPa）不小于	最大力总伸长率（$L_o \geqslant 500mm$）A_{gt}（%）不小于
1×7	9.50	1720	94.3	84.9	3.5
		1860	102	91.8	
		1960	107	96.3	
	11.10	1720	128	115	
		1860	138	124	
		1960	145	131	
	12.70	1720	170	153	
		1860	184	166	
		1960	193	174	
	15.20	1470	206	185	
		1570	220	198	
		1670	234	211	
		1720	241	217	
		1860	260	234	
		1960	274	247	
	15.70	1770	266	239	
		1860	279	251	
	17.80	1720	327	294	
		1860	353	318	
（1×7）	12.70	1860	208	187	
	15.20	1820	300	270	
	18.00	1720	384	346	

注：1. 规定非比例延伸力 $F_{p0.2}$ 值不小于整根钢绞线的公称最大力 F_m 的90%；

　　2. 钢绞线的实际强度不能高于其抗拉强度级别200MPa。

7. 调直后的钢筋

钢筋调直后应进行力学性能和重量负偏差的检验，其强度应符合相关标准的规定。

盘卷钢筋和直条钢筋调直后的断后伸长率、重量负偏差应符合表 2.7.12 的规定。

盘卷钢筋和直条钢筋调直后的技术指标　　　　　　　　　　　表 2.7.12

钢筋牌号	断后伸长率 A(%)	重量负偏差(%)		
		直径 6~12mm	直径 14~20mm	直径 22~50mm
HPB235、HPB300	≥21	≤10	—	—
HRB335、HRBF335	≥16	≤8	≤6	≤5
HRB400、HRBF400	≥15			
RRB400	≥13			
HRB500、HRBF500	≥14			

注：对直径 28~40mm 的带肋钢筋，断后伸长率 A 可降低 1%；直径大于 40mm 各牌号钢筋的断后伸长率 A 可降低 2%。

钢筋宜采用无延伸功能的机械设备调直。采用无延伸功能的机械设备调直的钢筋，可不进行力学性能和重量负偏差的检验。

对钢筋调直机械设备是否有延伸功能的判定，可由施工单位检查并经监理（建设）单位确认，当不能判定或对判定结果有争议时，应按第 7 条要求进行检验。对场外委托加工或专业化加工厂生产的成型钢筋，相关人员应到加工设备所在地进行检查。

三、常规试验项目、组批原则及取样数量

常用钢材的常规试验项目、组批原则及取样数量要求见表 2.7.13。

常用钢材的常规试验项目、组批原则及取样数量　　　　　　　表 2.7.13

序号	材料名称	常规进场复验项目	组批原则及取样数量
1	钢筋混凝土用热轧带肋钢筋	拉伸试验[下屈服强度、抗拉强度、断后伸长率、最大力下总伸长率(有抗震要求的钢筋)]、弯曲试验、重量偏差	(1)每批由同一牌号，同一炉罐、同一尺寸的钢筋组成，每批重量通常不大于 60t。 (2)每一验收批，在任选两根钢筋的每根钢筋上各切取一个拉伸试件和一个弯曲试件(共计拉伸试件 2 个，弯曲试件 2 个) (3)超过 60t 的部分，每增加 40t(或不足 40t 的余数)，在第三根钢筋上增加取一个拉伸试验试件和一个弯曲试验试件。 (4)允许由同一牌号，同一冶炼方法，同一浇筑方法的不同炉罐号的钢筋组成混合批，混合批的重量不大于 60t。 (5)每一验收批，重量偏差试件应从不同钢筋上截取，数量不少于 5 支
2	钢筋混凝土用热轧光圆钢筋		
3	冷轧带肋钢筋	拉伸试验(规定非比例延伸强度、抗拉强度、伸长率)、弯曲试验、重量偏差	同一牌号、同一外型、同一规格、同一生产工艺、同一交货状态每 60t 为一验取批，不足 60t 也按一批计。每一验取批中每盘取拉伸试件和重量偏差试件各 1 个，弯曲试件每批 2 个
4	碳素结构钢	拉伸试验(上屈服强度、抗拉强度、伸长率)、弯曲试验	同一牌号、同一炉号、同一质量等级、同一品种、同一尺寸、同一交货状态，每批重量应不大于 60t。每一验收批取一组试件(拉伸、弯曲各 1 个)

序号	材料名称	常规进场复验项目	组批原则及取样数量
5	低合金高强度结构钢	拉伸试验(下屈服强度、抗拉强度、伸长率)、弯曲试验	同一牌号、同一质量等级、同一炉罐号、同一规格、同一轧制制度或同一热处理制度,每批重量不大于60t。每一验收批取一组试件(拉伸、弯曲各1个)
6	预应力混凝土用钢绞线	整根钢绞线最大力,规定非比例延伸力,最大力总伸长率	每批由同一牌号、同一规格、同一生产工艺捻制的钢绞线组成,每批质量不大于60t。从每(任)盘卷中的钢绞线任意一端正常部位截取一根进行力学性能试验,每批取3个
7	调直后的钢筋	拉伸试验(下屈服强度、抗拉强度、伸长率)、重量负偏差	每批由同一厂家、同一牌号、同一规格调直钢筋、重量不大于30t为一批,每批取3个试件。进行重量偏差检验后,取其中2个试件进行时效处理后的力学性能检验

屈服强度是指当金属材料呈现屈服现象时,在试验期间达到塑性变形发生而力不增加的应力点分为上屈服强度和下屈服强度;规定非比例延伸强度是指非比例延伸率等于规定的引伸计标距百分率时的应力。检验这两个参数是为了保证钢材在所使用的结构中受力达到设计取值(约 $0.8 \sim 0.9 R_e$(R_p))时仍在弹性范围之内,或只产生微小的塑性变形(残余变形)。

抗拉强度是指相应最大力的应力,是为了确保结构在破坏时钢材能提供足够的抗拉力;伸长率是指伸长与原始标距的百分率,是为了确保构件在破坏时钢材提供足够的变形,避免突然断裂。

弯曲试验是为确保钢材在弯折时不产生裂纹或发生断裂。

重量偏差可以控制钢材生产厂为节省材料,提高钢筋强度,减少钢筋横截面积或施工方调直钢筋时过度冷拉造成钢筋的力学性能过度改变。

四、进场检验与材料证明文件核验

钢材进场之后,应检查产品合格证、出厂检验报告、钢筋标志或标识,并按相关要求见证取样进行进场复验。

进场钢筋应平直(直条钢筋),无损伤,表面不得有裂纹、油污、颗粒状或片状老锈。

五、取样方法及取样注意事项

1. 钢筋及钢绞线的取样

(1)直条钢筋取样部位应平直,盘卷钢筋取样部位应圆滑。拉伸试样长度宜为550~800mm,弯曲试样长度宜为300~550mm,重量偏差试样长度不宜小于550mm。试样两端应平滑且与长度方向垂直。

注:钢筋直径越大,试样应越长。

(2)钢绞线拉伸试样不得有松散现象,试样长度宜为1000~1200mm。

2. 型钢、条钢、钢板及钢管的取样

(1)一般要求

① 钢产品拉伸试样长度宜为500~800mm。对于厚度为0.1~3mm的薄板和薄带,宜采用20mm宽的拉伸试样,对于宽度小于20mm的产品,试样宽度可以相同于产品宽度;对于厚度大于或等于3mm的板材,矩形截面试样宽厚比不宜超过8:1。

② 应在钢产品表面切取弯曲样坯，对于板材、带材和型材，试样厚度应为原产品厚度；如果产品厚度大于 25mm，试样厚度可以机加工减薄至不小于 25mm，并保留一侧原表面。弯曲试样长度宜为 200～400mm；对于碳素结构钢，宽度为 2 倍的试样厚度。对于低合金高强度结构钢，当产品宽度大于 20mm，厚度小于 3mm 时试样宽度为（20±5）mm，厚度不小于 3mm 时试样宽度为 20～50mm；当产品宽度不大于 20mm，试样宽度为产品宽度。

③ 碳素结构钢钢板和钢带拉伸和弯曲试样的纵向轴线应垂直于轧制方向；型钢、钢棒和受宽度限制的窄钢带拉伸和弯曲试样的纵向轴线应平行于轧制方向。

④ 试样表面不得有划伤和损伤，边缘应进行机加工，确保平直、光滑，不得有影响结果的横向毛刺、伤痕或刻痕。

⑤ 当要求取 1 个以上试样时，可在规定位置相邻处取样。

（2）型钢的取样

① 按图 2.7.1 在型钢腿部切取拉伸和弯曲样坯。如型钢尺寸不能满足要求，可将取样位置向中部移位。

注：对于腿部有斜度的型钢，可在腰部 1/4 处取样，见图 2.7.1（b）和（d），经协商也可以从腿部取样进行机加工。对于腿部长度不相等的角钢，可从任一腿部取样。

② 对于腿部厚度不大于 50mm 的型钢，当机加工和试验机能力允许时，应按图 2.7.2（a）切取拉伸样坯；当切取圆形横截面拉伸样坯时，按图 2.7.2（b）规定。对于腿部厚度大于 50mm 的型钢，当切取圆形横截面样坯时，按图 2.7.2（c）规定。

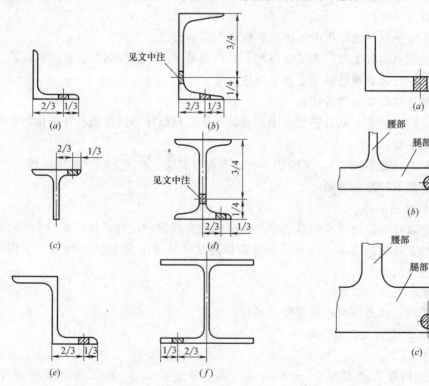

图 2.7.1　型钢腿部宽度方向切取样坯的位置　　图 2.7.2　型钢腿部宽度方向切取样坯的位置
　　　　　　　　　　　　　　　　　　　　　　（a）t≤50mm；（b）t≤50mm；（c）t＞50mm

（3）条钢的取样

① 按图2.7.3在圆钢上选取拉伸样坯位置，当机加工和试验机能力允许时，按图2.7.3（a）取样。

② 按图2.7.4在六角钢上选取拉伸样坯位置，当机加工和试验机能力允许时，按图2.7.4（a）取样。

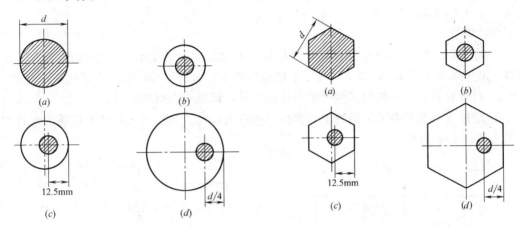

图2.7.3　圆钢上切取拉伸样坯的位置

（a）全横截面试样；（b）d≤25mm；

（c）d>25mm；（d）d>25mm

图2.7.4　六角钢上切取拉伸样坯的位置

（a）全横截面试样；（b）d≤25mm；

（c）d>25mm；（d）d>25mm

③ 按图2.7.5在矩形截面条钢上切取拉伸样坯，当机加工和试验机能力允许时，按图2.7.5（a）取样。

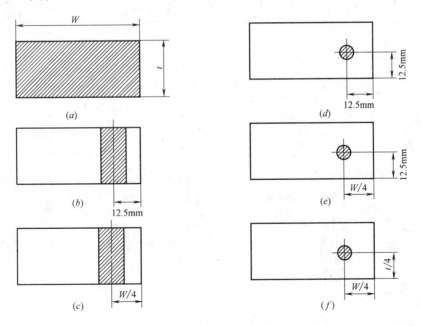

图2.7.5　矩形截面条钢上切取拉伸样坯的位置

（a）全横截面试样；（b）W≤50mm；（c）W>50mm；（d）W≤50mm和t≤50mm；

（e）W>50mm和t≤50mm；（f）W>50mm和t>50mm

（4）钢板的取样

①应在钢板宽度1/4处切取拉伸和弯曲样坯，如图2.7.6所示。

②对于纵轧钢板，当产品标准没有规定取样方向时，应在钢板宽度1/4处切取横向样坯，如钢板宽度不足，样坯中心可以内移。

③应按图2.7.6在钢板厚度方向切取拉伸样坯。当机加工和试验机能力允许时，应按图2.7.6（a）取样。

（5）钢管

①应按图2.7.7切取拉伸样坯，当机加工和试验机能力允许时，应按图2.7.7（a）取样。对于图2.7.7（c），如钢管尺寸不能满足要求，可将取样位置向中部位移。

②对于焊管，当取横向试样检验焊接性能时，焊缝应在试样中部。

③应按图2.7.8在方形钢管上切取拉伸或弯曲样坯。当机加工和试验机能力允许时，按图2.7.8（a）取样。

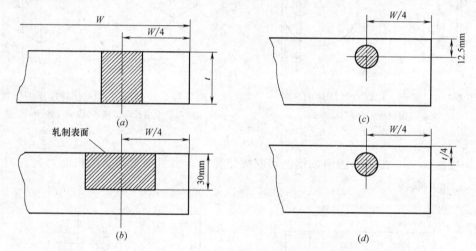

图2.7.6　钢板上切取拉伸样坯的位置
（a）全厚度试样；（b）t＞30mm；（c）25mm＜t＜50mm；（d）t≥50mm

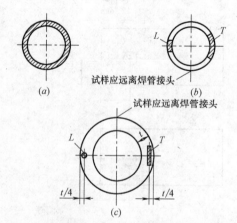

图2.7.7　钢管上切取拉伸及弯曲样坯的位置
（a）全横截面试样；（b）矩形横截面试样；
（c）圆形横截面试样

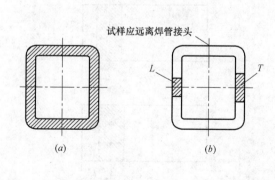

图2.7.8　方形钢管上切取拉伸及弯曲样坯的位置
（a）全横截面试样；（b）矩形横截面试样

六、标识

钢材送检试样应有清晰的、不易脱落的唯一性标识，标识应包括试件编号、材料的规格、型号、取样日期等内容，但不应注明施工单位和工程名称。试件编号应按单位工程分类顺序排号，不得空号和重号。

建筑材料本身带有标识的，抽取的试件应选择有标识的部分。试件应有见证人员所做封志或见证标识。

依据标准需重新取样复试时，复试样品的试件编号应在初试时编号后加"复试"后缀加以区别。见证标识参考样式见图 2.7.9。

工程编号	×××××	试样编号	
钢材种类			
级别、规格			
检验类别			
取样日期		年　　月　　日	

图 2.7.9　试件标识样式

七、工作程序

取样、标识、登记台账和委托送检等工作程序参照第一章第三节。

八、试验结果不符合技术指标情况处理

常用钢材试验结果不符合技术指标情况处理见表 2.7.14。

常用钢材试验结果不符合技术指标情况处理　　　　表 2.7.14

序号	材料名称	进场复验项目	试验结果不符合技术要求情况处理
1	钢筋混凝土用热轧带肋钢筋	拉伸试验[下屈服强度、抗拉强度、断后伸长率、最大力下总伸长率(有抗震要求的钢筋)]、弯曲试验、重量偏差	(1)第一次检验任一项不符合相应技术要求时，需取双倍试样进行该项目的复验，复验不符合相应技术要求则该批产品判定为不合格； (2)不合格的材料不得用于工程施工,对于不合格材料,应及时做好标识,办理退场手续
2	冷轧带肋钢筋		
3	低合金高强度结构钢	拉伸试验(规定非比例延伸强度、抗拉强度、伸长率)、弯曲试验重量偏差	
4	钢筋混凝土用热轧光圆	拉伸试验(上屈服强度、抗拉强度、伸长率)、弯曲试验	(1)试验项目中如有某一项试验结果不符合标准要求，则从同一批中再任取双倍数量的试样进行不合格项目的复验。复验结果(包括该项试验所要求的任一指标)，即使有 1 个指标不合格，则该批视为不合格； (2)不合格的材料不得用于工程施工;对于不合格材料,应及时做好标识,办理退场手续
5	钢筋碳素结构钢	拉伸试验(下屈服强度、抗拉强度、伸长率)、弯曲试验	
6	预应力混凝土用钢绞线	整根钢绞线最大力，规定非比例延伸力,最大力总伸长率	(1)试验项目中如有某一项试验结果不符合标准要求，则该盘卷不得交货。在同一批未经试验的钢绞线盘卷中取双倍数量的试样进行该不合格项目的复验，复验结果即使有 1 个试样不合格，则整批钢绞线不得交货，或进行逐盘检验合格后交货； (2)不合格的材料不得用于工程施工;对于不合格材料,应及时做好标识,办理退场手续
7	调直后的钢筋	拉伸试验(下屈服强度、抗拉强度、伸长率)、重量负偏差	试验项目中任一项试验结果不符合相关标准要求，该批钢筋不得用于工程施工

第八节　钢结构紧固件及防火涂料

一、相关标准

1. 《钢结构工程施工质量验收规范》GB 50205—2001；
2. 《钢结构高强度螺栓连接技术规程》JGJ 82—2011；
3. 《钢结构用扭剪型高强度螺栓连接副》GB/T 3632—2008；
4. 《钢结构用高强度大六角头螺栓》GB/T 1228—2006；
5. 《钢结构用高强度大六角螺母》GB/T 1229—2006；
6. 《钢结构用高强度垫圈》GB/T 1230—2006；
7. 《钢结构用高强度大六角头螺栓、大六角螺母、垫圈技术条件》GB/T 1231—2006；
8. 《钢网架螺栓球节点用高强度螺栓》GB/T 16939—1997；
9. 《钢网架螺栓球节点》JG/T 10—2009；
10. 《紧固件机械性能 螺栓、螺钉和螺柱》GB/T 3098.1—2010；
11. 《钢结构防火涂料》GB 14907—2002；
12. 《钢结构防火涂料应用技术规范》CECS 24：90。

二、基本概念

1. 高强度螺栓与普通螺栓

（1）定义与分类

用高强度钢制造的，或者需要施以较大预紧力的螺栓，均可称为高强度螺栓。高强度螺栓和与之配套的螺母、垫圈总称为高强度螺栓连接副。高强度螺栓连接具有施工简单、受力性能好、耐疲劳，以及在动力荷载作用下不致松动等优点，多用于钢结构工程、桥梁、钢轨、高压及超高压设备的连接。高强螺栓的一个非常重要的特点就是限单次使用，一般用于永久连接，严禁重复使用。

高强度螺栓分类：

按施工工艺分为：扭剪型高强度螺栓和大六角头高强度螺栓。大六角头高强度螺栓属于普通螺纹的高强度级，而扭剪型高强度螺栓则是大六角头高强度螺栓的改进型，可以使施工更便捷，施工质量易于控制。大六角头高强度螺栓连接副由 1 个螺栓，1 个螺母，2 个垫圈组成。扭剪型高强度螺栓连接副由 1 个螺栓，1 个螺母，1 个垫圈组成。

普通螺栓是相对于高强度螺栓而言的，主要承载轴向的受力，也可以承载要求相对不高的横向受力。

高强度螺栓与普通螺栓的区别如下：

① 高强度螺栓可承受的载荷比同规格的普通螺栓要大。

② 高强度螺栓的螺杆、螺帽和垫圈都由高强钢材制作，常用 45 号钢、20MnTiB 钢、35CrMo 钢等。普通螺栓常用 Q235（相当于过去的 A3）钢制造。

③ 高强度螺栓常用强度等级为 8.8S 和 10.9S 2 个等级，其中 10.9S 级居多。普通螺栓强度等级要低，一般工程中常用的等级为 4.8 级、5.6 级和 8.8 级等。

④ 高强度螺栓施加预拉力并靠摩擦力传递外力。高强度螺栓除了其材料强度很高之外，还通过给螺栓施加很大预拉力，使连接构件间产生挤压力，从而使垂直于螺杆方向有很大摩擦力，而且预拉力、抗滑移系数和钢材种类都直接影响高强度螺栓连接的承载力。普通螺栓连接靠栓杆抗剪和孔壁承压来传递剪力，拧紧螺帽时产生的预拉力很小，其影响可以忽略不计。

⑤ 建筑结构主构件的螺栓连接，一般均采用高强度螺栓连接。高强度螺栓不可重复使用，一般用于永久连接。普通螺栓抗剪性能差，可在次要结构部位使用，并可重复使用。

螺栓性能等级符号由点隔开的两部分数字组成，点左边的数字为公称抗拉强度（MPa）的 1/100，点右边的数字为公称屈服强度或规定非比例延伸强度与公称抗拉强度比值的 10 倍；高强度螺栓则在后边加字母"S"。

（2）机械性能指标

① 高强度大六角头螺栓、大六角螺母、垫圈的机械性能

a. 高强度大六角头螺栓材料机械性能应符合表 2.8.1 的规定。

高强度大六角头螺栓材料机械性能　　　　　　表 2.8.1

性能等级	抗拉强度 R_m（MPa）	规定非比例延伸强度 $R_{p0.2}$（MPa）	断后伸长率 A（%）	断后收缩率 Z（%）	冲击吸收功 A_{KU2}（J）
		不小于			
10.9S	1040～1240	940	10	42	47
8.8S	830～1030	660	12	45	63

b. 高强度大六角头螺栓实物机械性能。

ⓐ 进行螺栓实物楔负载试验时，拉力载荷应在表 2.8.2 规定的范围内，且断裂发生在螺纹部分或螺纹与螺杆交接处。

高强度大六角头螺栓实物机械性能　　　　　　表 2.8.2

螺纹规格 d		M12	M16	M20	M22	M24	M27	M30
公称应力截面积 A_S（mm²）		84.3	157	245	303	353	459	561
性能等级	10.9S 拉力载荷（N）	87700～104500	163000～195000	255000～304000	315000～376000	367000～438000	477000～569000	583000～696000
	8.8S	70000～86800	130000～162000	203000～252000	251000～312000	293000～364000	381000～473000	466000～578000

ⓑ 当 $l/d \leqslant 3$（l——螺杆长度，不包含螺栓头）时，如不能做楔负载试验，允许做拉力载荷试验或芯部硬度试验。拉力载荷应符合表 2.8.2 的规定，芯部硬度应符合表 2.8.3 的规定。

c. 高强度大六角头螺母机械性能。

螺母的保证载荷应符合表 2.8.4 的规定，硬度应符合表 2.8.5 的规定。

高强度大六角头螺栓芯部硬度　　　　　　　　表 2.8.3

性能等级	维氏硬度		洛氏硬度	
	min	max	min	max
10.9S	312HV30	367HV30	33HRC	39HRC
8.8S	249HV30	296HV30	24HRC	31HRC

高强度大六角头螺母保证载荷指标　　　　　　　表 2.8.4

螺纹规格		M12	M16	M20	M22	M24	M27	M30
性能等级	10H	保证载荷 (N)	87700	163000	255000	315000	367000	477000	583000
	8H		70000	130000	203000	251000	293000	381000	466000

高强度大六角头螺母芯部硬度　　　　　　　　　表 2.8.5

性能等级	洛氏硬度		维氏硬度	
	min	min	min	max
10H	98HRB	32HRC	222HV30	304HV30
8H	95HRB	30HRC	206HV30	289HV30

d. 高强度垫圈的硬度。

高强度垫圈的硬度为 329HV30～436HV30（35HRC～45HRC）。

② 高强度大六角头螺栓连接副供货应保证扭矩系数，同批连接副的扭矩系数平均值为 0.110～0.150，扭矩系数标准偏差应小于或等于 0.0100。每一连接副的螺栓、螺母、垫圈应分属同批制造，扭矩系数保证期为自出厂之日起 6 个月。

③ 扭剪型高强度螺栓、螺母、垫圈机械性能

a. 扭剪型高强度螺栓材料机械性能应符合表 2.8.6 的要求。

扭剪型高强度螺栓材料机械性能　　　　　　　　表 2.8.6

性能等级	抗拉强度 R_m (MPa)	规定非比例延伸强度 $R_{p0.2}$(MPa)	断后伸长率 A (%)	断后收缩率 Z (%)	冲击吸收功 A_{KV2}(J) (－20℃)
		不小于			
10.9S	1040～1240	940	10	42	27

b. 扭剪型高强度螺栓实物机械性能。

进行螺栓实物楔负载试验时，拉力载荷应在表 2.8.7 规定的范围内，且断裂发生在螺纹部分或螺纹与螺杆交接处。

扭剪型高强度螺栓实物机械性能　　　　　　　　表 2.8.7

螺纹规格 d		M16	M20	M22	M24	M27	M30
公称应力截面积 A_S(mm²)		157	245	303	353	459	561
10.9S	拉力载荷 (kN)	163～195	255～304	315～376	367～438	477～569	583～696

当 $l/d \leqslant 3$（l——螺杆长度，不包含螺栓头和梅花头）时，如不能做楔负载试验，允许用拉力载荷试验或芯部硬度试验代替楔负载试验，拉力载荷应符合表2.8.7的规定，芯部硬度应符合表2.8.8的规定。

扭剪型高强度螺栓芯部硬度　　　　表2.8.8

性能等级	维氏硬度		洛氏硬度	
	min	max	min	max
10.9S	312HV30	367HV30	33HRC	39HRC

c. 高强度螺母机械性能。

螺母的保证载荷应符合表2.8.9的规定，硬度应符合表2.8.10的规定。

高强度螺母保证载荷指标　　　　表2.8.9

螺纹规格 D		M16	M20	M22	M24	M27	M30
公称应力截面积 A_S(mm²)		157	245	303	353	459	561
保证应力 S_P(MPa)		1040					
10H	保证载荷 ($A_S \times S_P$)/kN	163	255	315	367	477	583

高强度螺母芯部硬度　　　　表2.8.10

性能等级	洛氏硬度		维氏硬度	
	min	min	min	max
10H	98HRB	32HRC	222HV30	304HV30

d. 高强度垫圈的硬度

高强度垫圈的硬度为329HV30～436HV30（35HRC～45HRC）。

④ 扭剪型高强度螺栓连接副紧固轴力应符合表2.8.11的规定。

扭剪型高强度螺栓连接副紧固轴力　　　　表2.8.11

螺纹规格		M16	M20	M22	M24	M27	M30
每批紧固轴力的平均值(kN)	公称	110	171	209	248	319	391
	min	100	155	190	225	290	355
	max	121	188	230	272	351	430
紧固轴力标准偏差 $\sigma \leqslant$(kN)		10.0	15.5	19.0	22.5	29.0	35.5

当 l 小于表2.8.12中规定的数值时，可不进行紧固轴力试验。

表2.8.12

螺纹规格 D	M16	M20	M22	M24	M27	M30
l(mm)	50	55	60	65	70	75

⑤ 钢网架螺栓球节点用高强度螺栓机械性能

a. 钢网架螺栓球节点用高强度螺栓材料机械性能应符合表2.8.13的规定。

钢网架螺栓球节点用高强度螺栓材料机械性能   表 2.8.13

性能等级	抗拉强度 R_m (MPa)	规定非比例延伸强度 $R_{p0.2}$(MPa)	断后伸长率 A (%)	断后收缩率 Z (%)
			不小于	
10.9S	1040～1240	940		
9.8S	900～1100	720	10	42

b. 钢网架螺栓球节点用高强度螺栓应进行抗拉极限承载力试验（楔负载试验），其结果应符合表 2.8.14 的要求规定。

钢网架螺栓球节点用高强度螺栓抗拉极限承载力   表 2.8.14

螺纹规格	M12	M14	M16	M20	M22	M24	M27	M30	M33	M36
强度等级					10.9S					
有效截面积 A_S(mm²)	84.3	115	157	245	303	353	459	561	694	817
抗拉极限承载力 (kN)	88～105	120～143	163～195	255～304	315～376	367～438	477～569	583～696	722～861	850～1013

螺纹规格	M39	M42	M45	M48	M52	M56×4		M60×4		M64×4
强度等级					9.8S					
有效截面积 A_S(mm²)	976	1120	1310	1470	1760	2144		2485		2851
抗拉极限承载力 (kN)	878～1074	1008～1232	1179～1441	1323～1617	1584～1936	1930～2358		2237～2734		2566～3136

c. 钢网架螺栓球节点用高强度螺栓的硬度

螺纹规格为 M12～M36 的高强度螺栓强度等级为 10.9S 时，热处理后其硬度为 32HRC～37HRC。螺纹规格为 M39～M64×4 的高强度螺栓常规硬度为 32HRC～37HRC，该规格螺栓可用硬度试验代替抗拉极限承载力试验，对试验有争议时，应进行芯部硬度试验，其硬度值不应低于 28HRC。

如对硬度试验有争议时，应进行螺栓实物的抗拉极限承载力试验，并以此为仲裁试验。

⑥ 普通螺栓作为永久性连接螺栓时，当设计有要求或对其质量有疑义时，应进行螺栓实物最小拉力载荷复验，其结果应符合表 2.8.15 和表 2.8.16 的要求。

螺栓实物最小拉力载荷（粗牙螺纹）   表 2.8.15

螺纹规格 (d)	螺纹公称应力截面积 $A_{S,公称}$(mm²)	性能等级								
		4.6	4.8	5.6	5.8	6.8	8.8	9.8	10.9	12.9/12.9
		最小拉力载荷 $F_{m,min}(A_{S,公称} \times R_{m,min})/N$								
M3	5.03	2010	2110	2510	2620	3020	4020	4530	5230	6140
M3.5	6.78	2710	2850	3390	3530	4070	5420	6100	7050	8270

螺纹规格（d）	螺纹公称应力截面积 $A_{s,公称}$ (mm²)	性能等级								
		4.6	4.8	5.6	5.8	6.8	8.8	9.8	10.9	12.9/12.9
		最小拉力载荷 $F_{m,min}(A_{s,公称} \times R_{m,min})/N$								
M4	8.78	3510	3690	4390	4570	5270	7020	7900	9130	10700
M5	14.2	5680	5960	7100	7380	8520	11350	12800	14800	17300
M6	20.1	8040	8440	10000	10400	12100	16100	18100	20900	24500
M7	28.9	11600	12100	14400	15000	17300	23100	26000	30100	35300
M8	36.6	14600	15400	18300	19000	22000	29200	32900	38100	44600
M10	58	23200	24400	29000	30200	34800	46400	52200	60300	70800
M12	84.3	33700	35400	42200	43800	50600	67400	75900	87700	103000
M14	115	462000	48300	57500	59800	69000	92000	104000	120000	140000
M16	157	62800	65900	78500	81600	94000	125000	141000	163000	192000
M18	192	76800	80600	96000	99800	115000	159000	—	200000	234000
M20	245	98000	103000	122000	127000	147000	203000	—	255000	299000
M22	303	121000	127000	152000	158000	182000	252000	—	315000	370000
M24	353	141000	148000	176000	184000	212000	293000	—	367000	431000
M27	459	184000	193000	230000	239000	275000	381000	—	477000	560000
M30	561	224000	236000	280000	292000	337000	466000	—	583000	684000
M33	694	278000	292000	347000	361000	416000	576000	—	722000	847000
M36	817	327000	343000	408000	425000	490000	678000	—	850000	997000
M39	976	390000	410000	488000	508000	586000	810000	—	1020000	1200000

螺栓实物最小拉力载荷（细牙螺纹）　　　　　　　　　　　　　　表 2.8.16

螺纹规格（d×P）	螺纹公称应力截面积 $A_{s,公称}$/mm²	性能等级								
		4.6	4.8	5.6	5.8	6.8	8.8	9.8	10.9	12.9/12.9
		最小拉力载荷 $F_{m,min}(A_{s,公称} \times R_{m,min})/N$								
M8×1	39.2	15700	16500	19600	20400	23500	31360	35300	40800	47800
M10×1.25	61.2	24500	25700	30600	31800	36700	49000	55100	63600	74700
M10×1	64.5	25800	27100	32300	33500	38700	51600	58100	67100	78700
M12×1.5	88.1	35200	37000	44100	45800	52900	70500	79300	91600	107000
M12×1.25	92.1	36800	38700	46100	47900	55300	73700	82900	95800	112000
M14×1.5	125	50000	52500	62500	65000	75000	100000	112000	130000	152000
M16×1.5	167	66800	70100	83500	86800	100000	134000	150000	174000	204000
M18×1.5	216	86400	90700	108000	112000	130000	179000	—	225000	264000
M20×1.5	272	109000	114000	136000	141000	163000	226000	—	283000	332000
M22×1.5	333	133000	140000	166000	173000	200000	276000	—	346000	406000
M24×2	384	154000	161000	192000	200000	230000	319000	—	399000	469000
M27×2	496	198000	208000	248000	258000	298000	412000	—	516000	605000

螺纹规格 (d×P)	螺纹公称应力截面积 $A_{s,公称}/mm^2$	性能等级								
		4.6	4.8	5.6	5.8	6.8	8.8	9.8	10.9	12.9/12.9
		最小拉力载荷 $F_{m,min}(A_{s,公称} \times R_{m,min})/N$								
M30×2	621	248000	261000	310000	323000	373000	515000	—	646000	758000
M33×2	761	304000	320000	380000	396000	457000	632000		791000	928000
M36×3	865	346000	363000	432000	450000	519000	718000		900000	1055000
M39×3	1030	412000	433000	515000	536000	618000	855000	—	1070000	1260000

2. 钢结构防火涂料

（1）定义

钢结构防火涂料是指施涂于建筑物及构筑物的钢结构表面，能形成耐火隔热保护层以提高钢结构耐火极限的涂料。

钢结构建筑的耐火性能较砖石结构和钢筋混凝土结构差。当建筑钢结构构件的温度升高到540℃的临界温度时，钢材的力学性能，诸如屈服点、抗压强度、弹性模量以及荷载能力等都迅速下降，钢材就会失去其承载能力，发生很大的形变，甚至导致建筑物垮塌。而对于建筑火灾而言，火场温度大多在800～1200℃之间。一般来说，在火灾发生的10min内，火场温度即可上升到700℃以上，因此未做防火保护的裸露钢构件在火灾中的危险是非常大的。防火涂料在涂覆于建筑物及构筑物内的钢构件表面后，遇火时涂层膨胀发泡形成炭化耐火隔热保护层，不仅隔绝了氧气，而且热导率很低，依靠涂层自身的不燃性和低导热性来形成耐火隔热保护层，迟缓火势对承重构件的直接侵袭，延滞了热量传向被保护基材的速度，避免火焰和高温直接威胁钢构件，从而有效地提高钢结构的耐火极限。

防火涂料的防火机理有：

① 防火涂料本身具有难燃性或不燃性，使被保护基材不直接与空气接触，延迟物体着火和减少燃烧的速度。

② 防火涂料除本身具有难燃性或不燃性外，它还具有较低的导热系数，可以延迟火焰温度向被保护基材的传递。

③ 防火涂料受热分解出不燃惰性气体，冲淡被保护物体受热分解出的可燃性气体，使之不易燃烧或燃烧速度减慢。

④ 膨胀型防火涂料受热膨胀发泡，形成碳质泡沫隔热层，封闭被保护的基材，延迟热量与基材的传递，阻止基材因温度升高而造成的强度下降。

除此之外防火涂料还具备防锈、防水、防腐、耐磨、耐热等作用。

（2）分类：

① 钢结构防火涂料按使用场所可分为：

a. 室内钢结构防火涂料：用于建筑物室内或隐蔽工程的钢结构表面；

b. 室外钢结构防火涂料：用于建筑物室外或露天工程的钢结构表面。

② 钢结构防火涂料按使用厚度可分为：

a. 超薄型钢结构防火涂料：涂层厚度小于或等于3mm；

b. 薄型钢结构防火涂料：涂层厚度大于 3mm 且小于或等于 7mm；

c. 厚型钢结构防火涂料：涂层厚度大于 7mm 且小于或等于 45mm。

厚型钢结构防火涂料的耐火极限可达 0.5～3h。在火灾中涂层不膨胀，依靠材料的不燃性、低导热性或涂层中材料的吸热性，延缓钢材的升温，保护钢件。这类钢结构防火涂料采用合适的胶粘剂，再配以无机轻质材料、增强材料。与其他类型的钢结构防火涂料相比，除了具有水溶性防火涂料的一些优点之外，由于基料和大多数添加剂都是无机物，因此成本较低。该类钢结构防火涂料施工一般采用喷涂，多应用在耐火极限要求 2h 以上的室内钢结构上。但这类产品由于涂层厚，外观装饰性相对较差。

薄型钢结构防火涂料受火时能膨胀发泡，以膨胀发泡所形成的耐火隔热层延缓钢材的升温，保护钢构件。这类钢结构涂料一般是用合适的乳胶聚合物作基料，再配以阻燃剂、添加剂等组成。对这类防火涂料，要求选用的乳液聚合物必须对钢基材具有良好附着力、耐久性和耐水性。常用作这类防火涂料基料的聚合物乳液有苯乙烯改性的丙烯酸乳液、聚醋酸乙烯乳液、偏氯乙烯乳液等。该涂料一般分为底层（隔热层）和面层（装饰层），其装饰性比厚涂型好，施工采用喷涂，一般使用在耐火极限要求不超过 2h 的建筑钢结构上。

超薄型钢结构防火涂料受火时膨胀发泡，形成致密的防火隔热层，是近几年发展起来的新品种。它可采用喷涂、刷涂或辊涂施工，一般使用在要求耐火极限 2h 以内的建筑钢结构上。与厚涂型和薄涂型钢结构防火涂料相比，超薄型膨胀钢结构防火涂料黏度更小、涂层更薄、施工方便、装饰性更好。在满足防火要求的同时又能满足装饰性要求。

（3）产品命名：

以汉语拼音字母的缩写作为代号，N 和 W 分别代表室内和室外，CB、B 和 H 分别代表超薄型、薄型、厚型三类，各类涂料名称与代号对应关系如下：

① 室内超薄型钢结构防火涂料：NCB；

② 室外超薄型钢结构防火涂料：WCB；

③ 室内薄型钢结构防火涂料：NB；

④ 室外薄型钢结构防火涂料：WB；

⑤ 室内厚型钢结构防火涂料：NH；

⑥ 室外厚型钢结构防火涂料：WH。

（4）防火涂料的技术性能应符合表 2.8.17 和表 2.8.18 的规定。

室内钢结构防火涂料技术性能　　　　　　　　　　　　表 2.8.17

序号	检验项目	技术指标		
		NCB	NB	NH
1	在容器中的状态	经搅拌后呈均匀细腻状态，无结块	经搅拌后呈均匀液态或稠厚流体状态，无结块	经搅拌后呈均匀稠厚流体状态，无结块
2	干燥时间（表干）(h)	≤8	≤12	≤24
3	外观与颜色	涂层干燥后，外观与颜色同样品相比无明显差别	涂层干燥后，外观与颜色同样品相比无明显差别	—
4	初期干燥抗裂性	不应出现裂纹	允许出现 1～3 条裂纹，其宽度应≤0.5mm	允许出现 1～3 条裂纹，其宽度应≤1mm

序号	检验项目		技术指标		
			NCB	NB	NH
5	粘结强度(MPa)		≥0.20	≥0.15	≥0.04
6	抗压强度(MPa)		—	—	≥0.3
7	干密度(kg/m³)		—	—	≤500
8	耐水性(h)		≥24 涂层应无起层、发泡、脱落现象	≥24 涂层应无起层、发泡、脱落现象	≥24 涂层应无起层、发泡、脱落现象
9	耐冷热循环性(次)		≥15 涂层应无开裂、剥落、起泡现象	≥15 涂层应无开裂、剥落、起泡现象	≥15 涂层应无开裂、剥落、起泡现象
10	耐火性能	涂层厚度(不大于)(mm)	2.00±0.20	5.0±0.5	25±2
		耐火极限(不低于)(h)(以 I36b 或 I40b 标准工字钢梁作基材)	1.0	1.0	2.0

注：裸露钢梁耐火极限为 15min（I36b＼I40b 验证数据），作为表中 0mm 涂层厚度耐火极限基础数据。

室外钢结构防火涂料技术性能　　　　　　　　　　表 2.8.18

序号	检验项目	技术指标		
		WCB	WB	WH
1	在容器中状态	经搅拌后呈细腻状态，无结块	经搅拌后呈均匀液态或稠厚流体状态，无结块	经搅拌后呈均匀稠厚流体状态，无结块
2	干燥时间(表干)(h)	≤8	≤12	≤24
3	外观与颜色	涂层干燥后，外观与颜色同样品相比无明显差别	涂层干燥后，外观与颜色同样品相比无明显差别	—
4	初期干燥抗裂性	不应出现裂纹	允许出现 1～3 条裂纹，其宽度应≤0.5mm	允许出现 1～3 条裂纹，其宽度应≤1mm
5	粘结强度(MPa)	≥0.20	≥0.15	≥0.04
6	抗压强度(MPa)	—	—	≥0.5
7	干密度(kg/m³)	—	—	≤650
8	耐曝热性(h)	≥720 涂层应无起层、脱落、空鼓、开裂现象	≥720 涂层应无起层、脱落、空鼓、开裂现象	≥720 涂层应无起层、脱落、空鼓、开裂现象
9	耐湿热性(h)	≥504 涂层应无起层、脱落现象	≥504 涂层应无起层、脱落现象	≥504 涂层应无起层、脱落现象
10	耐冻融循环性(次)	≥15 涂层应无开裂、脱落、起泡现象	≥15 涂层应无开裂、脱落、起泡现象	≥15 涂层应无开裂、脱落、起泡现象
11	耐酸性(h)	≥360 涂层应无起层、脱落、开裂现象	≥360 涂层应无起层、脱落、开裂现象	≥360 涂层应无起层、脱落、开裂现象
12	耐碱性(h)	≥360 涂层应无起层、脱落、开裂现象	≥360 涂层应无起层、脱落、开裂现象	≥360 涂层应无起层、脱落、开裂现象

序号	检验项目		技术指标		
			WCB	WB	WH
13	耐盐雾腐蚀性（次）		≥30 涂层应无起泡,明显的变质、软化现象	≥30 涂层应无起泡,明显的变质、软化现象	≥30 涂层应无起泡,明显的变质、软化现象
14	耐火性能	涂层厚度（不大于）(mm)	2.00±0.20	5.0±0.5	25±2
		耐火极限（不低于）(h)（以 I36b 或 I40b 标准工字钢梁作基材）	1.0	1.0	2.0

注：裸露钢梁耐火极限为 15min（I36h、I40b 验证数据）作为表中 0mm 涂层厚度耐火极限基础数据。耐久性项目（耐曝热性、耐湿热性、耐冻融循环性、耐酸性、耐碱性、耐盐雾腐蚀性）的技术要求除表中规定外，还应满足附加耐火性能的要求，方能判定该对应项性能合格。耐酸性和耐碱性可仅进行其中一项测试。

三、常规试验项目、组批原则和取样数量

钢结构紧固件及防火涂料的常规试验项目、组批原则和取样数量要求见表 2.8.19。

钢结构紧固件及防火涂料的常规试验项目、组批原则和取样数量　　表 2.8.19

序号	材料名称	常规进场复验项目	组批原则及取样数量
1	大六角头高强度螺栓连接副	扭矩系数、螺栓楔负载或芯部硬度(l/d≤3)、螺母保证载荷、垫圈硬度	(1) 同一性能等级、材料、炉号、螺纹规格、长度（当螺栓长度≤100mm 时，长度相差≤15mm；螺栓长度＞100mm 时，长度相差≤20mm，可视为同一长度）、机械加工、热处理工艺及表面处理工艺的螺栓为同批； (2) 同一性能等级、材料、炉号、规格、机械加工、热处理工艺及表面处理工艺的螺母或垫圈分别为同批； (3) 分别由同批螺栓、螺母及垫圈组成的连接副为一批。每批高强度螺栓连接副的最大数量为 3000 套，连接副扭矩系数每批抽取试样的数量为 8 套，螺栓楔负载、螺母保证载荷及硬度试验的试件数量为每种 8 个
2	扭剪型高强度螺栓连接副	紧固轴力（预拉力）、螺栓楔负载或芯部硬度(l/d≤3)、螺母保证载荷、垫圈硬度	(1) 同一材料、炉号、螺纹规格、长度（当螺栓长度≤100mm 时，长度相差≤15mm；螺栓长度＞100mm 时，长度相差≤20mm，可视为同一长度）、机械加工、热处理工艺及表面处理工艺的螺栓为同批； (2) 同一材料、炉号、螺纹规格、机械加工、热处理工艺及表面处理工艺的螺母或垫圈分别为同批； (3) 分别由同批螺栓、螺母及垫圈组成的连接副为同批连接副。同批扭剪型高强度螺栓连接副的最大数量为 3000 套，连接副紧固轴力每批抽取的数量为 8 套，螺栓楔负载、螺母保证载荷及硬度试验的试件数量为每种 8 个
3	钢网架螺栓球节点用高强度螺栓	抗拉极限承载力、硬度	(1) 同一性能等级、材料、炉号、规格、机械加工、热处理及表面处理工艺的螺栓为同批。对于小于等于 M36 每批为 5000 件，拉力试验取样数量为 8 个；对于大于 M36 每批为 2000 件，拉力试验取样数量为 3 个。 (2) 对建筑结构安全等级为一级，跨度 40m 及以上的螺栓球节点钢网架结构，其连接高强度螺栓应进行表面硬度试验，每种规格取样 8 个为一组

序号	材料名称	常规进场复验项目	组批原则及取样数量
4	普通螺栓	拉力载荷	每一规格螺栓取 8 个样品为一组
5	防火涂料	粘结强度、抗压强度（厚型）	（1）组成一批的钢结构防火涂料应为同一批材料、同一工艺条件下生产的产品。 （2）每使用 100t 或不足 100t 薄涂型防火涂料应抽检一次粘结强度； （3）每使用 500t 或不足 500t 厚涂型防火涂料应抽检一次粘结强度和抗压强度

预拉力（紧固轴力）是指通过紧固高强度螺栓连接副而在螺栓杆轴方向产生的，且符合连接设计所要求的拉力，确保扭剪型螺栓在施工中提供符合设计要求的预拉力。

扭矩系数是指高强度螺栓连接中，施加于螺母上的紧固扭矩与其在螺栓导入的轴向预拉力（紧固轴力）之间的比例系数，确保高强度大六角头螺栓在施工时达到要求扭矩，即可保证符合设计要求的预拉力。

硬度是指固体材料局部抵抗硬物压入其表面的能力。

螺母保证载荷试验的目的，是为保证螺母在规定的载荷下不发生破坏。

四、进场检验与材料证明文件核验

钢结构紧固件及防火涂料进场检验与材料证明文件核验要求见表 2.8.20。

钢结构紧固件及防火涂料进场检验与材料证明文件核验 表 2.8.20

序号	材料名称	进场检验与材料证明文件核验
1	大六角头高强度螺栓连接副	（1）高强度螺栓连接副，应按包装箱配套供货，包装箱上应标明批号、规格、数量及生产日期。螺栓、螺母、垫圈外观表面应涂油保护，不应出现生锈和沾染脏物，螺纹不应损伤。按包装箱数抽查 5%，且不应少于 3 箱； （2）检查产品的质量合格证明文件、中文标志及检验报告等； （3）高强度大六角头螺栓连接副和扭剪型高强度螺栓连接副出厂时应分别随箱带有扭矩系数和紧固轴力（预拉力）的检验报告
2	扭剪型高强度螺栓连接副	
3	钢网架螺栓球节点用高强度螺栓	
4	普通螺栓	检查产品的质量合格证明文件、中文标志及检验报告等
5	防火涂料	（1）检查产品的质量合格证明文件、中文标志及检验报告等； （2）防火涂料的型号、名称、颜色及有效期应与其质量证明文件相符。开启后，不应存在结皮、结块、凝胶等现象。按桶数抽查 5%，且不应少于 3 桶

五、取样注意事项

1. 紧固件的取样

（1）高强度螺栓连接副应在同批内配套抽取；

（2）紧固件在运输、保管过程中应轻装、轻卸，防止损伤螺纹；

（3）高强度螺栓连接副保管期不应超过 6 个月。当保管试间超过 6 个月后使用时，必须按要求重新进行扭矩系数或紧固轴力试验，检验合格后，方可使用。

2. 防火涂料的取样

（1）防火涂料应按交货的桶数（n）按随机取样方法在同一批材料中抽取，取样数不应低于 $\sqrt{n/2}$。取样前应用不锈钢或木质搅棒充分搅拌均匀，并使用不与样品发生化学反应的取样器械和样品容器。如样品有结皮现象，应在搅拌前去除。

（2）桶（罐和袋等）的取样

按第 1 条规定的取样数，选择适宜的取样器，从已初检过的桶内不同部位取相同量的样品，混合均匀后，取 2 份样品，各为 1～1.5L，分别装入样品容器中，样品容器应留有约 5％的空隙，盖严，并将样品容器外部擦洗干净，立即作好标识。

（3）粉末产品的取样

按第 1 条规定的取样数，选择适宜的取样器，取出相同量的样品，用四分法取出试验所需最低量（薄型防火涂料约 1kg，厚型防火涂料约 3kg）的 4 倍，分别装 2 个样品容器内，盖严，立即作好标识。

六、标识

材料送检试样应有清晰的、不易脱落的唯一性标识，标识应包括工程编号、试件编号、材料的规格、型号、取样日期等内容，但不应注明施工单位和工程名称。试件编号应按单位工程分类顺序排号，不得空号和重号。

建筑材料本身带有标识的，抽取的试件应选择有标识的部分。试件应有见证人员所做封志或见证标识。

依据标准需重新取样复试时，复试样品的试件编号应在初试时编号后加"复试"后缀加以区别。见证标识参考样式见图 2.8.1。

工程编号	××××××	试样编号	
材料名称			
级别、规格、类型			
取样日期		年　月　日	

图 2.8.1　试件标识样式

七、工作程序

取样、标识、登记台账和委托送检等工作程序参照第一章第三节。

八、试验结果不符合技术指标情况处理

钢结构紧固件及防火涂料试验结果不符合技术指标情况的处理见表 2.8.21。

钢结构紧固件及防火涂料试验结果不符合技术指标情况处理　　　表 2.8.21

序号	材料名称	常规进场复验项目	试验结果不符合技术要求情况处理
1	大六角头高强度螺栓连接副	扭矩系数、螺栓楔负载或芯部硬度($l/d\leqslant3$)、螺母保证载荷、垫圈硬度	（1）验收时，洛氏硬度不符合要求，以维氏硬度（HV30）试验为仲裁试验。（2）扭矩系数、螺栓楔负载、螺母保证载荷不符合要求不得用于工程施工
2	扭剪型高强度螺栓连接副	紧固轴力（预拉力）、螺栓楔负载或芯部硬度($l/d\leqslant3$)、螺母保证载荷、垫圈硬度	（1）验收时，洛氏硬度不符合要求，以维氏硬度（HV30）试验为仲裁试验。（2）紧固力（预拉力）、螺栓楔负载、螺母保证载荷不符合要求不得用于工程施工
3	钢网架螺栓球节点用高强度螺栓	抗拉极限承载力（与螺栓球）、硬度	当有一项检验结果不符合要求时，可加倍抽取样品进行复验，如复验合格可判该批产品为合格产品
4	普通螺栓	拉力载荷	拉力载荷不符合要求不得用于工程施工
5	防火涂料	粘结强度、抗压强度（厚型）	任一项检验结果不符合要求不得用于工程施工

第九节　防水材料

一、相关标准

1. 《屋面工程质量验收规范》GB 50207—2002；
2. 《地下防水工程质量验收规范》GB 50208—2002；
3. 《弹性体改性沥青防水卷材》GB 18242—2008；
4. 《塑性体改性沥青防水卷材》GB 18243—2008；
5. 《聚合物改性沥青复合胎防水卷材》DBJ 01-53—2001；
6. 《改性沥青聚乙烯胎防水卷材》GB 18967—2009；
7. 《自粘橡胶沥青防水卷材》GB/T 23441—2009；
8. 《预铺、湿铺防水卷材》GB/T 23457—2009；
9. 《自粘聚合物改性沥青聚酯胎防水卷材》JC/T 898—2002；
10. 《沥青复合胎柔性防水卷材》JC/T 690—2008；
11. 《玻纤胎沥青瓦》GB/T 20474—2006；
12. 《油毡瓦》JC/T 503—1992（1996）；
13. 《高分子防水材料　第1部分：片材》GB 18173.1—2006；
14. 《聚氯乙烯防水卷材》GB 12952—2003；
15. 《氯化聚乙烯防水卷材》GB 12953—2003；
16. 《聚氨酯防水涂料》GB/T 19250—2003；
17. 《聚合物水泥防水涂料》GB/T 23445—2009；
18. 《聚合物乳液建筑防水涂料》JC/T 864—2008；
19. 《水乳型沥青防水涂料》JC/T 408—2005；
20. 《溶剂型橡胶沥青防水涂料》JC/T 852—1999；
21. 《无机防水堵漏材料》GB/T 23440—2009；
22. 《水泥基渗透结晶型防水材料》GB 18445—2001；
23. 《高分子防水材料　第二部分：止水带》GB 18173.2—2000；
24. 《高分子防水材料　第3部分：遇水膨胀橡胶》GB/T 18173.3—2002。

二、基本概念

防水材料一般是指防止雨水、地下水、工业和民用的给水排水、腐蚀性液体以及空气中的湿气、蒸气等渗透的材料。

建筑防水即为防止水对建筑物某些部位的渗透而从建筑材料上和构造上所采取的措施。防水多使用在屋面、地下建筑、建筑物的地下部分和需防水的内室和储水构筑物等。按其采取的措施和手段的不同，分为材料防水和构造防水两大类：

材料防水是靠建筑材料阻断水的通路，以达到防水的目的或增加抗渗漏的能力，如卷材防水、涂膜防水、混凝土及水泥砂浆刚性防水以及黏土、灰土类防水等。

构造防水则是采取合适的构造形式，阻断水的通路，以达到防水的目的，如空腔构造等。

1. 分类

防水材料可分为防水卷材、防水涂料、防水密封材料和刚性防水堵漏材料 4 大类。常用品种见表 2.9.1。

防水材料的分类　　　　表 2.9.1

<table>
<tr><td rowspan="15">防水材料</td><td rowspan="8">防水卷材</td><td rowspan="4">改性沥青基防水卷材</td><td>弹性体改性沥青防水卷材（简称 SBS 防水卷材）</td></tr>
<tr><td>塑性体改性沥青防水卷材（简称 APP 防水卷材）</td></tr>
<tr><td>聚合物改性沥青复合胎防水卷材</td></tr>
<tr><td>自粘橡胶沥青防水卷材</td></tr>
<tr><td rowspan="4">高分子防水卷材</td><td>三元乙丙防水卷材</td></tr>
<tr><td>聚氯乙烯防水卷材（简称 PVC 防水卷材）</td></tr>
<tr><td>氯化聚乙烯-橡胶共混防水卷材</td></tr>
<tr><td>聚乙烯丙纶丝防水卷材</td></tr>
<tr><td rowspan="5">防水涂料</td><td rowspan="2">改性沥青防水涂料</td><td>水乳型沥青防水涂料</td></tr>
<tr><td>溶剂型沥青防水涂料</td></tr>
<tr><td rowspan="3">合成高分子防水涂料</td><td>聚氨酯防水涂料</td></tr>
<tr><td>聚合物水泥防水涂料</td></tr>
<tr><td>聚合物乳液建筑防水涂料</td></tr>
<tr><td>防水密封材料</td><td colspan="2">如沥青、各种密封膏、止水带、遇水膨胀橡胶等</td></tr>
<tr><td>刚性防水、堵漏材料</td><td colspan="2">如水不漏、水泥基渗透结晶型防水材料等</td></tr>
</table>

（1）弹性体改性沥青防水卷材（SBS 卷材）和塑性体改性沥青防水卷材（APP 卷材）

弹性体改性沥青防水卷材：以聚酯毡、玻纤毡、玻纤增强聚酯毡为胎基，以苯乙烯—丁二烯—苯乙烯（SBS）热塑性弹性体作石油沥青改性剂，两面覆以隔离材料所制成的防水卷材。

塑性体改性沥青防水卷材：以聚酯毡、玻纤毡、玻纤增强聚酯毡为胎基，以无规聚丙烯（APP）或聚烯烃类聚合物（APAO、APO 等）作石油沥青改性剂，两面覆以隔离材料所制成的防水卷材。

SBS 卷材和 APP 卷材有以下几种分类方法：

① 按胎基分为聚酯毡（PY）、玻纤毡（G）、玻纤增强聚酯毡（PYG）。

聚酯毡：以涤纶纤维为原料，采用针刺法经热粘合或化学粘合方法生产的非织造布。

玻纤毡：以中碱或无碱玻璃纤维为原料，用粘合剂湿法成型的薄毡或加筋薄毡。

玻纤增强聚酯毡：以聚酯毡与中碱或无碱玻纤网格布复合成的胎基。

② 按上表面隔离材料分为聚乙烯膜（PE）、细砂（S）与矿物粒料（M）；按下表面隔离材料分为细砂（S）、聚乙烯膜（PE）。

聚乙烯膜：以高密度聚乙烯为原料挤出成型的薄膜。

③ 按材料性能分为Ⅰ型和Ⅱ型。

（2）聚氨酯涂料

聚氨酯全称为聚氨基甲酸酯，是主链上含有重复氨基甲酸酯基团的大分子化合物的统称。它是由有机二异氰酸酯或多异氰酸酯与二羟基或多羟基化合物加聚而成。聚氨酯大分子中除了氨基甲酸酯外，还可含有醚、酯、脲、缩二脲、脲基甲酸酯等基团。

单组分聚氨酯防水涂料是由异氰酸酯、聚醚等经加成聚合反应而成的含异氰酸酯基的预聚体，配以催化剂、无水助剂、无水填充剂、溶剂等，经混合等工序加工制成的。该类涂料为反应固化型（湿气固化）涂料、具有强度高、延伸率大、耐水性能好等特点。对基层变形的适应能力强。聚氨酯防水涂料是一种液态施工的单组分环保型防水涂料，是以进口聚氨酯预聚体为基本成分，无焦油和沥青等添加剂。它与空气中的湿气接触后固化，在基层表面形成一层坚固的无接缝整体防水涂膜。

双组分聚氨酯系双组分反应固化型合成高分子防水涂料，甲组分是由聚醚和异氰酸酯经缩聚反应得到的聚氨酯预聚体，乙组分是由增塑剂、固化剂、增稠剂、促凝剂、填充剂组成的彩色液体。使用时将甲、乙两组分按一定比例混合，搅拌均匀后，涂刷在结构防水基面上，经数小时后反应固结为富有弹性、坚韧又有耐久性的防水涂膜。

产品按组分分为单组分（S）、多组分（M）两种；产品按拉伸性能分Ⅰ和Ⅱ两类。

（3）聚合物水泥防水涂料（JS）

聚合物水泥防水涂料：以丙烯酸酯、乙烯—乙酸乙烯酯等聚合物乳液和水泥为主要原料，加入填料及其他助剂配制而成，经水分挥发和水泥水化反应固化成膜的双组分水性防水涂料。

产品按物理力学性能分为Ⅰ型、Ⅱ型和Ⅲ型。

（4）高分子防水片材

以高分子材料为主材料，以挤出法或压延法生产的均质片材（简称"均质片"）及以高分子材料复合（包括带织物加强层）的复合片材（简称"复合片"）和均质片材点粘合织物等材料的点粘（合）片材（简称"点粘片"）。

① 均质片

以同一种或一组高分子材料为主要材料，各部位截面材质均匀一致的防水片材。

② 复合片

以高分子合成材料为主要材料，复合织物等为保护或增强层，以改变其尺寸稳定性和力学特征、各部位截面结构一致的防水片材。

③ 点粘片

均质片材与织物等保护层多点粘接在一起，粘接点在规定区域内均匀分布，利用粘接点的间距，使其具有切向排水功能的防水片材。

《高分子防水材料 第1部分：片材》GB 18173.1—2006中，将高分子防水片材分为均质片、复合片和点粘片，具体分类见表2.9.2。

高分子防水片材的分类 表 2.9.2

分　类		代　号	主　要　原　材　料
均质片	硫化橡胶类	JL1	三元乙丙橡胶
		JL2	橡胶（橡塑）共混
		JL3	氯丁橡胶、氯磺化聚乙烯、氯化聚乙烯等
		JL4	再生胶

分　类		代　号	主　要　原　材　料
均质片	非硫化橡胶类	JF1	三元乙丙橡胶
		JF2	橡胶(橡塑)共混
		JF3	氯化聚乙烯
	树脂类	JS1	聚氯乙烯等
		JS2	乙烯乙酸乙烯、聚乙烯等
		JS3	乙烯乙酸乙烯改性沥青共混等
复合片	硫化橡胶类	FL	三元乙丙、丁基、氯丁橡胶、氯磺化聚乙烯等
	非硫化橡胶类	FF	氯化聚乙烯、三元乙丙、丁基、氯丁橡胶、氯磺化聚乙烯等
	树脂类	FS1	聚氯乙烯等
		FS2	聚乙烯、乙烯乙酸乙烯等
点粘片	树脂类	DS1	聚氯乙烯等
		DS2	乙烯乙酸乙烯、聚乙烯等
		DS3	乙烯乙酸乙烯改性沥青共混物等

（5）止水带（高分子类）

建筑工程常用品种为橡胶止水带。

橡胶止水带是采用天然橡胶与各种合成橡胶为主要原料，掺加各种助剂及填充料，经塑炼、混炼、压制成型，其品种规格较多。该止水材料具有良好的弹性、耐磨性、耐老化性和抗撕裂性能，适应变形能力强、防水性能好，温度使用范围$-45℃\sim+60℃$。

橡胶止水带是利用橡胶的高弹性和压缩变形性，在各种荷载下产生弹性变形，从而起到紧固密封，有效地防止建筑构件的漏水、渗水，并起到减震缓冲作用，从而确保工程建筑物的使用寿命。

① 止水带按其用途分为以下 3 类：

B 类——适用于变形缝用止水带；

S 类——适用于施工缝用止水带；

J 类——适用于有特殊耐老化要求的接缝用止水带。

注：具有钢边的止水带，用 G 表示。

变形缝是伸缩缝（温度缝）、沉降缝和抗震缝的总称。

施工缝指的是在混凝土浇筑过程中，因设计要求或施工需要分段浇筑而在先、后浇筑的混凝土之间所形成的接缝。施工缝并不是一种真实存在的"缝"，它只是因后浇筑混凝土超过初凝时间，而与先浇筑的混凝土之间存在一个结合面，该结合面就称之为施工缝。

② 按制造材质分为：

橡胶止水带（R），如：天然胶、氯丁胶、丁苯胶等；

塑料止水带（P），如：聚氯乙烯、聚乙烯等；

金属止水带（M），如：铜、不锈钢、碳钢等。

③ 按设置位置分为：

中埋式止水带（Z）；

背贴式止水带（T）。

④按形状分为：

平板形止水带（中部为平板的止水带）；

变形形止水带［能够适应接缝变形的止水带，又分为封闭型（中心孔等）和开敞型（中心变形体不封口）两种，开敞型包括 W 形、F 形、Ω 形、波形等］。

2. 产品规格和标记

（1）弹性体改性沥青防水卷材（SBS 卷材）和塑性体改性沥青防水卷材（APP 卷材）

① 弹性体改性沥青防水卷材（SBS 卷材）

A. 规格

卷材公称宽度为 1000mm；

聚酯毡卷材公称厚度为 3mm、4mm、5mm；

玻纤毡卷材公称厚度为 3mm、4mm；

玻纤增强聚酯毡卷材公称厚度为 5mm；

每卷卷材公称面积为 7.5m²、10m²、15m²。

B. 标记

产品按名称、型号、胎基、上表面材料、下表面材料、厚度、面积和标准编号顺序标记。

示例：10m² 面积、3mm 厚上表面为矿物粒料、下表面为聚乙烯膜聚酯毡 I 型弹性体改性沥青防水卷材标记为：

SBS I PY M PE 3 10 GB 18242—2008

② 塑性体改性沥青防水卷材（APP 卷材）

A. 规格

卷材公称宽度为 1000mm；

聚酯毡卷材公称厚度为 3mm、4mm、5mm；

玻纤毡卷材公称厚度为 3mm、4mm；

玻纤增强聚酯毡卷材公称厚度为 5mm；

每卷卷材公称面积为 7.5m²、10m²、15m²。

B. 标记

产品按名称、型号、胎基、上表面材料、下表面材料、厚度、面积和标准编号顺序标记。

示例：10m² 面积、3mm 厚上表面为矿物粒料、下表面为聚乙烯膜聚酯毡 I 型塑性体改性沥青防水卷材标记为：

APP I PY M PE 3 10 GB 18243—2008

（2）聚氨酯涂料

聚氨酯涂料按产品名称、组分、类和标准号顺序标记。

示例：I 类单组分聚氨酯防水涂料

标记为：PU 防水涂料 S I GB/T 19250—2003

（3）聚合物水泥防水涂料（JS）

聚合物水泥防水涂料按下列顺序标记：产品名称、类型、标准号。

示例：Ⅰ型聚合物水泥防水涂料

标记为：JS防水涂料Ⅰ GB/T 23445—2009

（4）高分子防水片材

高分子防水片材按下列顺序标记，并可根据需要增加标记内容。

类型代号、材质（简称或代号）、规格（长度×宽度×厚度）。

标记示例：长度为20000mm，宽度为1000mm，厚度为1.2mm的均质硫化型三元乙丙橡胶（EPDM）片材

标记为：JLl-EPDM-20000mm×1000mm×1.2mm

（5）止水带（高分子防水材料）

止水带（高分子防水材料）永久性标记按下列顺序标记：类型、规格（长度×宽度×厚度）。

标记示例：长度为12000mm，宽度为380mm，公称厚度为8mm的B类具有钢边的止水带

标记为：BG-12000mm×380mm×8mm

3. 等级划分与技术指标

（1）弹性体改性沥青防水卷材（SBS卷材）和塑性体改性沥青防水卷材（APP卷材）

① 弹性体改性沥青防水卷材（SBS卷材）技术指标和等级划分应符合表2.9.3的规定。

弹性体改性沥青防水卷材材料性能　　　　　　表2.9.3

序号	项　目		指　标				
			Ⅰ		Ⅱ		
			PY	G	PY	G	PYG
1	耐热性	℃	90		105		
		≤mm	2				
		试验现象	无流淌、滴落				
2		低温柔性（℃）	—20		—25		
			无裂缝				
3		不透水性 30min	0.3MPa	0.2MPa	0.3MPa		
4	拉力	最大峰拉力（N/50mm）≥	500	350	800	500	900
		次高峰拉力（N/50mm）≥	—	—	—	—	800
		试验现象	拉伸过程中,试件中部无沥青涂盖层开裂或与胎基分离现象				
5	延伸率	最大峰时延伸率（%）≥	30		40		—
		第二峰时延伸率（%）≥	—		—		15

② 塑性体改性沥青防水卷材（APP卷材）技术指标和等级划分。

塑性体改性沥青防水卷材低温柔性不如弹性体改性沥青防水卷材，但耐热性优于弹性体改性沥青防水卷材。APP卷材的种类、规格、常规试验项目、试验方法等均与SBS卷材相同，技术指标和等级划分应符合表2.9.4的规定。

塑性体改性沥青防水卷材材料性能　　　　　　表 2.9.4

序号	项目			指　标				
				I		II		
				PY	G	PY	G	PYG
1	耐热性	℃		110		130		
		≤mm		2				
		试验现象		无流淌、滴落				
2	低温柔性(℃)			−7		−15		
				无裂缝				
3	不透水性 30min			0.3MPa	0.2MPa	0.3MPa		
4	拉力	最大峰拉力(N/50mm) ≥		500	350	800	500	900
		次高峰拉力(N/50mm) ≥		—	—	—	—	800
		试验现象		拉伸过程中,试件中部无沥青涂盖层开裂或与胎基分离现象				
5	延伸率	最大峰时延伸率(%) ≥		30		40		—
		第二峰时延伸率(%) ≥		—		—		15

（2）聚氨酯涂料

聚氨酯防水涂料性能见表 2.9.5 和表 2.9.6。

单组分聚氨酯防水涂料物理力学性能　　　　　　表 2.9.5

序号	项目		I	II
1	拉伸强度(MPa)	≥	1.90	2.45
2	断裂伸长率(%)	≥	550	450
3	低温弯折性(℃)	≤	−40	
4	不透水性(0.3MPa,30min)		不透水	
5	固体含量(%)	≥	80	

多组分聚氨酯防水涂料物理力学性能　　　　　　表 2.9.6

序号	项目		I	II
1	拉伸强度(MPa)	≥	1.90	2.45
2	断裂伸长率(%)	≥	450	450
3	低温弯折性(℃)	≤	−35	
4	不透水性(0.3MPa,30min)		不透水	
5	固体含量(%)	≥	92	

（3）聚合物水泥防水涂料（JS）

聚合物水泥防水涂料的技术指标和等级划分应符合表 2.9.7 的规定。

（4）高分子防水片材

高分子防水片材的技术指标和等级划分应符合表 2.9.8 和表 2.9.9 的规定。

聚合物水泥防水涂料物理力学性

表 2.9.7

序号	试验项目		Ⅰ型	Ⅱ型	Ⅱ型
1	固体含量(%)	≥	70	70	70
2	拉伸强度(无处理)(MPa)	≥	1.2	1.8	1.8
3	断裂伸长率(无处理)(%)	≥	200	80	30
4	低温柔性(φ10mm 棒)		—10℃无裂纹	—	—
5	粘结强度(无处理)(MPa)	≥	0.5	0.7	1.0
6	不透水性(0.3MPa,30min)		不透水	不透水	不透水
7	抗渗性(砂浆背水面)(MPa)	≥	—	0.6	0.8

均质片的物理性能（常温试验条件）

表 2.9.8

项　目	指　标									
	硫化橡胶类				非硫化橡胶类			树脂类		
	JL1	JL2	JL3	JL4	JF1	JF2	JF3	JS1	JS2	JS3
断裂拉伸强度(MPa) ≥	7.5	6.0	6.0	2.2	4.0	3.0	5.0	10	16	14
扯断伸长率(%)　≥	450	400	300	200	400	200	200	200	550	500
不透水性(30min)	0.3MPa 无渗漏		0.2MPa 无渗漏		0.3MPa 无渗漏	0.2MPa 无渗漏		0.3MPa 无渗漏		
低温弯折温度(℃) ≤	—40	—30	—30	—20	—30	—20	—20	—20	—35	—35

复合片的物理性能

表 2.9.9

项　目	指　标			
	硫化橡胶类 FL	非硫化橡胶类 FF	树脂类	
			FS1	FS2
断裂拉伸强度(N/cm) ≥	80	60	100	60
扯断伸长率(%) ≥	300	250	150	400
不透水性(30min)	0.3MPa,无渗漏			
低温弯折温度(℃) ≤	—35	—20	—30	—20

（5）止水带（高分子防水材料）

高分子防水材料止水带的技术指标和等级划分应符合表 2.9.10 的规定。

高分子防水材料止水带的物理性能

表 2.9.10

序号	项　目		B	S	J
1	拉伸强度(MPa)	≥	15	12	10
2	扯断伸长率(%)	≥	380	380	300
3	撕裂强度(kN/m)	≥	30	25	25

4. 使用范围

（1）弹性体改性沥青防水卷材（SBS 卷材）和塑性体改性沥青防水卷材（APP 卷材）

弹性体改性沥青防水卷材（SBS 卷材）和塑性体改性沥青防水卷材（APP 卷材）主要适用于工业与民用建筑的屋面和地下防水工程。其中，玻纤增强聚酯毡卷材可用于机械固定单层防水，但需通过抗风荷载试验；玻纤毡卷材适用于多层防水中的底层防水；外露使用采用上表面隔离材料为不透明的矿物粒料的防水卷材；地下工程防水采用表面隔离材料为细砂的防水卷材。

（2）聚氨酯涂料

单组分聚氨酯防水涂料（S型）和多组分聚氨酯防水涂料（M型）适用范围完全相同，适用于防水等级为Ⅲ、Ⅳ级的非外露屋面防水工程；防水等级为Ⅰ、Ⅱ级屋面防水中的一道；地下工程防水为Ⅰ、Ⅱ、Ⅲ级的一道防水以及厕浴间防水。

（3）聚合物水泥防水涂料（JS）

JS防水涂料适用于防水等级为Ⅲ、Ⅳ级的屋面防水工程；防水等级为Ⅰ、Ⅱ级多道屋面防水中的一道；地下工程防水为Ⅰ、Ⅱ、Ⅲ级的一道防水以及厕浴间防水。此外，Ⅰ型适用于活动量较大的基层，Ⅱ型和Ⅲ型适用于活动量较小基层。

（4）高分子防水片材

高分子防水材料（片材）中的三元乙丙橡胶防水卷材，适用于耐久性、耐腐蚀性和对抗变形要求高，各级别防水等级的屋面和地下工程等作防水层。

（5）止水带（高分子防水材料）

较大工程的建筑设计中，由于混凝土不能连续浇筑，或考虑地基的变形，或由于温度的变化引起的混凝土构件热胀冷缩等因素，需留有施工缝、沉降缝、变形缝，在这些缝隙处必须安装止水带来防止水的渗漏问题。

止水带主要用于混凝土现浇时设在施工缝及变形缝内与混凝土结构成为一体的基础工程，如地下设施、隧道涵洞，输水渡槽，拦水坝，贮液构筑物等。

三、常规试验项目

1. 弹性体改性沥青防水卷材（SBS卷材）和塑性体改性沥青防水卷材（APP卷材）

常规试验项目：拉力、延伸率、不透水性、低温柔性和耐热性，但当用于地下防水工程时，耐热性参数不检测。

2. 聚氨酯涂料

常规试验项目：拉伸强度、断裂伸长率、低温弯折性、不透水性和固体含量。

3. 聚合物水泥防水涂料（JS）

（1）Ⅰ型聚合物水泥防水涂料常规试验项目有固体含量、拉伸强度、断裂伸长率、低温柔性和不透水性。

（2）Ⅱ型聚合物水泥防水涂料常规试验项目有固体含量、拉伸强度、断裂伸长率和抗渗性。

4. 高分子防水片材

高分子防水片材中的常规试验项目有拉伸强度、扯断伸长率、不透水性、低温弯折。但三元乙丙橡胶防水卷材不做的常规试验项目没有不透水性一项。

5. 止水带（高分子防水材料）

常规试验项目：拉伸强度、扯断伸长率、撕裂强度。

四、组批原则

1. 弹性体改性沥青防水卷材（SBS卷材）和塑性体改性沥青防水卷材（APP卷材）

弹性体改性沥青防水卷材（SBS卷材）和塑性体改性沥青防水卷材（APP卷材）同

一类型、同一规格卷材 10000m² 为一批，不足 10000m² 亦可作为一批。

2. 聚氨酯涂料

以同一类型、同一规格 15t 为一验收批，不足 15t 亦为一验收批（多组分产品按组分配套组批）。

3. 聚合物水泥防水涂料（JS）

以同一类型的 10t 产品为一批，不足 10t 也作为一批。

4. 高分子防水片材

（1）三元乙丙防水卷材的组批原则是：同品种、同规格的 5000m² 片材为一批。

（2）聚氯乙烯防水卷材（PVC 卷材）的组批原则是：以同类同型的 10000m² 卷材为一批，不满 10000m² 也可作为一批。

5. 止水带（高分子防水材料）

以每月同标记的止水带产量为一批。

五、进场检验与材料证明文件核验

材料证明文件包括检测报告、合格证书和产品说明书。

（1）弹性体改性沥青防水卷材（SBS 卷材）和塑性体改性沥青防水卷材（APP 卷材）

出厂检验项目包括：单位面积质量、面积、厚度、外观、可溶物含量、不透水性、耐热性、低温柔性、拉力、延伸率、渗油性、卷材下表面沥青涂盖层厚度。

卷材外包装上应包括：生产厂名、地址；商标；产品标记；能否热熔施工；生产日期或批号；生产日期或批号；生产许可证号及其标志。

（2）聚氨酯涂料

① 标志

产品外包装上应包括：生产厂名、地址、商标、产品标记、产品使用配比（多组分）与产品净质量、产品用途（外露或非外露、地下潮湿基面使用）、安全使用事项以及使用说明、生产日期或批号、运输与贮存注意事项和贮存期。

② 出厂检验项目

包括：外观、拉伸强度、断裂伸长率、低温弯折性、不透水性、固体含量、表干时间、实干时间、潮湿基面粘结强度（用于地下潮湿基面时）。

（3）聚合物水泥防水涂料（JS）

① 产品包装中应附有产品合格证和使用说明书。

② 出厂检验项目为外观、固体含量、拉伸强度（无处理）、断裂伸长率（无处理）、粘结强度（无处理）、低温柔性、不透水性（Ⅰ型）、抗渗性（Ⅱ型、Ⅲ型）、自闭性（需要时）。

③ 标志

产品包装上应有印刷或粘贴牢固的标志，内容包括：产品名称；产品标记；双组分配比；生产厂名、厂址；生产日期、批号和贮存期；净含量；商标；运输与贮存注意事项。

（4）高分子防水片材

① 出厂检验 规格尺寸、外观质量、常温拉伸、常温扯断伸长率；撕裂强度，低温弯折、不透水性能、复合强度（FS2）。

② 每一独立包装应有合格证，并注明产品名称、产品标记、商标、生产许可证编号、

制造厂名厂址、生产日期、产品标准编号。

（5）止水带（高分子防水材料）

① 出厂检验　应逐批对止水带的尺寸公差、外观质量、拉伸强度、扯断伸长率、撕裂强度进行出厂检验。

② 每一包装应有合格证，并注明产品名称、产品标记、商标、制造厂名、厂址、生产日期、产品标准编号。

六、取样方法

1. 弹性体改性沥青防水卷材（SBS 卷材）和塑性体改性沥青防水卷材（APP 卷材）

（1）在每批产品中随机抽取 5 卷进行单位面积质量、面积、厚度与外观检查。在单位面积质量、面积、厚度及外观合格的卷材中随机抽取 1 卷进行材料性能试验。

（2）将试样卷材切除距外层卷头 2500mm 后，顺纵向切取 1000mm 的试样进行材料性能检测。

2. 聚氨酯涂料

每一验收批取样总重约为 3kg（多组分产品按配比取）。搅拌均匀后，装入不与涂料发生反应的干燥密闭容器中密封好。甲、乙组分取样方法相同，分装不同的容器中。

3. 聚合物水泥防水涂料（JS）

产品的液体组分抽样按 GB/T 3186 的规定进行，配套固体组分的抽样按 GB/T 12573—2008 中袋装水泥的规定进行，两组分共取 5 kg 样品。

4. 高分子防水片材

（1）三元乙丙防水卷材：在每批产品中随机抽取 3 卷进行规格尺寸和外观质量检验；在规格尺寸和外观质量检验合格的样品中随机抽取足够的试样，进行物理性能试验。

（2）聚氯乙烯防水卷材（PVC 卷材）：在每批产品中随机抽取 3 卷进行尺寸偏差和外观检查；在尺寸偏差和外观检查合格的样品中任取一卷，在距外层端部 500mm 处裁取 1.5m 进行物理性能检验。

5. 止水带（高分子防水材料）

以每月同标记的止水带产量为一批，逐一进行规格尺寸和外观质量检查。在规格尺寸和外观质量检查合格的样品中随机抽取足够的试样，进行物理性能检验。

七、取样注意事项

1. 卷材类

（1）按规定切除端部卷材，防止端部卷材在堆放、运输过程中产生的外表缺陷影响检测结果；

（2）取得的卷材样品，应尽量按原直径卷成卷，不得折叠；

（3）取得的卷材样品在储存、运输或保管过程中，宜立放，不得受压，以防损坏。

2. 液体防水涂料

（1）每一组分均应在充分搅拌后取样，其液体组分应为无杂质、无凝胶的均匀乳液；

（2）装液体的瓶子，应洁净、无水；

（3）取样后的瓶子应及时密封，防止组分蒸发。

3. 固体粉料

所取固体组分应为无杂质、无结块的粉末。

八、标识

对于防水卷材或液体防水材料，宜在卷材表面或容器外侧进行粘贴标识。标志内容为：工程编号、试件编号、材料名称和取样日期。如需区别不同的楼号，应在试件编号前坠上楼号。如：3-6，"3"表示楼号，"6"表示试件编号。参考样式见图2.9.1。

工程编号	××××××	试样编号	3—6
材料名称	聚氨酯		
取样日期	年　　月　　日		

图 2.9.1　试件标识样式

当试件属于见证试验时，见证人员的应在试件表面做出见证标识，见证标识内容为见证人员的签名。

九、检测结果判定

1. 弹性体改性沥青防水卷材（SBS卷材）和塑性体改性沥青防水卷材（APP卷材）

（1）单项判定

① 拉力、延伸率、耐热性的算术平均值达到标准规定的指标判为该项合格。

② 不透水性以3个试件分别达到标准规定判为该项合格。

③ 低温柔性两面分别达到标准规定时判为该项合格。

（2）综合判定

各项试验结果均符合表2.9.3规定，则判该批产品材料性能合格。若有一项指标不符合规定，允许在该批产品中再随机抽取5卷，从中任取1卷对不合格项进行单项复验。达到标准规定时，则判该批产品材料性能合格。

2. 聚氨酯涂料拉伸强度、断裂伸长率、低温弯折性、不透水性和固体含量。

（1）拉伸强度、断裂伸长率、固体含量以其算术平均值达到标准规定的指标判为该项合格。

（2）不透水性、低温弯折性以3个试件分别达到标准规定判为该项合格。

（3）各项试验结果均符合表2.9.5或表2.9.6规定，则判该批产品物理力学性能合格。

（4）若有2项或2项以上不符合标准规定，则判该批产品物理力学性能不合格。

（5）若仅有1项指标不符合标准规定，允许在该批产品中再抽同样数量的样品，对不合格项进行单项复验。达到标准规定时，则判该批产品物理力学性能合格，否则判为不合格。

3. 聚合物水泥防水涂料（JS）

（1）单项判定

① 低温柔性、不透水性试验每个试件均符合表2.9.7规定，则判该项目合格。

② 抗渗性试验结果符合表2.9.7规定，则判该项目合格。

③ 其余项目试验结果的算术平均值符合表2.9.7规定，则判该项目合格。

（2）综合判定

所有项目的检验结果均符合表 2.9.7 全部要求时，则判该批产品合格。如有 2 项或 2 项以上指标不符合规定时，则判该批产品为不合格；若有 1 项指标不符合标准时，允许在同批产品中加倍抽样进行单项复验，若该项仍不符合标准，则判该批产品为不合格。

4. 高分子防水片材

所检各项全部符合技术要求，则为合格品。若物理性能有 1 项指标不符合技术要求，应另取双倍试样进行该项复试，复试结果若仍不合格，则该批产品为不合格。

5. 止水带（高分子防水材料）

所检各项全部符合技术要求，则为合格品，若物理性能有 1 项指标不符合技术要求，应另取双倍试样进行该项复试，复试结果如仍不合格，则该批产品为不合格。

十、工作程序

取样、标识、登记台账和委托送检等工作程序参照第一章第三节。

十一、试验不合格情况处理

对最终检测结果为不合格的防水材料，应作退场处理，不得用于工程施工。

第十节 砖 及 砌 块

一、相关标准

1.《砌体工程施工质量验收规范》GB 50203—2002；

2.《砌墙砖检验规则》JC 466—92（1996）；

3.《烧结普通砖》GB 5101—2003；

4.《烧结多孔砖和多孔砌块》GB 13544—2011；

5.《烧结空心砖和空心砌块》GB 13545—2003；

6.《粉煤灰砖》JC 239—2001；

7.《粉煤灰砌块》JC 238—1991（1996）；

8.《蒸压灰砂砖》GB 11945—1999；

9.《蒸压灰砂多孔砖》JC/T 637—2009；

10.《普通混凝土小型空心砌块》GB 8239—1997；

11.《轻集料混凝土小型空心砌块》GB/T 15229—2002；

12.《蒸压加气混凝土砌块》GB/T 11968—2006；

13.《砖和砌块名词术语》JC/T 790—85（1996）。

二、基本概念

砖和砌块常用于砖或框架等结构中，供承重墙或非承重墙砌筑用。承重墙指支撑上部楼层重量的墙体，在工程图上为黑色墙体，打掉会破坏整个建筑结构；非承重墙是指不支撑上部楼层重量的墙体，只起到把一个房间和另一个房间隔开的作用，在工程图上为中空墙体，这堵墙对建筑结构承载力或结构安全性没太大影响。

1. 术语

（1）砖

砖是指砌筑用的人造小型块材。外形多为直角六面体，其长度不超过 365mm，宽度不超过 240mm，高度不超过 115mm，也有各种异形的。

砌墙砖系指以黏土、工业废料或其他地方资源为主要原料，以不同工艺制造的、用于砌筑承重和非承重墙体的墙砖。砌墙砖可以分为普通砖和空心砖两种，而根据生产工艺的不同，又把它们分为烧结砖和非烧结砖。普通砖是指尺寸为 240mm×115mm×53mm 的实心砖（曾用名：标准砖、统一砖）。

① 烧结砖

烧结砖是以黏土、页岩、煤矸石或粉煤灰为原料，经成型和高温焙烧而制得的用于砌筑承重和非承重墙体砖的统称，如黏土砖、页岩砖、煤矸石砖。

根据烧结砖的颜色，又分为红砖和青砖。当砖窑中焙烧时为氧化气氛，则制得红砖。若砖坯在氧化气氛中烧成后，再在还原气氛中闷窑，促使砖内的红色高价氧化铁还原成青灰色的低价氧化铁，即得青砖。青砖一般比红砖强度高，耐碱性能好、耐久性强，但价格贵。

按焙烧方法不同，烧结黏土砖又可分为内燃砖和外燃砖。内燃砖是将煤渣、粉煤灰等可燃性工业废料掺入制坯黏土原料中，当砖坯在窑内被烧制到一定温度后，坯体内的燃料燃烧而瓷结成砖。内燃砖比外燃砖节省了大量外投煤，节约黏土原料 5%～10%，强度提高 20%左右，砖的表观密度减小，隔声保温性能增强。但砖坯焙烧温度若控制不当，会出现欠火砖和过火砖。欠火砖色浅、敲击声暗哑、强度低、吸水率大、耐久性差。过火砖颜色深、敲击时声音清脆，强度较高、吸水率低，但多弯曲变形。欠火砖和过火砖均为不合格产品。

② 非烧结砖

以粉煤灰、煤渣、煤矸石、尾矿渣、化工渣或者天然砂、海涂泥等原料中的一种或数种作为主要原料，不经高温煅烧而制造的墙体材料称之为免烧砖。由于该种材料强度高、耐久性好、尺寸标准、外形完整、色泽均一，具有古朴自然的外观，可做清水墙也可以做外装饰。非烧结砖无需烧结，自然养护、蒸养均可。粉煤灰砖，炉渣砖，灰砂砖等非烧结砖是经常压蒸汽养护或者高压蒸汽养护硬化而成的蒸养砖。

③ 蒸养砖

经常压蒸汽养护硬化而成的砖。常结合主要原料命名，如蒸养粉煤灰砖、蒸养矿渣砖、蒸养煤渣砖等。在不致混淆的情况下，可省略"蒸养"二字。

④ 蒸压砖

经高压蒸汽养护硬化而成的砖。常结合主要原料命名，如蒸压粉煤灰砖、蒸压矿渣砖、蒸压灰砂砖等。在不致混淆的情况下，可省略"蒸压"二字。

⑤ 实心砖

无孔洞或孔洞率小于 15%的砖。

⑥ 微孔砖

通过掺入成孔材料（如聚苯乙烯微珠、锯木等）经焙烧在砖内造成微孔的砖。

⑦ 多孔砖

孔洞率等于或大于 15%，孔的尺寸小而数量多的砖。常用于承重部位。

⑧ 空心砖

孔洞率等于或大于 15%，孔的尺寸大而数量少的砖。常用于非承重部位。

（2）砌块

砌块是利用混凝土、工业废料（炉渣、粉煤灰等）或地方材料制成的人造块材，外形尺寸比砖大，具有设备简单，砌筑速度快的优点，符合建筑工业化发展中墙体改革的要求。

砌块外形多为直角六面体，也有各种异形的。砌块系列中主规格的长度、宽度或厚度有一项或一项以上分别大于 365mm、240mm 或 115mm，但高度不大于长度或宽度的 6 培，长度不超过高度的 3 倍。

砌块按尺寸和质量的大小不同分为小型砌块、中型砌块和大型砌块。砌块系列中主规格的高度大于 115mm 而小于 380mm 的称作小型砌块；高度为 380～980mm 的称为中型砌块；高度大于 980mm 的称为大型砌块。使用中以中、小型砌块居多。

砌块按外观形状可以分为实心砌块和空心砌块。空心砌块有单排方孔、单排圆孔和多排扁孔 3 种形式，其中多排扁孔对保温较有利。按砌块在组砌中的位置与作用可以分为主砌块和各种辅助砌块。

根据材料不同，常用的砌块有普通混凝土与装饰混凝土小型空心砌块、轻集料混凝土小型空心砌块、粉煤灰小型空心砌块、蒸汽加气混凝土砌块、免蒸加气混凝土砌块（又称环保轻质混凝土砌块）和石膏砌块。吸水率较大的砌块不能用于长期浸水、经常受干湿交替或冻融循环的建筑部位。

① 普通混凝土砌块

用水泥混凝土制成的砌块。可简称"混凝土砌块"。

② 轻集料混凝土砌块

用轻集料混凝土制成的砌块。常结合集料名称命名，如陶粒混凝土砌块、浮石混凝土砌块等，简称可省略"混凝土" 3 个字。

③ 多孔混凝土砌块

用多孔混凝土或多孔硅酸盐混凝土制成的砌块。

④ 实心砌块

无孔洞或空心率小于 25％ 的砌块（曾用名：密实砌块）。

⑤ 空心砌块

空心率等于或大于 25％ 的砌块。

⑥ 烧结多孔砌块

经焙烧而成，孔洞率大于或等于 33％，孔的尺寸小而数量多的砌块。主要用于承重部位。

三、常规试验项目

墙体材料常规试验项目为抗压强度，必要时增加抗折强度。检测这些参数，主要是保证用其砌筑后的砌体强度，保证结构安全性或使用功能。

砌墙砖和砌块的常规试验项目详见表 2.10.1

砌墙砖和砌块的常规试验项目 表 2.10.1

序号	材料名称	试验项目
1	烧结普通砖	抗压强度
2	烧结多孔砖	抗压强度
3	烧结空心砖和空心砌块	抗压强度（大条面）
4	粉煤灰砖	抗压强度、抗折强度
5	粉煤灰砌块	抗压强度
6	蒸压灰砂砖	抗压强度、抗折强度
7	蒸压灰砂多孔砖	抗压强度
8	普通混凝土小型空心砌块	抗压强度
9	轻集料混凝土小型空心砌块	抗压强度
10	蒸压加气混凝土砌块	立方体抗压强度

四、规格、等级划分、产品标志和技术指标

1. 烧结普通砖

（1）规格

240mm×115mm×53mm

（2）等级划分

烧结普通砖根据抗压强度分为 MU30、MU25、MU20、MU15 和 MU10 5 个强度等级。

（3）产品标志

砖的产品标记按产品名称、类别、强度等级、质量等级和标准编号顺序编写。

示例：

烧结普通砖，强度等级 MU15，一等品的黏土砖，其标记为：烧结普通砖 N　MU15　B　GB 5101。

（4）技术指标

强度应符合表 2.10.2 的规定。

烧结普通砖强度等级划分和技术指标 表 2.10.2

强度等级	抗压强度平均值 $\overline{f} \geqslant$ （MPa）	变异系数 $\delta \leqslant 0.21$	变异系数 $\delta > 0.21$
		强度标准值 $f_k \geqslant$ （MPa）	单块最小抗压强度值 $f_{min} \geqslant$ （MPa）
MU30	30.0	22.0	25.0
MU25	25.0	18.0	22.0
MU20	20.0	14.0	16.0
MU15	15.0	10.0	12.0
MU10	10.0	6.5	7.5

2. 烧结空心砖和空心砌块

按主要原料分为黏土砖和砌块（N）、页岩砖和砌块（Y）煤矸石砖和砌块（M）、粉煤灰砖和砌块（F）。

（1）规格

① 砖和砌块的外形为直角六面体，其长度、宽度、高度尺寸应符合下列要求，单位为毫米（mm）：390、290、240、190、180（175）、140、115、90；

② 其他规格尺寸由供需双方协商确定。

（2）等级划分

① 抗压强度分为 MU10.0、MU7.5、MU5.0、MU3.5、MU2.5；

② 体积密度分为 800级、900级、1000级、1100级；

③ 强度、密度、抗风化性能和放射性物质合格的砖和砌块，根据尺寸偏差、外观质量、孔洞排列及其结构、泛霜、石灰爆裂、吸水率分为优等品（A）、一等品（B）和合格品（C）三个质量等级。

（3）产品标记

砖和砌块的产品标记按产品名称、类别、规格、密度等级、强度等级、质量等级和标准编号顺序编写。

示例 1

规格尺寸 290mm×190mm×90mm、密度等级 800、强度等级 MU7.5、优等品的页岩空心砖。

其标记为：烧结空心砖 Y（290×190×90）　800　MU7.5A　GB 13545

示例 2

规格尺寸 290mm×290mm×190mm、密度等级 1000、强度等级 MU3.5、一等品的黏土空心砌块。

其标记为：烧结空心砌块 N（290×290×190）　1000　MU3.5B　GB 13545

（4）技术指标

烧结空心砖和空心砌块强度等级和密度划分及技术指标见表 2.10.3 和表 2.10.4。

烧结空心砖和空心砌块强度等级划分和技术指标　　　　表 2.10.3

强度等级	抗压强度平均值 $\overline{f}\geqslant$（MPa）	变异系数 $\delta\leqslant0.21$		变异系数 $\delta>0.21$		密度等级范围（kg/m³）
		强度标准值 $f_k\geqslant$（MPa）		单块最小抗压强度值 $f_{min}\geqslant$（MPa）		
MU10.0	10.0	7.0		8.0		≤1100
MU7.5	7.5	5.0		5.8		
MU5.0	5.0	3.5		4.0		
MU3.5	3.5	2.5		2.8		
MU2.5	2.5	1.6		1.8		≤800

注：强度以大面抗压强度结果表示，试验按 GB/T 2542 规定进行。

烧结空心砖和空心砌块密度等级划分和技术指标　　　　表 2.10.4

密度等级	5 块密度平均值（kg/m³）
800	≤800
900	801～900
1000	901～1000
1100	1001～1100

3. 粉煤灰砖

粉煤灰砖可用于工业与民用建筑的墙体和基础，但用于基础或用于易受冻融和干湿交替作用的建筑部位必须使用 MU15 及以上强度等级的砖。

粉煤灰砖不得用于长期受热（200℃以上）、受急冷急热和有酸性介质侵蚀的建筑部位。砖的颜色分为本色（N）和彩色（Co）两种。

（1）规格

① 砖的外形为直角六面体。

② 砖的公称尺寸为：长 240mm、宽 115mm、高 53mm。

（2）等级划分

① 强度等级分为 MU30、MU25、MU20、MU15、MU10。

② 质量等级根据尺寸偏差、外观质量、强度等级、干燥收缩分为优等品（A）、一等品（B）、合格品（C）。

（3）产品标记

粉煤灰砖产品标记按产品名称（FB）、颜色、强度等级、质量等级、标准编号顺序编写。

示例：

强度等级为 MU20，优等品的彩色粉煤灰砖标记为：FB Co 20 A JC 239—2001

（4）技术指标

强度等级应符合表 2.10.5 的规定，优等品砖的强度等级应不低于 MU15。

粉煤灰砖强度等级划分和技术指标　　　　　表 2.10.5

强度等级	抗压强度（MPa）		抗折强度（MPa）	
	10 块平均值≥	单块值≥	10 块平均值≥	单块值≥
MU30	30.0	24.0	6.2	5.0
MU25	25.0	20.0	5.0	4.0
MU20	20.0	16.0	4.0	3.2
MU15	15.0	12.0	3.3	2.6
MU10	10.0	8.0	2.5	2.0

4. 蒸压灰砂砖

（1）规格

蒸压灰砂砖主规格尺寸为 240mm×115mm×53mm，其他规格尺寸可由供需双方协商。

（2）等级划分

根据灰砂砖的颜色分为：彩色的（CO）、本色的（N）。根据尺寸偏差和外观质量、强度及抗冻性分为：优等品（A）、一等品（B）及合格品（C）。根据抗压强度和抗折强度分为：MU10、MU15、MU20 和 MU25 四级。

（3）产品标记

蒸压灰砂砖产品标记采用产品名称（LSB）、颜色、强度级别、产品等级、标准编号的顺序进行。

示例如下：强度级别为 MU20，优等品的彩色灰砂砖：LSB　CO　20A　GB 11945

（4）技术指标

蒸压灰砂砖的强度等级和技术指标见表 2.10.6。

蒸压灰砂砖强度等级划分和技术指标　　　　　表 2.10.6

强度等级	抗压强度（MPa）		抗折强度（MPa）	
	5 块平均值≥	单块值≥	5 块平均值≥	单块值≥
MU25	25.0	20.0	5.0	4.0
MU20	20.0	16.0	4.0	3.2
MU15	15.0	12.0	3.3	2.6
MU10	10.0	8.0	2.5	2.0

注：优等品质的强度级别不得小于 MU15。

5. 蒸压灰砂多孔砖

蒸压灰砂多孔砖可用于防潮层以上的建筑承重部位。不得用于受热 200℃以上、受急冷急热和有酸性介质侵蚀的建筑部位。

（1）规格

共有 240mm×115mm×90mm 和 240mm×115mm×115mm 2 种规格。

（2）等级划分

① 按抗压强度分为 MU30、MU25、MU20、MU15 4 个等级。

② 按尺寸允许偏差和外观质量将产品分为优等品（A）和合格品（C）。

（3）产品标记

按产品名称、规格、强度等级、产品等级、标准编号的顺序标记。

示例：强度等级为 MU15，优等品，规格尺寸为 240mm×115mm×90mm 的蒸压灰砂多孔砖

标记为：蒸压灰砂多孔砖 240×115×90 15 A JC/T 637—2009。

（4）技术指标

① 强度等级应符合表 2.10.7 的规定。

蒸压灰砂多孔砖强度等级划分和技术指标　　　　表 2.10.7

强度等级	抗压强度（MPa）	
	平均值≥	单块值最小值≥
MU30	30.0	24.0
MU25	25.0	20.0
MU20	20.0	16.0
MU15	15.0	12.0

注：取 10 块整砖，以单块整砖沿竖孔方向加压。

② 抗冻性应符合表 2.10.8 的规定。

抗冻性指标（必试项目）　　　　表 2.10.8

强度等级	冻后抗压强度平均值≥（MPa）	单块砖的干质量损失（％）≤
MU30	24.0	
MU25	20.0	2.0
MU20	16.0	
MU15	12.0	

冻融循环次数应符合以下规定：夏热冬暖地区 15 次，夏热冬冷地区 25 次，寒冷地区 35 次，严寒地区 50 次。

6. 普通混凝土小型空心砌块

（1）规格

普通混凝土小型空心砌块主规格尺寸为 390mm×190mm×190mm，其他规格尺寸可由供需双方协商。

（2）等级划分

按其尺寸偏差，其外观质量分为：优等品（A）、一等品（B）及合格品（C）。

按其强度等级分为：MU3.5、MU5.0、MU7.5、MU10.0、MU15.0 和 MU20.0。

（3）产品标记

按产品名称（代号 NHB）、强度等级、外观质量等级和标准编号的顺序进行。

标记示例：

强度等级为 MU7.5、外观质量为优等品（A）的砌块

其标记为：NHB MU7.5　A　GB 8239

（4）技术指标

等级划分和技术指标见表 2.10.9。

普通混凝土小型空心砌块强度等级划分和技术指标　　　　表 2.10.9

强度等级	抗压强度（MPa）	
	平均值　≥	单块值最小值　≥
MU3.5	3.5	2.8
MU5.0	5.0	4.0
MU7.5	7.5	6.0
MU10.0	10.0	8.0
MU15.0	15.0	12.0
MU20.0	20.0	16.0

7. 轻集料混凝土小型空心砌块

（1）规格

主规格尺寸为 390mm×190mm×190mm。其他规格尺寸可由供需双方商定。

（2）等级划分

① 按砌块孔的排数分为 5 类：实心（0）、单排孔（1）、双排孔（2）、三排孔（3）和四排孔（4）。

② 按砌块密度等级分为 8 级：500、600、700、800、900、1000、1200、1400。但实心砌块的密度等级不应大于 800。

③ 按砌块强度等级分为 6 级：1.5、2.5、3.5、5.0、7.5、10.0。

④ 按砌块尺寸允许偏差和外观质量，分为两个等级：一等品（B）、合格品（C）。

（3）产品标志

轻集料混凝土小型空心砌块（LHB），按产品名称、类别、密度等级、强度等级、质量等级和标准编号的顺序进行标记。

标记示例：

密度等级为 600 级、强度等级为 1.5 级、质量等级为一等品的轻集料混凝土三排孔小砌块。

其标记为：LHB（3）600 1.5 B　GB/T 15229

（4）技术指标

① 强度等级应符合表 2.10.10 的要求。

② 密度等级应符合表 2.10.11 的要求。

8. 蒸压加气混凝土砌块

（1）规格

蒸压加气混凝土砌块的规格尺寸见表 2.10.12。

轻集料混凝土小型空心砌块强度等级划分和技术指标　表 2.10.10

强度等级	抗压强度（MPa）		密度等级范围
	平均值≥	单块值最小值≥	
1.5	1.5	1.2	≤600
2.5	2.5	2.0	≤800
3.5	3.5	2.8	≤1200
5.0	5.0	4.0	≤1200
7.5	7.5	6.0	≤1400
10.0	10.0	8.0	≤1400

注：强度等级符合表中要求者为一等品；密度等级范围不满足要求者为合格品。

密度等级　表 2.10.11

密度等级	砌块干燥表观密度的范围	密度等级	砌块干燥表观密度的范围
500	≤500	900	810～900
600	510～600	1000	910～1000
700	610～700	1200	1010～1200
800	710～800	1400	1210～1400

砌块的规格尺寸（mm）　表 2.10.12

长度 L	宽度 B	高度 H
600	100、120、125、150、180、200、240、250、300	200、240、250、300

注：如需要其他规格，可由供需双方协商解决。

（2）等级划分

① 强度级别有：A1.0、A2.0、A2.5、A3.5、A5.0、A7.5 和 A10 7 个级别。

② 砌块干密度级别有：B03、B04、B05、B06、B07 和 B08 6 个级别。

③ 按干密度、抗压强度又分为：优等品（A）、合格品（B）2 个等级。

（3）产品标志

示例：

强度级别为 A3.5、干密度级别为 B05、优等品、规格尺寸为 600mm×200mm×250mm 的蒸压加气混凝土砌块

其标记为：ACB　A3.5　B05　600×200×250A　GB 11968

（4）技术指标

① 蒸压加气混凝土砌块立方体抗压强度技术指标详见表 2.10.13

② 蒸压加气混凝土砌块的干密度技术指标详见表 2.10.14 和表 2.10.15

9. 烧结多孔砖和多孔砌块

（1）规格

砖规格尺寸（mm）：290、240、190、180、140、115、90。

砌块规格尺寸（mm）：490、440、390、340、290、240、190、180、140、115、90。

其他规格尺寸由供需双方协商确定。

蒸压加气混凝土砌块立方体抗压强度划分和技术指标　　　表 2.10.13

强度级别	立方体抗压强度（MPa）	
	平均值 ≥	单块值最小值 ≥
A1.0	1.0	0.8
A2.0	2.0	1.6
A2.5	2.5	2.0
A3.5	3.5	2.8
A5.0	5.0	4.0
A7.5	7.5	6.0
A10.0	10.0	8.0

砌块的干密度等级划分和技术指标　　　表 2.10.14

干密度等级		B03	B04	B05	B06	B07	B08
干密度（kg/m³）	优等品（A）≤	300	400	500	600	700	800
	合格品（B）≤	325	425	525	625	725	825

砌块的强度级别划分和技术指标　　　表 2.10.15

干密度等级		B03	B04	B05	B06	B07	B08
强度级别	优等品（A）	A1.0	A2.0	A3.5	A5.0	A7.5	A10.0
	合格品（B）			A2.5	A3.5	A5.0	A7.5

（2）等级划分

① 强度等级 MU30、MU25、MU20、MU15、MU10 5 个强度等级。

② 密度等级

a. 砖的密度等级分为 1000、1100、1200、1300 4 个等级。

b. 按砌块密度等级分为 900、1000、1100、1200 4 个等级。

（3）产品标志

砖和砌块的产品标记按产品名称、品种、规格、强度等级和标准编号顺序编写。

标记示例：规格尺寸 290mm×140mm×90mm、强度等级 MU25、密度 1200 级的黏土烧结多孔砖

其标记为：烧结多孔砖 N 290×140×90 MU25 1200 GB 13544—2011

（4）技术指标

烧结多孔砖和多孔砌块强度等级划分和技术指标见表 2.10.16。

烧结多孔砖和多孔砌块强度等级划分和技术指标（MPa）　　　表 2.10.16

强度等级	抗压强度平均值 f ≥	强度标准值 f ≥
MU30	30.0	22.0
MU25	25.0	18.0
MU20	20.0	14.0
MU15	15.0	10.0
MU10	10.0	6.5

五、组批原则

砌墙砖和砌块组批原则及取样规定详见表 2.10.17

砖和砌块组批原则   表 2.10.17

序号	材 料 名 称	组 批 原 则
1	烧结普通砖	每 15 万块为一验收批,不足 15 万块也为一验收批
2	烧结多孔砖	每 3.5 万块为一验收批,不足 3.5 万块也按一批计
3	烧结空心砖和空心砌块	每 3.5 万～15 万块为一验收批,不足 3.5 万块也按一批计
4	粉煤灰砖	每 10 万块为一验收批,不足 10 万块也按一批计
5	粉煤灰砌块	每 200m³ 为一验收批,不足 200m³ 也按一批计
6	蒸压灰砂砖	每 10 万块为一验收批,不足 10 万块也按一批计
7	蒸压灰砂多孔砖	同规格、同等级、同类别的砖,每 10 万块为一批,不足 10 万块按一批计
8	普通混凝土小型空心砌块	以同一种原材料配制成的相同外观质量等级、强度等级和同一工艺生产的 1 万块砌块为一批,不足 1 万块也按一批计
9	轻集料混凝土小型空心砌块	以同一品种轻集料配制成的相同密度等级、相同强度等级、质量等级和同一生产工艺制成的 1 万块砌块为一批,不足 1 万块也按一批计
10	蒸压加气混凝土砌块	同品种、同规格、同等级的砌块,以 1 万块为一批,不足 1 万块也为一批

六、进厂检验与材料证明文件核验

1. 进厂检验

物资部门应按规定对进场墙体材料进行外观检验,检验合格的方可接收,否则退场。试验用样品从经物资部门尺寸偏差和外观质量检验合格的样品中抽取。

2. 材料证明文件核验

墙体材料的材料证明文件一般指产品合格证。对产品质量合格证主要核验内容包括:生产厂名、产品标记、批量及编号、证书编号、本批产品实测技术性能和生产日期等,并有检验员和单位签章。

七、取样方法和规定

1. 取样方法

取样时,按事先定好的抽样方案,在拟定位置取样,如该位置落空或材料外观有缺陷,就近补取,直至达到规定数量。实施就近补取,是因为在施工过程中,对外观有缺陷的块状材料能实行物尽其用的使用办法,而它的存在不会影响检验批的材料质量。

2. 砌墙砖和砌块的取样规定

砌墙砖和砌块的取样规定详见表 2.10.18。

砌墙砖和砌块取样规定   表 2.10.18

序号	材 料 名 称	取 样 规 定
1	烧结普通砖	每一验收批随机抽取试样 1 组(10 块)
2	烧结多孔砖	每一验收批随机抽取试样 1 组(10 块)
3	烧结空心砖和空心砌块	每批从尺寸偏差和外观质量检验合格的砖中,随机抽取试验试样 1 组(15 块)。其中抗压强度试样 10 块、密度试样 5 块
4	粉煤灰砖	每一验收批随机抽取试样 1 组(20 块),10 块进行抗压试验,另 10 块进行抗折强度试验

序号	材料名称	取 样 规 定
5	粉煤灰砌块	每批从尺寸偏差和外观质量检验合格的砌块中,随机抽取试样 1 组(3 块),将其切割成边长为 200mm 的立方体试件进行试验
6	蒸压灰砂砖	每一验收批随机抽取试样 1 组(10 块)
7	蒸压灰砂多孔砖	分别取 10 块整砖进行抗压强度试验和抗冻性试验
8	普通混凝土小型空心砌块	每批从尺寸偏差和外观质量检验合格的砖中,随机抽取抗压强度试验试样 1 组(5 块)
9	轻集料混凝土小型空心砌块	每批从尺寸偏差和外观质量检验合格的砌块中,随机抽取试样 1 组(8 块),5 块进行抗压试验,另 3 块进行密度试验
10	蒸压加气混凝土砌块	从尺寸偏差与外观检验合格的砌块中,随机抽取 6 块砌块制作试件。制作 3 组(9 块)试件进行立方体抗压强度试验,制作 3 组(9 块)试件做干体积密度检验

八、取样注意事项和要求

1. 取样注意事项

取样位置尽可能在料垛上均匀分布,保证所取试件能够代表进场墙体材料的质量。不得在检验批中选取试样,更不得使用厂家提供的小样,因为这样的样品不能代表进场墙体材料的质量。蒸压加气混凝土砌块试样应注明发气方向。

2. 蒸压加气混凝土砌块立方体抗压强度和干体积密度试件制备

委托单位加工立方体抗压强度试件,应按 GB /T 11969 有关规定进行。采用机锯或刀锯锯切时,不得将试件弄湿。试件表面必须平整,不得有裂缝或明显缺陷,尺寸允许偏差为±2mm。试件应逐块编号,标明锯取部位和发气方向。试件为 100mm ×100mm×100mm 立方体试件,一组 3 块,共制作 3 组试件供立方体抗压强度试验用。

委托单位加工干体积密度试件,应按 GB/T 11969 有关规定进行。立方体试件尺寸最终达到 100mm×100mm×100mm。共制作 3 组供干体积密度试验用试件,试件每组 3 块。

九、标识

按规定取得的试样,应及时作出唯一性标识。由于墙体材料的品种直观,具有可视性,故现场试验人员不必将其列入标识内容。如需区别不同的楼号,应在试件编号前缀以楼号。如:3—6,"3"表示楼号,"6"表示试件编号。为避免试件混淆,每一试件均应做出标识。参考样式见图 2.10.1。

工程编号	×××××	试样编号	3-6
强度等级	MU15		
取样时间	年　　月　　日		

图 2.10.1 试件标识样式

十、结果判定

结果判定规则见表 2.10.19。

十一、工作程序

取样、标识、登记台账和委托送检等工作程序参照第一章第三节。

序号	材 料 名 称	判 定 规 则
1	烧结普通砖	强度结果符合表 2.10.2 规定的技术要求时,则判该批烧结普通砖符合相应等级
2	烧结多孔砖	强度等级的试验结果应符合表 2.10.16 的规定
3	烧结空心砖和空心砌块	强度及密度结果符合表 2.10.3 和表 2.10.4 规定的技术要求时,则判该批烧结空心砖或空心砌块符合相应等级
4	粉煤灰砖	强度等级符合表 2.10.5 相应规定时判为合格,且确定相应等级;否则判不合格
5	蒸压灰砂砖	抗压强度和抗折强度级别由试验结果的平均值和最小值按表 2.10.6 判定
6	蒸压灰砂多孔砖	强度等级符合表 2.10.7 的规定时判为合格,且确定相应等级;否则判不合格。 抗冻性应符合表 2.10.8 的规定,否则判不合格
7	普通混凝土小型空心砌块	当所有项目的检验结果均符合本标准中表 2.10.9 各项技术要求的等级时,则判该批砌块为相应等级
8	轻集料混凝土小型空心砌块	强度和密度试验结果均符合表 2.10.10 和表 2.10.11 某等级指标时,判符合该等级。如有 1 项不符合,可进行取样复试(不加倍)。复检后,若符合相应等级指标要求时,则可判定为该等级;若不符合标准要求时,则判定该批产品为不合格
9	蒸压加气混凝土砌块	1. 以 3 组干密度试件的测定结果平均值判定砌块的干密度级别,符合表 2.10.13 规定时则判定该批砌块合格。 2. 以 3 组抗压强度试件测定结果按表判断其强度级别。当强度和干密度级别关系符合表 2.10.14 规定,同时 3 组试件中各个单组抗压强度平均值全部大于表 2.10.13 规定的此强度级别的最小值时,判定该批砌块符合相应等级;若有 1 组或 1 组以上小于此强度级别的最小值时,判定该批砌块不符合相应等级

十二、试验不合格情况处理

当墙体材料达不到规定等级（级别）时，应作退场处理，或作出设计变更，并保证试验结果符合设计要求。

第十一节　装饰装修材料

一、相关标准

1.《建筑外墙用腻子》JG 157—2009；
2.《建筑室内用腻子》JG 298—2010；
3.《外墙柔性腻子》GB/T 23455—2009；
4.《外墙外保温柔性耐水腻子》JG/T 229—2007；
5.《天然大理石建筑板材》GB/T 19766—2005；
6.《天然花岗石建筑板材》GB/T 18601—2009；
7.《天然板石》GB/T 18600—2009；
8.《干挂饰面石材及其金属挂件》JC 830.1～830.2—2005；
9.《建筑水磨石制品》JC 507—93；
10.《合成树脂乳液内墙涂料》GB/T 9756—2009；
11.《合成树脂乳液外墙涂料》GB/T 9755—2001；
12.《溶剂型外墙涂料》GB/T 9757—2001；
13.《合成树脂乳液砂壁状建筑涂料》JG/T 24—2000；
14.《建筑石膏》GB/T 9776—2008；
15.《粉刷石膏》JC/T 517—2004；
16.《粘结石膏》JC/T 1025—2007；
17.《陶瓷砖》GB/T 9776—2008；
18.《陶瓷马赛克》JC/T 456—2005；
19.《细木工板》GB/T 5849—2006；
20.《装饰单板贴面人造板》GB/T 15104—2006；
21.《模压刨花制品　第1部分：室内用》GB/T 15015.1—2006；
22.《单板层积材》GB/T 20241—2006；
23.《浸渍胶膜纸饰面人造板》GB/T 15012—2006；
24.《中密度纤维板》GB/T 11718—2009；
25.《胶合板　第3部分：普通胶合板通用技术条件》GB/T 9846.3—2004；
26.《实木复合地板》GB/T 18103—2000；
27.《竹地板》GB/T 20240—2006；
28.《民用建筑工程室内环境污染控制规范》GB 50325—2010；
29.《建筑装饰装修工程质量验收规范》GB 50210—2001；
30.《室内装饰装修材料 人造板及其制品中甲醛释放限量》GB 18580—2001；
31.《建筑材料放射性核素限量》GB 6566—2010。

二、基本概念

1. 建筑用腻子

（1）定义与分类

建筑用腻子是指施涂于建筑物表面，用以填平建筑物基层的缺陷，从而增加基层平整程度的基层表面处理材料，部分腻子具有抗裂和产生各种装饰造型等特殊功能。腻子由基料、填料、助剂等组成，最常用的基料是水泥和有机聚合物，填料主要是碳酸钙、滑石粉和石英砂等，助剂一般使用纤维素类。

① 建筑室内用腻子：装饰工程前，施涂于建筑物室内，以找平为主要目的的基层表面处理材料，其分类为：

A. 按施工厚度分为：

a. 薄型室内用腻子：单道施工厚度小于 2mm 的室内用腻子。

b. 厚型室内用腻子：单道施工厚度大于或等于 2mm 的室内用腻子。

B. 按室内用腻子适用特点分为 3 类：

a. 一般型：适用于一般室内装饰工程，用符号 Y 表示；

b. 柔韧型：适用于有一定抗裂要求的室内装饰工程，用符号 R 表示；

c. 耐水型：适用于要求耐水、高粘结强度场所的室内装饰工程，用符号 N 表示。

标记方法：SZ＋分类符号，例如一般型室内用腻子表示为：SZ Y。

② 建筑外墙用腻子：涂饰工程前，施涂于建筑物外墙，以找平、抗裂为主要目的的基层表面处理材料，其分类为：

A. 按施工厚度分为：

a. 薄涂腻子：单道施工厚度小于等于 1.5mm 的外墙腻子；

b. 厚涂腻子：单道施工厚度大于 1.5mm 的外墙腻子。

B. 按腻子膜柔韧性或动态抗开裂性指标分为 3 个类别：

a. 普通型：适用于普通建筑外墙涂饰工程（不适宜用于外墙外保温涂饰工程），用符号 P 表示；

b. 柔性：适用于普通外墙、外墙外保温等有抗裂要求的建筑外墙涂饰工程，用符号 R 表示；

c. 弹性：适用于抗裂要求较高的建筑外墙涂饰工程，用符号 T 表示。

标记方法：WNZ＋分类符号，例如普通外墙用腻子表示为：WNZ P。

C. 外墙柔性腻子按其组分分为单组分和双组分：

a. 单组分（代号 D）：工厂预制，包括水泥、可再分散聚合物粉末、填料及其他添加剂等搅拌而成的粉状产品，使用时按生产商提供的配比加水搅拌均匀后使用。

b. 双组分（代号 S）：工厂预制，包括由水泥、填料以及其他添加剂组成的粉状组分和由聚合物乳液组成的液状组分，使用时按生产商提供的配比将两组分按配比搅拌均匀后使用。

（2）技术指标

建筑用腻子的技术指标应分别符合表 2.11.1 和表 2.11.2 的规定。

2. 内、外墙涂料

（1）定义与分类

项 目			技术指标		
			一般型（Y）	柔韧型（R）	耐水型（N）
容器中状态			无结块、均匀		
低温贮存稳定性（液态组分或膏状组分）			三次循环不变质		
施工性			刮涂无障碍		
干燥时间（表干）（h）	单道施工厚度（mm）	<2	≤2		
		≥2	≤5		
初期干燥抗裂性（3h）			无裂纹		
打磨性			手工可打磨		
耐水性			—	4h无起泡、开裂及明显掉粉	48h无起泡、开裂及明显掉粉
粘结强度（MPa）	标准状态		＞0.30	＞0.40	＞0.50
	浸水后		—	—	＞0.30
柔韧性			—	直径100mm，无裂纹	—

项 目			技术指标		
			普通型(P)	柔性(R)	弹性(T)
容器中状态			无结块、均匀		
施工性			刮涂无障碍		
干燥时间（表干）（h）			≤5		
初期干燥抗裂性（6h）	单道施工厚度≤1.5mm 的产品		1mm 无裂纹		
	单道施工厚度＞1.5mm 的产品		2mm 无裂纹		
打磨性			手工可打磨		—
吸水量（g/10min）			≤2.0		
耐碱性（48h）			无异常		
耐水性（96h）			无异常		
粘结强度（MPa）	标准状态		≥0.60		
	冻融循环（5 次）		≥0.40		
腻子膜柔韧性ᵇ			直径 100mm，无裂纹	直径 50mm，无裂纹	—
动态抗开裂性（mm）	基层裂缝		≥0.04，＜0.08	≥0.08，＜0.3	≥0.3
低温贮存稳定性（液态组分或膏状组分）			3 次循环不变质		

a. 对于复合层腻子，复合制样后的产品应符合上述技术指标要求。
b. 低柔性及高柔性产品通过腻子膜柔韧性或动态抗开裂性两项之一即可。

① 合成树脂乳液内墙涂料是以合成树脂乳液为基料，加人颜料、填料及各种助剂，经研磨而成的，施涂后能形成表面平整的薄质涂层的内墙涂料，是目前主要的内墙涂料。

由于所用的合成树脂乳液不同，不同品种的涂料其性能、档次也就有差异。常用的合成树脂乳液有：丙烯酸酯乳液、苯乙烯-丙烯酸酯共聚乳液、醋酸乙烯-丙乙烯酸酯乳液、氯乙烯-偏氯乙烯乳液等。

合成树脂乳液内墙涂料分为底漆和面漆 2 种，产品分为 3 个等级：合格品、一等品、优等品。

② 合成树脂乳液外墙涂料是以合成树脂乳液为基料，加入颜料、填料及各种助剂，经研磨而成的，施涂后能形成表面平整的薄质涂层的外墙涂料，适用于建筑物和构筑物等外表面的装饰和防护。因为涂层暴露于大气中，要经受风吹、日晒、盐雾腐蚀、雨淋、冷热变化等作用，在这些外界自然环境的长期反复作用下，涂层易发生开裂、粉化、剥落、变色等现象，失去原有的装饰保护功能，因此，外墙涂料要求具有有耐候性、耐沾污性、耐霉变性、耐水性等特殊性能。

产品分为 3 个等级：合格品、一等品、优等品。

③ 合成树脂乳液砂壁状建筑涂料以合成树脂乳液为主要胶粘剂，以砂粒、石材微粒和石粉为骨料，在建筑物表面上形成具有石材质感饰面涂层的建筑涂料，按用途分为：

底涂料：用于基材面的封闭涂料；

主涂料：用于底涂层上形成石材质感所使用的薄质或厚质涂料；

面涂料：为提高主涂层耐候性、耐沾污性所使用的透明涂料。

合成树脂乳液砂壁状建筑涂料按用途可分为 N 型、W 型：

N 型：内用合成树脂乳液砂壁状建筑涂料；

W 型：外用合成树脂乳液砂壁状建筑涂料。

标记方法：SJT＋分类符号＋主参数代号（粘结强度，MPa），例如内用合成树脂乳液砂壁状建筑涂料（粘结强度，0.70MPa）表示为：SJT N 0.70。

（2）技术指标

合成树脂乳液涂料的技术指标应分别符合表 2.11.3、表 2.11.4 和表 2.11.5 的规定。

内墙底漆的技术指标　　　　　　　　　　　　表 2.11.3

项　　目	指　　标
容器中状态	无硬块，搅拌后呈均匀状态
施工性	刷涂无障碍
低温稳定性(3 次循环)	不变质
涂膜外观	正常
干燥时间(表干)(h)	≤2
耐碱性(24 h)	无异常
抗泛碱性(48h)	无异常

3. 装饰装修用石膏

（1）定义与分类

① 粉刷石膏是由二水硫酸钙经脱水或无水硫酸钙经煅烧和（或）激发，其生成物半水硫酸钙（$CaSO_4 \cdot 1/2H_2O$）和Ⅱ型无水硫酸钙单独或两者混合后掺入外加剂，也可加入集料，制成的抹灰材料。按用途分为：

项 目	指 标		
	合格品	一等品	优等品
容器中状态	无硬块,搅拌后呈均匀状态		
施工性	刷漆 2 道无障碍		
低温稳定性(3 次循环)	不变质		
涂膜外观	正常		
干燥时间(表干)(h) ≤	2		
对比率(白色和浅色) ≥	0.90	0.93	0.95
耐碱性(24 h)	无异常		
耐洗刷性(次) ≥	300	1000	5000

合成树脂乳液外墙涂料的技术指标   表 2.11.5

项 目	指 标		
	合格品	一等品	优等品
容器中状态	无硬块,搅拌后呈均匀状态		
施工性	刷漆 2 道无障碍		
低温稳定性	不变质		
涂膜外观	正常		
干燥时间(表干)(h) ≤	2		
对比率(白色和浅色) ≥	0.87	0.90	0.93
耐水性	96h 无异常		
耐碱性	48h 无异常		
涂层耐温变性(5 次循环)	无异常		
耐洗刷性(次) ≥	300	1000	5000
耐沾污性(白色和浅色)(%) ≤	15	15	20

A. 面层粉刷石膏:用于底层粉刷石膏或其他基底上的最后一层抹灰材料,通常不含集料,具有较高的强度,用符号 F 表示;

B. 底层粉刷石膏:用于基底找平的石膏抹灰材料,通常含有集料,用符号 B 表示;

C. 保温层粉刷石膏:一种含有轻集料其硬化体体积密度不大于 $500kg/m^3$ 的石膏抹灰材料,具有较好的热绝缘性,通常用于建筑物外墙内保温,用符号 T 表示。

标记方法:产品类别+代号+标准号,例如:面层粉刷石膏 F JC/T 517—2004。

② 建筑石膏是由天然石膏或工业副产石膏经脱水处理制成的,以 β 半水硫酸钙（β-$CaSO_4 \cdot 1/2H_2O$）为主要成分,不预加任何外加剂或添加物的粉状胶凝材料,用于建筑内墙表面的修补或是加工成多种形式的石膏板。

A. 建筑石膏按生产原材料种类分为:

a. 天然建筑石膏:以天然石膏为原料制取的建筑石膏,用符号 N 表示;

b. 脱硫建筑石膏:以烟气脱硫石膏为原料制取的建筑石膏,用符号 S 表示;

c. 磷建筑石膏：以磷石膏为原料制取的建筑石膏，用符号 P 表示。

B. 建筑石膏按 2h 抗折强度分为 3.0、2.0、1.6 3 个等级。

标记方法：产品类别＋代号＋等级＋标准号，例如：2.0 级天然建筑石膏表示为：N 2.0 GB/T 9776—2008。

③ 粘结石膏是以建筑石膏为主要胶凝材料，和集料、填料及添加剂所组成的室内用石膏基粘结材料，主要用于快速粘贴石膏板、石膏线条和保温板等材料，也可以用来填补墙面开凿的管线槽及填补水泥墙上的细密裂纹。按照物理性能可分为快凝型（R）和普通型（G）2 种。

标记方法：产品名称＋分类代号＋标准号，例如：普通型粘胶石膏表示为：粘胶石膏 G JC/T 1025—2007。

（2）技术指标

装饰装修用石膏的技术指标应分别符合表 2.11.6、表 2.11.7 和表 2.11.8 的规定。

粉刷石膏的技术指标　　　　　　　　　　　　　　　　　　表 2.11.6

项　目		面层粉刷石膏	底层粉刷石膏	保温层粉刷石膏
细度（%）	1.0mm 方孔筛筛余	0	—	—
	0.2mm 方孔筛筛余	≤40		
凝结时间		初凝时间应不小于 60min,终凝时间应不大于 8h		
可操作时间		可操作时间应不小于 30min		
保水率（%）　≥		90	75	60
抗折强度（MPa）		3.0	2.0	—
抗压强度（MPa）		6.0	4.0	0.6
剪切粘结强度（MPa）		0.4	0.3	—
体积密度（kg/m³）　≤		—	—	500

建筑石膏的技术指标　　　　　　　　　　　　　　　　　　表 2.11.7

等　级	细度（0.2mm 方孔筛筛余）（%）	凝结时间（min）		2h 强度（MPa）	
		初凝	终凝	抗折	抗压
3.0				≥3.0	≥6.0
2.0	≤10	≥3	≤30	≥2.0	≥4.0
1.6				≥1.6	≥3.0

粘结石膏的技术指标　　　　　　　　　　　　　　　　　　表 2.11.8

项　目			R	G
细度（%）	1.18mm 筛网筛余		0	
	150μm 筛网筛余	≤	1	25
凝结时间（min）	初凝	≥	5	25
	终凝	≤	20	120
绝干强度（MPa）	抗折强度	≥	5.0	
	抗压强度	≥	10.0	
	拉伸粘结强度	≥	0.70	0.50

4. 天然饰面石材

(1) 定义与分类

① 大理石原指产于云南省大理的白色带有黑色花纹的石灰岩，后来大理石这个名称逐渐发展成称呼一切有各种颜色花纹的，用来作建筑装饰材料的石灰岩。大理石是地壳中原有的岩石经过地壳内高温高压作用形成的变质岩，主要由方解石、石灰石、蛇纹石和白云石组成。其主要成分以碳酸钙为主，约占 50％以上，其他还有碳酸镁、氧化钙、氧化锰及二氧化硅等。大理石一般性质比较软（与花岗石相比），主要用于加工成各种型材、板材，用作建筑物的墙面、地面、台、柱，还常用于纪念性建筑物如碑、塔、雕像等的材料。在室内装修中，电视机台面、窗台、室内地面等适合使用大理石。

天然大理石建筑板材形状分为普型板（PX）和圆弧板（HM）2 类；按外观质量分为优等品（A）、一等品（B）、合格品（C）3 个等级。

标记方法：荒料产地地名＋花纹色调特征描述＋大理石：编号（按 GB/T 17670《天然石材统一编号》的规定）＋类别＋规格尺寸＋等级＋标准号，例如：房山汉白玉大理石：M1101 PX 600×600×20 A GB/T 19766—2005。

② 花岗岩是一种岩浆在地表以下凝却形成的火成岩，主要成分是长石和石英。花岗岩不易风化、颜色美观，外观色泽可保持百年以上，由于花岗石质地坚硬致密、强度高、抗风化、耐腐蚀、耐磨损、吸水性低，除了用作建筑装饰工程、广场地面外，还是露天雕刻的首选之材，也通称花岗石。

天然花岗石建筑板材形状分为毛光板（MG）、普型板（PX）、圆弧板（HM）和异形板（YX）4 类；按表面加工程度分为镜面板（JM）、细面板（YG）和粗面板（CM）3 类；按外观质量分为优等品（A）、一等品（B）、合格品（C）3 个等级。

按用途分为：

A. 一般用途：用于一般性装饰用途；

B. 功能用途：用于结构性承载用途或特殊功能要求。

标记方法：名称＋类别＋规格尺寸＋等级＋标准号，例如：济南青花岗石表示为：（G3701）PX JM 600×600×20 A GB/T 18601—2009。

(2) 技术指标

建筑装饰用石材的技术指标应分别符合表 2.11.9 和表 2.11.10 的规定，其放射性限量应符合表 2.11.11 的规定。

天然大理石建筑板材的物理性能指标　　　　　　　　表 2.11.9

项　　目		指　　标
体积密度(g/cm³)	≥	2.30
吸水率(%)	≤	0.50
干燥压缩强度(MPa)	≥	50.0
干燥	弯曲强度(MPa) ≥	7.0
水饱和		
耐磨性(1/cm³)	≥	10
抗冻系数(%)	≥	80

天然花岗石建筑板材的物理性能指标 表 2.11.10

项　　目			指　　标	
			一般用途	功能用途
体积密度（g/cm³）		≥	2.56	2.56
吸水率（%）		≤	0.60	0.40
干燥	压缩强度（MPa）	≥	100	131
水饱和				
干燥	弯曲强度（MPa）	≥	8.0	8.3
水饱和				
耐磨性（1/cm³）		≥	25	25
抗冻系数（%）		≥	80	

无机非金属装修材料放射性限量 表 2.11.11

测定项目	限　　量		
	A	B	C
内照射指数 I_{Ra}	≤1.0	≤1.3	—
外照射指数 I_γ	≤1.3	≤1.9	≤2.8

注：A 类装饰装修材料产销与使用范围不受限制；B 类装饰装修材料不可用于 Ⅰ 类民用建筑内饰面，但可用于 Ⅱ 类民用建筑、工业建筑制内饰面及所有建筑的外饰面；C 类装饰装修材料只可用于建筑物的外饰面以及室外其他用途。Ⅰ 类、Ⅱ 类民用建筑范围见第四章第七节要求。

（3）其他要求

民用建筑工程室内装修中所采用无机非金属建筑材料和装修材料必须有放射性指标检测报告，并应符合下列规定：

Ⅰ 类民用建筑工程室内装修采用的无机非金属装修材料必须为 A 类；

Ⅱ 类民用建筑工程宜采用 A 类无机非金属装修材料。

5. 饰面砖

（1）定义与分类

① 陶瓷砖是由黏土和其他无机非金属原料制造的用于覆盖墙面和地面的薄板制品，在室温下通过挤压或干压或其他方法成型，干燥后，在满足性能要求的温度下烧制而成，可以有釉（GL）或无釉（UGL），其分类为：

A. 按成型工艺分为：

a. 挤压砖：将可塑性坯料经过挤压机挤出成型，再将所成型的泥条按砖的预定尺寸进行切割；

b. 干压砖：将混合好粉料置于模具中于一定压力下压制成型的；

c. 其他方法成型的砖：用挤或压以外方法成型的陶瓷砖。

B. 陶瓷砖按吸水率范围分为：

a. 瓷质砖：吸水率不超过 0.5% 的陶瓷砖；

b. 炻瓷砖：吸水率大于 0.5%，不超过 3% 的陶瓷砖；

c. 细炻砖：吸水率大于 3%，不超过 6% 的陶瓷砖；

d. 炻质砖：吸水率大于 6%，不超过 10% 的陶瓷砖；

e. 陶质砖：吸水率大于 10% 的陶瓷砖。

用于寒冷地区的陶瓷砖使用前应进行抗冻性试验，经试验应无裂纹和剥落现象发生。

② 陶瓷锦砖（马赛克）是用于装饰与保护建筑物地面及墙面的由多块小砖（单块砖边长不大于 95mm，表面面积不大于 55cm² ）拼贴成联的陶瓷砖。

陶瓷马赛克按表面性质分为有釉、无釉 2 种；按砖联分为单色、混色和拼花 2 种；按尺寸允许偏差和外观质量分为优等品和合格品 2 个等级。

（2）技术指标

无釉陶瓷马赛克的吸水率不大于 0.2%，有釉陶瓷马赛克的吸水率不大于 1.0%。抗冻性由供需双方协商；经 5 次抗热震性（耐急冷急热性）试验后不应出现炸裂或裂纹；其放射性限量应符合表 3.11.10 的规定。

注：抗热震性（耐急冷急热性）主要指陶瓷材料承受一定程度的温度急剧变化而结构不致被破坏的性能称为抗热震性，又称抗热冲击性或热稳定性。

6. 人造木板及其制品

（1）定义与分类

① 细木工板是具有实木板芯的胶合板，俗称大芯板，由 2 片单板中间胶压拼接木板而成。中间木板是由优质天然的木板方经热处理（即烘干室烘干）以后，加工成一定规格的木条，由拼板机拼接而成。拼接后的木板两面各覆盖两层优质单板，再经冷、热压机胶压后制成。细木工板最外层的单板叫表板，内层单板称中板，板芯层称木芯板，组成木芯板的小木条称为芯条，规定芯条的木纹方向为板材的纵向。细木工板与刨花板，密度纤维板相比具有质轻、易加工、握钉力好、不易变形等优点，是室内装修和家具制作的常用材料。

细木工板按板芯结构分为：实心细木工板（实体板芯制作）和空心细木工板（方格板芯制作）；按板芯拼接状况分为：胶拼细木工板和不胶拼细木工板；按表面加工状况分为：单面砂光细木工板、双面砂光细木工板和不砂光细木工板；按使用环境分为：室内用细木工板和室外用细木工板；按层数分为：三层细木工板、五层细木工板和多层细木工板；按用途分为：普通用细木工板和建筑用细木工板；按外观质量和翘曲度分为优等品、一等品和合格品。

细木工板以面板树种和板芯是否胶拼进行命名，如面板为水曲柳单板、板芯不胶拼的细木工板称为水曲柳不胶拼细木工板。

② 胶合板是由木段旋切成单板或由木方刨切成薄木，再用胶粘剂胶合而成的三层或多层的板状材料，通常用奇数层单板，并使相邻层单板的纤维方向互相垂直胶合而成。是生产家具常用的一种人造木板。

普通胶合板分为 3 类：

A. I 类胶合板：即耐候胶合板，供室外条件下使用，能通过煮沸试验；

B. II 类胶合板：即耐水胶合板，供潮湿条件下使用，能通过（63±3）℃ 热水浸渍试验；

C. III 类胶合板：即不耐潮胶合板，供干燥条件下使用，能通过干状试验。

③ 密度板也称纤维板，是将木材、树枝等物体放在水中浸泡后经热磨、铺装、热压

而成，是以木质纤维或其他植物纤维为原料，施加脲醛树脂或其他适用的胶粘剂制成的人造板材。密度板表面光滑平整、材质细密均匀、性能稳定、边缘牢固、容易加工造型，而且板材表面的装饰性好，在抗弯曲强度和冲击强度方面，均优于刨花板。但密度板耐潮性较差，且相比之下，密度板的握钉力较刨花板差，螺钉旋紧后如果发生松动，很难再固定。在装修中密度板主要用于强化木地板、门板、隔墙、家具等。密度板按密度的不同，可分为高密度板、中密度板、低密度板（中密度板密度为 $0.650\sim0.80g/cm^3$，高密度板密度$\geqslant0.80g/cm^3$），其中尤以中密度纤维板最为常用。

中密度纤维板是以木质纤维或其他植物纤维为原料，经纤维制备，施加合成树脂，在加压加热条件下，压制成厚度不小于 1.5mm，名义密度范围 $0.65\sim0.80g/cm^3$ 之间的板材，其分类为：

A. 按外观质量分为优等品和合格品 2 个等级；

B. 按照使用范围分为：

a. 普通型：通常在不承重场合以及非家具用的中密度纤维板，如展会用的临时展板、隔墙板等；

b. 家具型：作为家具或装饰装修用，通常需要进行表面二次加工处理的中密度纤维板，如家具制造、橱柜制作、装饰装修件、细木工制品等；

c. 承重型：通常用于小型结构部件，或承重状态下使用的中密度纤维板，如室内地面铺设、棚架、室内普通建筑部件等。

④ 刨花板又叫微粒板或碎料板，由木材或其他木质纤维素材料制成的碎料，施加胶粘剂后在热力和压力作用下胶合成的人造板，主要用于家具、装饰装修和车厢制造。因为刨花板结构比较均匀，加工性能好，可以根据需要加工成大幅面的板材，是制作不同规格、样式的家具较好的原材料。制成品刨花板不需要再次干燥，可以直接使用，吸音和隔音性能也很好。但因为有边缘粗糙，容易吸湿的缺点，所以用刨花板制作的家具封边工艺就显得特别重要。另外由于刨花板容积较大，用它制作的家具，相对于其他板材来说，也比较重。

刨花板按制造方法分为：平压模压刨花板和挤压模压刨花板；按表面状况分为：未饰面刨花板和饰面刨花板；按使用场所分为：室内用刨花板和室外用刨花板。

⑤ 单板层积材是指多层整幅（或经拼接）单板按顺纹为主组坯胶合而成的板材，按用途分为：

A. 非结构用单板层积材：非承载用途的单板层积材，可用于家具制作和室内装饰装修，如制作木制品、分室墙、门、门框、室内隔板等，适用于室内干燥环境；

B. 结构用单板层积材：具有良好的耐水性、耐候性和力学性能，能作承载构件使用的单板层积材，也称为木质工程结构用单板层积材，能用于制作瞬间或长期承受载荷的结构部件，如大跨度建筑设施的梁或柱、木结构房屋、车辆、船舶、桥梁等的承载结构部件，具有较好的结构稳定性、耐久性，通常要根据用途不同进行防腐、防虫和阻燃等处理。

⑥ 装饰单板贴面人造板是指利用普通单板、调色单板、集成单板和重组装饰单板等胶贴在各种人造板（胶合板、刨花板、纤维板等）表面制成的板材，其分类为：

A. 按基材分为：装饰单板贴面胶合板、装饰单板贴面刨花板、装饰单板贴面中密度纤维板和装饰单板贴面细木工板。

B. 按装饰面分为：双面装饰单板贴面人造板和单面装饰单板贴面人造板。

C. 按耐水性能分为：

a. Ⅰ类装饰单板贴面人造板：具有耐久、耐煮沸或蒸汽处理等性能的耐候型装饰单板贴面人造板，基材使用Ⅰ类胶合板；

b. Ⅱ类装饰单板贴面人造板：能在冷水中浸渍或经受短时间热水浸渍的耐水型装饰单板贴面人造板，基材使用Ⅰ、Ⅱ类胶合板；

c. Ⅲ类装饰单板贴面人造板：能耐短期冷水浸渍的耐潮型装饰单板贴面人造板，基材可使用各类胶合板、刨花板、中密度纤维板及硬质纤维板。

⑦ 浸渍胶膜纸饰面人造板是以刨花板、纤维板等人造板为基材，以浸渍胶膜纸为饰面材料的装饰板材。

浸渍胶膜纸饰面人造板按装饰面分为：浸渍胶膜纸单饰面人造板和浸渍胶膜纸双饰面人造板；按表面状态分为：平面浸渍胶膜纸饰面人造板和浮雕浸渍胶膜纸饰面人造板；按产品的外观质量分为优等品、一等品、合格品。

⑧ 竹地板是指把竹材加工成竹片后，再用胶粘剂胶合、加工成的长条企口地板。竹地板要经过制材、漂白、硫化、脱水、防虫、防腐等工序加工处理之后，再经高温、高压热固胶合而成的。相对实木地板，竹地板耐磨、耐压、防潮、防火，它的物理性能更优，抗拉强度高于实木地板而收缩率低于实木地板，因此铺设后不开裂、不扭曲、不变形起拱；但竹地板强度高，硬度强，脚感不如实木地板舒适，外观也没有实木地板丰富多样。

竹地板按结构分为：多层胶合竹地板和单层侧拼竹地板；按表面有无涂饰分为：涂饰竹地板和未涂饰竹地板；按表面颜色分为：本色竹地板、漂白竹地板和炭化竹地板（经高温高压的炭化处理）；按质量等级分为优等品、一等品、合格品三个等级。

⑨ 浸渍纸层压木质地板又称强化地板，以一层或多层专用纸浸渍热固性氨基树脂，铺装在刨花板、高密度纤维板等人造板基材表层，背面加平衡层，正面加耐磨层，经热压、成型的地板，即由耐磨层、装饰层、高密度基材层、平衡（防潮）层组成。强化地板具有耐磨、抗冲击、抗变形、耐污染、阻燃、防潮、不褪色、安装简便、易打理，可用于地暖等特点。

⑩ 实木复合地板是以实木拼板或单板为面层，实木条为芯层，单板为底层制成的企口地板和以单板为面层胶合板做基材制成的企口地板。实木复合地板以面层树种确定地板树种名称。实木复合地板是由不同树种的板材交错层压而成，克服了实木地板单向同性的缺点，干缩湿胀率小，具有较好的尺寸稳定性，并保留了实木地板的自然木纹和舒适的脚感，兼具强化地板的稳定性与实木地板的美观舒适性。

实木复合地板按面层材料分为：实木拼板作为面层的实木复合地板和单板作为面层的实木复合地板；按结构分为：三层结构实木复合地板和以胶合板为基材的实木复合地板；按表面有无涂饰分为：涂饰实木复合地板和未涂饰实木复合地板；按甲醛释放量分为：A类（甲醛释放量≤9mg/100g）和B类（甲醛释放量>9～40mg/100g）。实木复合地板根据外观质量和物理性能分为优等品、一等品和合格品3个等级。

（2）人造木板及其制品的游离甲醛释放量

人造木板及其制品的游离甲醛释放量应符表 2.11.12 的规定。

产品名称	试验方法	限量值	使用范围	限量标志
中、高密度纤维板、刨花板、定向刨花板等	穿孔萃取法	≤9mg/100g	可直接用于室内	E_1
		≤30mg/100g	必须饰面处理后可允许用于室内	E_2
胶合板、装饰单板贴面胶合板、细木工板等	干燥器法	≤1.5mg/L	可直接用于室内	E_1
		≤5.0mg/L	必须饰面处理后可允许用于室内	E_2
饰面人造板(包括浸渍纸层压木质地板、实木复合地板、竹地板、浸渍胶膜纸饰面人造板等)	气候箱法	≤mg/m³	可直接用于室内	E_1
	干燥器法	≤1.5mg/L		

注：1. 仲裁时采用气候箱法；
　　2. E_1 为可直接用于室内的人造板，E_2 为必须饰面处理后允许用于室内的人造板

（3）其他要求

民用建筑工程室内装修中所采用的人造木板及饰面人造木板，必须有游离甲醛释放量检测报告，并应符合下列规定：

Ⅰ类民用建筑工程的室内装修，采用的人造木板及饰面人造木板必须达到 E_1 级要求；

Ⅱ类民用建筑工程的室内装修，采用的人造木板及饰面人造木板宜达到 E_1 级要求；当采用 E_2 级人造木板时，直接暴露于空气的部位应进行表面涂覆密封处理。

三、常规试验项目、组批原则和取样数量

装饰装修材料的常规试验项目、组批原则和取样数量要求见表 2.11.13。

装饰装修材料的常规试验项目、组批原则和取样数量　　表 2.11.13

序号	材料名称		常规进场复验项目	组批原则及取样数量
1	建筑用腻子		容器中状态、施工性、粘接强度、耐水性(外墙涂料)	每 15t 同类产品为一批，不足 15t 也按一批计，每批取样一组
2	内、外墙涂料		容器中状态、施工性、低温稳定性、耐碱性、耐水性(外墙涂料)	对进场的不同产品、不同批次材料分别进行取样
3	建筑用石膏	建筑石膏	细度、凝结时间、强度	(1)以连续生产的同类产品每 60t 产品为一批，不足 60t 也按一批计；每批取样一组； (2)快凝型粘结石膏以同类产品每 10t 产品为一批，不足 10t 也按一批计； (3)每批取样一组；
		粉刷石膏	细度(面层)、凝结时间、抗折及抗压强度	
		粘结石膏	细度、凝结时间、绝干强度	
4	天然饰面石材	天然大理石建筑板材	弯曲强度(幕墙工程)、抗冻系数、放射性(室内用)	(1) 大理石以同产地、同品种、等级、类别的板材每 100m³ 为一验收批，不足 100m³ 的板材也按一批计； (2) 花岗石以同产地、同品种、等级、类别的板材每 200m² 为一验收批，不足 200m² 的板材也按一批计； (3)弯曲强度试样取每种条件下的试样取每组 5 块(如干燥、水饱和条件下的垂直和平行层理的弯曲强度试样应制备 20 块)；抗冻系数试样尺寸与弯曲强度一致，无层理石材需试块 10 块，有层理石材需平行和垂直层理各 10 块进行试验； (4)民用建筑工程室内饰面采用的天然石材使用面积大于 200m² 时，应对不同产品、不同批次材料分别进行放射性指标的进场复验
		天然花岗石建筑板材		

序号	材料名称		常规进场复验项目	组批原则及取样数量
5	饰面砖	陶瓷砖	吸水率(用于外墙)、抗冻性(寒冷地区)、放射性	(1)陶瓷砖以同生产厂、同种产品、同一级别、同一规格,每5000m²为一批,不足5000m²也按一批计; (2)吸水率试验试样:每块砖的表面积不大于0.04m²时需取10块整砖;如每块砖的表面积大于0.04m²时,需取5块整砖;每块砖的质量小于50g,则需足够数量的砖使每种样品达到50~100g; (3)抗冻性试验试样需取10块整砖; (4)陶瓷马赛克以同一生产厂的产品每500m²为一验收批,不足500m也按一批计;从表面质量,尺寸偏差合格的试样中抽取15块; (6)民用建筑工程室内饰面采用的瓷质砖使用面积大于200m²时,应对不同产品、不同批次材料分别进行放射性指标的进场复验
		陶瓷马赛克	吸水率、抗热震性(耐急冷急热性)、放射性	
6	人造木板及其制品		游离甲醛释放量	民用建筑工程室内装修采用的人造木板及其制品面积大于500m²时,应对不同产品、不同批次材料的游离甲醛释放量分别进行抽样复验,每批随机抽取3份样品

四、进场检验与材料证明文件核验

装饰装修材料的进场检验与材料证明文件核验要求见表2.11.14。

装饰装修材料的进场检验与材料证明文件核验　　　　表2.11.14

序号	材料名称		进场检验与材料证明文件核验
1	建筑用腻子		腻子的品种、型号和性能应符合设计要求,检查产品合格证书、性能检测报告
2	内、外墙涂料		涂料的品种、型号和性能应符合设计要求,检查产品合格证书、性能检测报告
3	建筑用石膏	建筑石膏	包装袋上应标明产品标记,以及商标、生产厂、批号、生产日期和贮存期,检查产品合格证书、性能检测报告
		粉刷石膏	
		粘结石膏	
4	天然饰面石材	天然大理石建筑板材	板材的品种、性能、等级、规格应符合设计要求,检查产品合格证书、性能检测报告
		天然花岗石建筑板材	
5	饰面砖	陶瓷砖	饰面砖的品种、规格、图案、颜色和性能应符合设计要求,检查产品合格证书、性能检测报告
		陶瓷马赛克	
6	人造木板及其制品		产品的种类、规格、等级、颜色和性能应符合设计要求,检查产品合格证书、性能检测报告

五、取样注意事项

1. 腻子及内、外墙涂料的取样

(1) 应按交货的桶数(n)按随机取样方法在同一批材料中抽取,取样数不应低于$\sqrt{n/2}$。取样前应用不锈钢或木质搅棒充分搅拌均匀,并使用不与样品发生化学反应的取样器械和样品容器。如样品有结皮现象，应在搅拌前去除。

（2）桶（罐和袋等）的取样

按第 1 条规定的取样数，选择适宜的取样器，从已初检过的桶内不同部位取相同量的样品，混合均匀后，取 2 份样品，各为 1～1.5L，分别装入样品容器中，样品容器应留有约 5% 的空隙，盖严，并将样品容器外部擦洗干净，立即做好标识。

（3）粉末产品的取样

按第 1 条规定的取样数，选择适宜的取样器，取出相同量的样品，用四分法取出试验所需最低量（约 2kg）的 4 倍，分别装于 2 个样品容器内，盖严，立即做好标识。

2. 石膏的取样

（1）建筑石膏：产品袋装时，从一批产品中随机抽取 10 袋，每袋抽取约 2kg 试样，总共不少于 20kg；产品散装时，在产品卸料处每 3min 抽取约 2kg 试样，总共不少于 20kg。将抽取的试样搅拌均匀，一分为二，1 份进行试验，另 1 份密封保存 3 个月，以备复试用。

（2）粉刷石膏：从一批产品中随机抽取 10 袋，每袋抽取约 3L 试样，总共不少于 30L。将抽取的试样搅拌均匀，分为 3 等份，1 份进行试验，另 2 份密封保存 3 个月，以备复试用。

（3）粘结石膏：从一批产品中随机抽取 5 袋。普通型粘结石膏每个样抽取约 3kg，总量不少于 15kg；快粘型粘结石膏每个样抽取约 1.5kg，总量不少于 7.5kg。试样混匀后分为 2 等份，1 份进行试验，另 1 份密封保存，以备复试用。

3. 天然饰面石材的取样

（1）弯曲强度试样

① 试样厚度（H）可按产品实际厚度确定。当试样厚度≤68mm 时，试样宽度为 100mm；当试样厚度＞68mm 时，宽度为 1.5H。试样长度为 10H＋50mm。长度尺寸偏差±1mm，宽度、厚度尺寸偏差±0.3mm。

② 试样上应标明层理方向，两个受力面应平整且平行，正面与侧面夹角应为 90°±0.5°；试样不得有裂纹、缺棱和缺角。

（2）放射性检验试样

随机抽取 2 份样品，每份不少于 2kg，1 份封存，另 1 份作为检验样品。

4. 人造木板及其制品的取样

（1）在施工或使用现场抽取样品时，必须在同一地点的同一产品内随机抽取。

（2）抽取的样品立即用不会释放或吸附甲醛的包装材料将样品密封。

六、标识

装饰装修材料送检试样应有清晰的、不易脱落的唯一性标识，标识应包括工程编号、试件编号、材料的名称、规格、型号、级别、取样日期等内容，但不应注明施工单位和工程名称。试件编号应按单位工程分类顺序排号，不得空号和重号。

建筑材料本身带有标识的，抽取的试件应选择有标识的部分。

依据标准需重新取样复试时，复试样品的试件编号应在初试时编号后加"复试"后缀加以区别。见证试件应有见证人员所做封志或见证标识。

标识参考样式见图 2.11.1。

工程编号	××××××	试样编号	
材料名称			
型号、规格			
级　别			
取样日期		年　月　日	

图 2.11.1　试件标识样式

七、工作程序

取样、标识、登记台账和委托送检等工作程序参照第一章第三节。

八、试验结果不符合技术要求情况处理

装饰装修材料试验结果不符合技术指标情况处理见表 2.11.15。

装饰装修材料试验结果不符合技术指标情况处理　　　　　　　表 2.11.15

序号	材料名称		常规进场复验项目	试验结果不符合技术要求情况处理
1	建筑用腻子		容器中状态、施工性、粘结强度、耐水性(外墙涂料)	(1)所有项目的检验结果均达到技术要求时,该产品为符合要求。如有 1 项检验结果未达到要求时,应对保存样品进行复验,如复验结果仍未达到规定要求时,该产品为不合格品。 (2)不合格的材料不得用于工程施工
2	内、外墙涂料		容器中状态、施工性、低温稳定性、耐碱性、耐水性(外墙涂料)	应检项目的检验结果均达到标准要求时,该试验样品为符合要求
3	建筑用石膏	建筑石膏	细度、凝结时间、强度	(1)将样品按标准要求分为 3 等份。 (2)若有 1 项以上指标不符合标准要求,即判该批产品不合格,若只有 1 项指标不符合标准要求,可用其他 2 份试样对该指标进行复试,如仍有 1 份试样不符合标准要求,则判该批产品不合格。 (3)不合格的材料不得用于工程施工
		粉刷石膏	细度(面层)、凝结时间、强度、体积密度(保温层)	(1)粉刷石膏若只有 1 项指标不符合标准要求,则可用其他 2 份试样对不合格项目进行复试。复试结果,若 2 个样品均符合标准要求,则判该批产品合格;若仍有 1 个试样不符合标准要求,则判该批产品不合格。 (2)粘结石膏若只有 1 项指标不符合标准要求,则用备用试样对不合格项目进行复试。复试结果,若仍不符合标准要求,则判该批产品不合格。 (3)不合格的材料不得用于工程施工
		粘结石膏	细度、凝结时间、绝干强度	
4	天然饰面石材	天然大理石建筑板材	弯曲强度(幕墙工程)、抗冻系数、放射性(室内用)	有 1 项不符合要求时,则判定该批产品为不合格品。不符合相关规定的材料,严禁使用
		天然花岗石建筑板材		
5	饰面砖	陶瓷砖	吸水率(用于外墙)、抗冻性(寒冷地区)、放射性	有 1 项不符合要求时,则判定该批产品为不合格品。不符合相关规定的材料,严禁使用
		陶瓷马赛克	吸水率、抗热震性(耐急冷急热性)、放射性	
6	人造木板及其制品		游离甲醛释放量	在随机抽取的 3 份样品中任取 1 份样品,测定结果达到标准要求,则判定为合格。如测定结果不符合标准要求,则对另外 2 份样品再行测定。如 2 份样品均达到标准要求,则判定为合格;如 2 份样品只有 1 份样品达到标准要求或 2 份样品均不符合标准要求,则判定为不合格。不符合相关规定的材料,严禁使用

第十二节 水泥基灌浆材料

一、相关标准

1. 《水泥基灌浆材料应用技术规范》GB/T 50448—2008；
2. 《水泥基灌浆材料》JC/T 986—2005；
3. 《干混砂浆应用技术规程》DB11/T 696—2009；
4. 《建筑结构加固工程施工质量验收规范》GB 50550—2010。

二、基本概念

1. 定义

一种由水泥、集料（或不含集料）、外加剂和矿物掺合料等原材料，以工业化生产的具有合理级分的干混料。加水拌和均匀后具有可灌注的流动性、微膨胀、不泌水和较高的早期及后期强度等性能。

2. 分类

按用途分为：

（1）一般水泥基灌浆料；

（2）结构加固用水泥基灌浆料。

三、进场复验项目、组批原则及取样规定

1. 复验项目及组批原则

水泥基灌浆材料常规试验项目及组批原则见表 2.12.1。

2. 取样规定

① 取样方法同水泥取样方法，可参照第二章第一节。

② 取样应有代表性，可连续取，亦可从 20 个以上不同部位取等量样品，总数不少于 30kg。

③ 取得的试样应充分混合均匀，分为 2 等份。其中一份按表 2.12.1 规定的项目进行检验，另一份密封保存至有效期，以备有疑问时进行仲裁检验。

水泥基灌浆材料常规试验项目 表 2.12.1

序号	材料名称	常规试验项目	批量
1	一般水泥基灌浆料	流动度、1d 抗压强度、3d 抗压强度、竖向膨胀率	每 50t 为一批，不足 50t 亦为一批
2	结构加固用水泥基灌浆料	流动度、抗压强度、与混凝土正拉粘结强度	每 200t 为一批，不足 200t 亦为一批

四、标识

施工现场抽取的样品应有唯一性标识，内容应包括工程编号、试件编号、材料名称、等级、型号、取样日期等。见证取样时还应有见证人的封样标识。参考样式见图 2.12.1。

工程编号	×××××	试样编号	
材料名称	水泥基灌浆材料		
等级/型号	Ⅱ类		
取样日期	年　月　日		

图 2.12.1　试件标识样式

五、工作程序

取样、标识、登记台账和委托送检等工作程序参照第一章第三节。

六、结果判定及不合格情况处理

1. 水泥基灌浆料的主要技术指标见表 2.12.2~表 2.12.4。

2. 试验结果判定原则：试验项目均符合标准要求，即判定该材料合格。其中任何 1 项不合格时应从原批中双倍取样对不合格项目重检，如 2 组样品均合格，则该批产品为合格，如仍有 1 组以上不合格，则该批产品判为不合格。

一般水泥基灌浆料主要技术指标 GB/T 50448—2008、DB11/T 696—2009

表 2.12.2

项　目		Ⅰ类	Ⅱ类	Ⅲ类	Ⅳ类
流动度(mm)	初始值	≥380	≥340	≥290	≥270/650
	30min 保留值	≥340	≥310	≥260	≥240/≥550
竖向膨胀率(%)	3h	0.1~3.5			
	24h与3h的膨胀值之差	0.02~0.5			
抗压强度(MPa)	1d	≥20.0			
	3d	≥40.0			
	28d	≥60.0			

注：1. 表中性能指标均应按产品要求的最大用水量检测；
　　2. Ⅳ类水泥基灌浆材料的流动度，"/"前表示坍落度，"/"后表示坍落扩展度数值；
　　3. 当Ⅳ类水泥基灌浆材料用于混凝土结构改造和加固时，对其 3h 的竖向膨胀率指标不做要求；
　　4. 快凝快硬型水泥基灌浆材料的性能指标除 30min 流动度（或坍落度和坍落扩展度）保留值、24h 与 3h 的膨胀之差及 24h 内抗压强度值由供需双方协商确定外，其他性能指标尚应符合表中的规定。

一般水泥基灌浆料主要技术指标 JC/T 986—2005

表 2.12.3

项　目		技术指标
流动度(mm)	初始值	≥260
	30min 保留值	≥230
竖向膨胀率(%)	1d	≥0.020
抗压强度(MPa)	1d	≥22.0
	3d	≥40.0
	28d	≥70.0

3. 试样不合格情况处理

136

对于不合格材料，应及时做好标识，办理退场手续。

结构加固用水泥基灌浆料主要技术指标 GB 50550—2010　　表 2.12.4

项　　目		技术指标
流动度（mm）	初始值	≥300
	30min 保留率（％）	≥90
竖向膨胀率（％）	3h	≥0.10
	24h 与 3h 之差值	0.020～0.20
抗压强度（MPa）	7d	≥40
	28d	≥55
与 C30 混凝土正拉粘结强度（MPa）	28d	≥1.8，且为混凝土内聚破坏

注：表中性能指标均应按产品要求的最大用水量检测。

第十三节 节能材料

一、保温材料

1. 相关标准

(1)《建筑节能工程施工质量验收规范》GB 50411—2007；

(2)《居住建筑节能保温工程施工质量验收规程》DBJ 01-97—2005；

(3)《公共建筑节能施工质量验收规程》DB 11/510—2007；

(4)《膨胀聚苯板薄抹灰外墙外保温系统》JG 149—2003；

(5)《绝热用模塑聚苯乙烯泡沫塑料》GB/T 10801.1—2002；

(6)《绝热用挤塑聚苯乙烯泡沫塑料（XPS）》GB/T 10801.2—2002；

(7)《绝热用岩棉、矿渣棉及其制品》GB/T 11835—2007；

(8)《绝热用玻璃棉及其制品》GB/T 13350—2008；

(9)《喷涂聚氨酯硬泡体保温材料》JC/T 998—2006；

(10)《柔性泡沫橡塑绝热制品》GB/T 17794—2008；

(11)《胶粉聚苯颗粒外墙外保温系统》JG 158—2004；

(12)《建筑保温砂浆》GB/T 20473—2006。

2. 基本概念

（1）定义

保温材料：对热流具有显著阻抗性的材料或材料复合体。材料保温性能的好坏是由材料导热系数的大小所决定的，导热系数越小，保温性能越好。

（2）常用保温材料种类

① 聚苯板：保温材料，专指采用符合 GB/T 10801.1 或 GB/T 10801.2 的材料制作的保温板材。按照成型工艺分为模塑聚苯乙烯泡沫塑料板，简称模塑板或 EPS 板；挤塑聚苯乙烯泡沫塑料板，简称挤塑板或 XPS 板。

② 岩棉：以精选的玄武岩、辉绿岩为主要原料，外加一定数量的辅助料，经高温熔融喷吹制成的人造纤维。其主要类型有岩棉板、岩棉毡、岩棉带、岩棉管壳等。

③ 玻璃棉绝热材料：以石英砂、长石、硅酸钠、硼酸等为主要原料，经过高温熔化制得的纤维棉状物，再添加热固型树脂胶粘剂，高温加压定型制成的各种形状、规格的板、毡、管材制品。

④ 喷涂硬质聚氨酯泡沫塑料：由多异氰酸酯和多元醇液体原料及添加剂经化学反应，通过喷涂工艺现场成型的闭孔型泡沫塑料产品。

⑤ 柔性泡沫橡塑绝热制品：以天然或合成橡胶和其他有机高分子材料的共混体为基材，加各种添加剂如抗老化剂、阻燃剂、稳定剂、硫化促进剂等，经混炼、挤出、发泡和冷却定型，加工而成的具有闭孔结构的柔性绝热制品。

⑥ 胶粉聚苯颗粒保温浆料：由胶粉料和聚苯颗粒组成并且聚苯颗粒体积比不小于

80％的保温灰浆。

　⑦ 建筑保温砂浆：以膨胀珍珠岩或膨胀蛭石、胶凝材料为主要成分，掺加其他功能组分制成的用于建筑物墙体绝热的干拌混合物。

　3. 常规试验项目及检测试验指标的意义

　（1）导热系数：在稳态条件下，1m 厚的物体，两侧表面温差 1K，1h 内通过 $1m^2$ 面积传递的热量，用 λ 表示，单位是 W/(m·K)。

　该指标是关系工程保温效果的关键指标。材料的导热系数，与其自身的成分、表观密度、内部结构以及传热时的平均温度和材料的含水量有关。一般来说，表观密度越轻，导热系数越小。在材料成分、表观密度、平均温度、含水量等完全相同的条件下，多孔材料单位体积中气孔数量越多，导热系数越小；松散颗粒材料的导热系数，随单位体积中颗粒数量的增多而减小；松散纤维材料的导热系数，则随纤维截面的减小而减小。当材料的成分、表观密度、结构等条件完全相同时，多孔材料的导热系数随平均温度和含水量的增大而增大。

　绝大多数建筑材料的导热系数介于 0.023～3.49W/(m·K) 之间，通常把 λ 值不大于 0.23W/(m·K) 的材料称为绝热材料，而将其中 λ 值小于 0.14W/(m·K) 的绝热材料称为保温材料。

　（2）表观密度：单位体积的材料在规定温度和相对湿度时的质量。

　（3）压缩强度 σ_m：相对形变 $\varepsilon < 10\%$ 时的最大压缩力 F_m 除以试样的初始横截面积。

　（4）吸水率：采暖节能、通风与空调节能、空调与采暖系统冷热源及管网节能等工程中使用的绝热材料须复验此参数，该指标直接影响节能效果。

　（5）尺寸稳定性：试样在特定温度下放置一定时间后，互相垂直的三维方向上产生的不可逆尺寸变化。尺寸变化率大的材料将导致其粘结层的开裂。

　（6）燃烧性能：指建筑材料燃烧或遇火时所发生的一切物理和化学变化，该性能由材料表面的着火性和火焰传播性、发热、发烟、炭化、失重，以及毒性生成物的产生等特性来衡量。

　《建筑材料燃烧性能分级方法》GB 8624—1997 将建筑材料的燃烧性能分为以下几种等级：

　A 级：不燃性建筑材料；

　B1 级：难燃性建筑材料；

　B2 级：可燃性建筑材料；

　B3 级：易燃性建筑材料。

　《建筑材料及其制品燃烧性能分级》GB 8624—2006 于 2007 年 3 月 1 日实施，其中将建筑材料及其制品的燃烧性能分为 A1、A2、B、C、D、E、F 7 个等级。

　为新旧标准顺利对接，公安部［2007］182 号文对新老规范燃烧性能标准分级作出说明：新标准 A1、A2 级对应于旧标准的 A 级，新标准 B、C 级对应于旧标准的 B1 级，新标准 D、E 级对应于旧标准 B2 级。

　4. 进场复验项目、组批原则及取样规定

　（1）常用保温材料的复验项目及组批原则见表 2.13.1。

　（2）取样规定。

①泡沫塑料类、玻璃棉、矿棉制品类等保温材料:在外观检验合格的一批产品中随机抽取试样,对于板状材料取样数量不少于2m²,对于管状材料取样数量不少于2m。

②喷涂聚氨酯硬泡体保温材料:在喷涂施工现场,用相同的施工工艺条件单独制成泡沫体或直接从结构实体上挖取试样,试样量不少于2m²。

③胶粉聚苯颗粒保温浆料:胶粉料从每批中任抽10袋,从每袋中分取试样不少于500g,混合均匀;聚苯颗粒取10倍胶粉料的体积的量。

④建筑保温砂浆:抽样应有代表性,可连续取样,也可以从20个以上不同堆放部位的包装袋中取等量样品并混匀,总量不少于40L。

样品的数量多少和委托试验的项目以及所用的检测方法直接相关,另外,检测机构所用仪器设备的不同对样品数量和尺寸的要求也会不同,送试前可与检测机构确认样品数量。

常用保温材料复验项目及组批原则　　　　　　　　表2.13.1

序号	材料名称	复验项目及组批原则					
		《建筑节能工程施工质量验收规范》GB 50411—2007		《居住建筑节能保温工程施工质量验收规程》DBJ 01-97—2005		《公共建筑节能施工质量验收规程》DB 11/510—2007	
		复验项目	组批原则	复验项目	组批原则	复验项目	组批原则
1	绝热用模塑聚苯乙烯泡沫塑料	1. 墙体节能工程:导热系数、密度、抗压强度或压缩强度。2. 屋面及地面节能工程:导热系数、密度、抗压强度或压缩强度。3. 幕墙节能工程:导热系数、密度;	1. 墙体节能工程:同一厂家、同一品种的产品,当单位工程建筑面积在20000m²以下时各抽查不少于3次;当单位工程建筑面积在20000m²以上时各抽查不少于6次。2. 屋面及地面节能工程:同一厂家、同一品种的产品,各抽查不少于3组。3. 幕墙节能工程:同厂家同品种抽查不少于1组。4. 采暖、通风与空调系统:同厂家同材质抽查不得少于2次	表观密度、抗拉强度、尺寸稳定性	同一厂家、同一规格、同一批次,每350m³为一批,不足350m³亦为一批	(1)围护结构用:表观密度、抗拉强度、尺寸稳定性、导热系数;(2)管道用:表观密度、吸水率、燃烧性能、导热系数	同一厂家、同一规格、同一批次,每500m³为一批,不足500m³亦为一批
2	绝热用挤塑聚苯乙烯泡沫塑料			/	/	(1)围护结构用:压缩强度、尺寸稳定性、导热系数;(2)管道用:表观密度、吸水率、燃烧性能、导热系数	同一厂家、同一规格、同一批次,每500m³为一批,不足500m³亦为一批
3	喷涂硬质聚氨酯泡沫塑料			表观密度、抗拉强度	每10t为一批,不足10t也为一批	(1)围护结构用:表观密度、抗拉强度、导热系数;(2)管道用:表观密度、吸水率、燃烧性能、导热系数	每10t为一批,不足10t也为一批
4	玻璃棉、矿渣棉、岩棉及其制品			/	/	岩棉(1)围护结构用:渣球含量、纤维平均含量、密度、热阻;(2)管道用:表观密度、吸水率、燃烧性能、导热系数	岩棉:同一厂家、同一原料、同一生产工艺、同一品种、同一批次,以5000m²为一批,不足5000m²也为一批
5	胶粉聚苯颗粒保温浆料			干容重、压缩强度	每35t为一批,不足35t亦为一批	导热系数、干密度、压缩强度	每35t为一批,不足35t亦为一批
6	建筑保温砂浆			/	/	/	/

序号	材料名称	复验项目及组批原则					
		《建筑节能工程施工质量验收规范》GB 50411—2007		《居住建筑节能保温工程施工质量验收规程》DBJ 01-97—2005		《公共建筑节能施工质量验收规程》DB 11/510—2007	
		复验项目	组批原则	复验项目	组批原则	复验项目	组批原则
7	柔性泡沫橡塑绝热制品	采暖、通风与空调系统：导热系数、密度、吸水率	采暖、通风与空调系统：同厂家同材质抽查不得少于2次	/	/	/	/

5. 标识

施工现场抽取的试样应有唯一性标识，内容应包括工程编号、试件编号、材料名称、规格型号、等级、取样日期等。见证取样时还应有见证人的封样标识。参考样式见图 2.13.1。

工程编号	×××××	试样编号	
材料名称	绝热用挤塑聚苯乙烯泡沫塑料		
规格	2400×1200×60(mm)		
等级	×200		
取样日期	年　月　日		

图 2.13.1　试件标识样式

6. 工作程序

取样、标识、登记台账和委托送检等工作程序参照第一章第三节。

7. 结果判定及不合格情况处理

（1）常用保温绝热材料主要性能指标

常用保温绝热材料主要性能指标见表 2.13.2～表 2.13.10。

绝热用模塑聚苯乙烯泡沫塑料性能指标表 GB/T 10801.1—2002　　表 2.13.2

序号	项目		指标					
			Ⅰ	Ⅱ	Ⅲ	Ⅳ	Ⅴ	Ⅵ
1	表观密度(kg/m^3)		≥15.0	≥20.0	≥30.0	≥40.0	≥50.0	≥60.0
2	压缩强度(kPa)		≥60	≥100	≥150	≥200	≥300	≥400
3	尺寸稳定性(%)		≤4	≤3	≤2	≤2	≤2	≤1
4	导热系数[$W/(m·K)$]		≤0.041			≤0.039		
5	燃烧性能	氧指数(%)	≥30					
		燃烧分级	达到 B_2 级					

判定规则：所有试验结果均符合标准要求时，则判该批产品合格。任何一项不合格时应重新从原批中双倍取样，对不合格项目进行复试，复试结果仍不合格时整批为不合格品。

序号	项　目		指　标									
			带表皮								不带表皮	
			X150	X200	X250	X300	X350	X400	X450	X500	W200	W300
1	压缩强度(kPa) ≥		150	200	250	300	350	400	450	500	200	300
2	尺寸稳定性(%) ≤		2.0			1.5			1.0		2.0	1.5
3	导热系数 [W/(m·K)] ≤	平均温度(10℃)	0.028					0.027			0.033	0.030
		平均温度(25℃)	0.030					0.029			0.035	0.032
4	燃烧性能		达到 B₂ 级									

　　判定规则：所有试验结果均符合标准要求时，则判该批产品合格。如果有 2 项指标不合格，则判该批产品不合格；如果只有 1 项指标不合格，应加倍抽样复试，复试结果仍有 1 项不合格，则判该批产品不合格。

序　号	项　目	指　标
1	干表观密度(kg/m³)	180~250
2	抗压强度(kPa)	≥200
3	导热系数[W/(m·K)]	≤0.060

　　判定规则：所有试验结果均符合标准要求时，则判该批产品合格。如果有 1 项指标不合格，则判该批产品不合格；如果只有 1 项指标不合格，允许对不符合项加倍取样复试，若复试结果符合标准要求，判该批产品合格，否则判定该批产品不合格。

序　号	项　目	指　标		
		Ⅰ 型	Ⅱ-A 型	Ⅱ-B 型
1	密度(kg/m³)	≥30	≥35	≥50
2	抗压强度(kPa)	≥150	≥200	≥300
3	导热系数[W/(m·K)]	≤0.024		
4	燃烧性能	达到 B₂ 级		

　　判定规则：所有试验结果均符合标准要求时，则判该批产品合格。如果有 2 项指标不合格，则判该批产品不合格；如果只有 1 项指标不合格，允许用备用件对所有项目进行复试，若所有试验结果符合标准时，判该批产品为合格品，否则判定该批产品不合格。

序号	项　目	板的性能指标		管壳的性能指标	
		平均值与标准值	单值与平均值	平均值与标准值	单值与平均值
1	密度允许偏差(%)	≤±15	≤±15	≤±15	≤±15

序号	项 目	板的性能指标		管壳的性能指标
2	导热系数 ［W/(m·K)］ （平均温度70℃）	密度(kg/m³)40～100	≤0.044	≤0.044
		密度(kg/m³)101～160	≤0.043	
		密度(kg/m³)161～300	≤0.044	
3	燃烧性能	不燃材料		
4	吸水性能	由供需双方协商决定		

绝热用玻璃棉制品性能指标 GB/T 13350—2008　　　　　表 2.13.7

序号	项 目	板的性能指标		管壳的性能指标	
		密度(kg/m³)	单值允许偏差(kg/m³)	密度(kg/m³)	单值允许偏差(%)
1	密度允许偏差	24	±2	45～90	+15 0
		32	±4		
		40,48	+4 −3		
		64	±6		
		80	±7		
		96	+9 −8		
		120	±12		
2	导热系数 ［W/(m·K)］ （平均温度70℃）	密度(kg/m³)	导热系数	密度(kg/m³)	导热系数
		24	≤0.049	45～90	≤0.043
		32	≤0.046		
		40	≤0.044		
		48	≤0.043		
		64～120	≤0.042		
3	燃烧性能	不燃材料			
4	吸水性能	由供需双方协商决定			

柔性泡沫橡塑绝热制品性能指标 GB/T 17794—2008　　　　　表 2.13.8

序号	项 目		指 标	
			Ⅰ类	Ⅱ类
1	表观密度(kg/m³)		≤95	
2	真空吸水率(%)		≤10	
3	导热系数 ［W/(m·K)］	平均温度(−20℃)	≤0.034	
		平均温度(0℃)	≤0.036	
		平均温度(40℃)	≤0.041	
4	燃烧性能		氧指数≥32%且烟密度≤75	氧指数≥26%
			当用于建筑领域时,制品燃烧性能应不低于 GB 8624—2006 C级	

序号	项　目	指　标	
		Ⅰ类	Ⅱ类
1	干密度(kg/m³)	240～300	301～400
2	抗压强度(MPa)	≥0.20	≥0.40
3	导热系数(平均温度 25℃)[W/(m·K)]	≤0.070	≤0.085
4	燃烧性能	应符合 GB 8624 规定的 A 级要求	

判定规则：所有试验结果均符合标准要求时，则判该批产品合格。如果有一项指标不合格，则判该批产品不合格。

《居住建筑节能保温工程施工质量验收规程》DBJ 01-97—2005 保温材料主要性能指标

表 2.13.10

序号	项目	模塑聚苯乙烯泡沫塑料板	硬质聚氨酯泡沫塑料	胶粉聚苯颗粒保温浆料
1	表观密度(kg/m³)	≥18	≥30	≤230(干)
2	压缩强度(MPa)	≥0.10	≥0.10	≥0.25
3	抗拉强度(MPa)	≥0.10	≥0.10	≥0.10
4	尺寸稳定性(%)	≤0.50	≤5	/
5	燃烧性能	B2	垂直燃烧法,平均燃烧时间不大于30s,燃烧高度不大于 250mm	B1
6	导热系数[W/(m·K)]	≤0.042	≤0.025	≤0.060

（2）试样不合格情况处理

对于不合格材料，应及时做好标识，办理退场手续。

二、外墙外保温用聚合物砂浆

1. 相关标准

（1）《建筑节能工程施工质量验收规范》GB 50411—2007；

（2）《居住建筑节能保温工程施工质量验收规程》DBJ 01-97—2005；

（3）《公共建筑节能施工质量验收规程》DB 11/510—2007；

（4）《膨胀聚苯板薄抹灰外墙外保温系统》JG 149—2003；

（5）《胶粉聚苯颗粒外墙外保温系统》JG 158—2004；

（6）《外墙外保温用聚合物砂浆质量检验标准》DBJ 01-63—2002。

2. 基本概念

（1）聚合物砂浆：用无机和有机胶结材料、砂以及外加剂等配制而成，用作外保温系统的粘结剂和抹面砂浆。聚合物砂浆一般是水泥基材料，可以是单组分，也可以是双组分。聚苯板胶粘剂与抹面砂浆可以是同一种材料，也可以是不同种材料。

（2）胶粘剂：专用于把聚苯板粘结到基层墙体上的聚合物砂浆。

（3）抹面砂浆：涂抹在粘贴好的聚苯板外表面的聚合物砂浆，用以提高外保温系统机械强度和耐久性。

3. 进场复验项目、组批原则及取样规定

（1）粘结材料的复验项目及组批原则

粘结材料的复验项目及组批原则见表 2.13.11。

复验项目及组批原则　　　　　　　　　　　　　　　　　　　　表 2.13.11

序号	材料名称	复验项目及组批原则					
		《建筑节能工程施工质量验收规范》GB 50411—2007		《居住建筑节能保温工程施工质量验收规程》DBJ 01-97—2005		《公共建筑节能施工质量验收规程》DB 11/510—2007	
		复验项目	组批原则	复验项目	组批原则	复验项目	组批原则
1	胶粘剂	粘结强度	墙体节能工程：同一厂家、同一品种的产品，当单位工程建筑面积在 20000m² 以下时各抽查不少于 3 次；当单位工程建筑面积在 20000m² 以上时各抽查不少于 6 次	常温常态和浸水 48h 拉伸粘结强度（与水泥砂浆）	每 20t 为一批，不足 20t 亦为一批	常温常态和浸水 48h 拉伸粘结强度（与水泥砂浆）	每 30t 为一批，不足 30t 亦为一批
2	抹面砂浆			常温常态和浸水 48h 拉伸粘结强度（与聚苯板）、柔韧性		常温常态和浸水 48h 拉伸粘结强度（与配套保温材料）、柔韧性	

（2）取样规定

从一批中随机抽 5 袋，每袋取不少于 2kg，总计不少于 10kg。

4. 标识

施工现场抽取的试样应有唯一性标识，内容应包括工程编号、试件编号、材料的名称、状态、取样日期等。见证取样时还应有见证人的封样标识。参考样式见图 2.13.2。

工程编号	××××××	试样编号	
材料名称	胶粘剂		
状态	粉料		
取样日期	年　　月　　日		

图 2.13.2　试件标识样式

5. 工作程序

取样、标识、登记台账和委托送检等工作程序参照第一章第三节。

6. 结果判定及不合格情况处理

（1）主要性能指标

聚合物砂浆的主要性能指标见表 2.13.12 和表 2.13.13。

（2）试验结果判定规则

试验结果若均符合表中规定的技术要求时，即判为合格。如果有 1 项以上指标不符合要求，即判该批产品不合格。如果只有 1 项不合格，则重新抽取 2 份试样对不合格项目进行复试。复试结果，如果 2 个试样均合格，则该批产品为合格；如果仍有 1 个及以上不合格，则该产品判为不合格品。

（3）试样不合格情况处理

对于不合格材料，应及时做好标识，办理退场手续。

胶粘剂主要性能指标

表 2.13.12

序号	试验项目		性 能 指 标				
			DBJ 01-63—2002	DBJ 01-97—2005	DB 11/510—2007	DB 11/T 584—2008	JG 149—2003
1	拉伸粘结强度（与水泥砂浆）	常温常态	≥0.70MPa	≥0.70MPa		≥0.60MPa	≥0.60MPa
		耐水	≥0.50MPa	≥0.50MPa		≥0.40MPa	≥0.40MPa
		耐冻融	≥0.50MPa	/		/	/
2	拉伸粘结强度（与聚苯板）	常温常态	≥0.10MPa 或聚苯板坏	≥0.10MPa	同 DBJ 01—97	≥0.10MPa	≥0.10MPa，破坏界面在聚苯板上
		耐水	≥0.10MPa 或聚苯板坏	≥0.10MPa		≥0.10MPa	≥0.10MPa，破坏界面在聚苯板上
		耐冻融	≥0.10MPa 或聚苯板坏	/		/	/
3	拉伸粘结强度（与配套的挤塑板）	常温常态	/	/	/	≥0.20MPa	/
		耐水	/	/		≥0.20MPa	/

抹面砂浆主要性能指标

表 2.13.13

序号	试验项目		性 能 指 标					
			DBJ 01-63—2002	DBJ 01-97-2005	DB 11/510—2007	DB 11/T584—2008	JG 149—2003	JG 158—2004
1	拉伸粘结强度（与水泥砂浆）	常温常态	≥0.70MPa	/		/	/	≥0.70MPa
		耐水	≥0.50MPa	/		/	/	≥0.50MPa
		耐冻融	≥0.50MPa	/		/	/	
2	拉伸粘结强度（与聚苯板）	常温常态	≥0.10MPa 或聚苯板坏	≥0.10MPa	同 DBJ 01—97	≥0.10MPa	≥0.10MPa，破坏界面在聚苯板上	/
		耐水						/
		耐冻融						/
3	拉伸粘结强度（与配套的挤塑板）	常温常态	/	/	/		/	
		耐水	/	/		≥0.20MPa	/	
		耐冻融	/	/	/		/	
4	柔韧性 水泥基：28d 压折比				≤3.0			

三、增强网

1. 相关标准

(1)《建筑节能工程施工质量验收规范》GB 50411—2007；

(2)《居住建筑节能保温工程施工质量验收规程》DBJ 01-97—2005；

(3)《公共建筑节能施工质量验收规程》DB 11/510—2007；

(4)《膨胀聚苯板薄抹灰外墙外保温系统》JG 149—2003；

(5)《胶粉聚苯颗粒外墙外保温系统》JG 158—2004；

(6)《增强用玻璃纤维网布 第 2 部分：聚合物基外墙外保温用玻璃纤维网布》JC/T 561.2—2006；

(7)《镀锌电焊网》QB/T 3897—1999；

（8）《外墙外保温施工技术规程（聚苯板增强网聚合物砂浆做法）》DB 11/T 584—2008。

2. 基本概念

（1）增强网：铺设在抹面抗裂砂浆内，增强抹面层的抗裂和抗冲击性能。常用增强网包括耐碱玻璃纤维网格布和镀锌钢丝网。

（2）耐碱玻璃纤维网格布：经过涂覆树脂，具有耐碱性能的抗碱或者中碱玻璃纤维网格布，用于铺设到抹面砂浆内，增强外保温系统的机械强度和抗裂性能。

（3）镀锌钢丝网：特指后热镀锌电焊网或镀锌丝编织网，用于铺设到抹面砂浆内，增强外保温系统的机械强度和抗裂性能。

3. 常规试验项目及检测试验指标的意义

（1）抗腐蚀性：对于耐碱玻璃纤维网格布，抗腐蚀性主要包括耐碱断裂强力和耐碱断裂强力保留率，由于耐碱玻璃纤维网格布主要铺设在抹面抗裂砂浆内，而大部分抹面抗裂砂浆均为水泥基材料，水泥水化产物均为碱性，因此，此项指标主要考察增强网的抗碱性能力；对于镀锌钢丝网，抗腐蚀性主要包括镀锌层质量和镀锌层均匀性。

（2）力学性能：对耐碱玻璃纤维网格布，力学性能为断裂强力；对镀锌电焊网，力学性能为焊点抗拉力。

4. 常规试验项目、组批原则及取样规定

（1）增强网的常规试验项目及组批原则

① 耐碱玻璃纤维网格布的常规试验项目及组批原则见表 2.13.14。

耐碱玻璃纤维网格布复验项目及组批原则　　　表 2.13.14

《建筑节能工程施工质量验收规范》 GB 50411—2007		《居住建筑节能保温工程 施工质量验收规程》 DBJ 01-97—2005		《公共建筑节能施工 质量验收规程》 DB 11/510—2007	
复验项目	组批原则	复验项目	组批原则	复验项目	组批原则
力学性能（拉伸断裂强力）、抗腐蚀性能（耐碱断裂强力、耐碱断裂强力保留率）	墙体节能工程：同一厂家、同一品种的产品，当单位工程建筑面积在20000m² 以下时各抽查不少于3次；当单位工程建筑面积在20000m² 以上时各抽查不少于6次	耐碱断裂强力、耐碱断裂强力保留率	每4000m² 为一批，不足 4000m² 亦为一批	耐碱断裂强力、耐碱断裂强力保留率	每 7000m² 为一批，不足 7000m² 亦为一批

② 镀锌电焊网的复验项目及组批原则见表 2.13.15。

镀锌电焊网复验项目及组批原则　　　表 2.13.15

《建筑节能工程施工质量验收规范》 GB 50411—2007		《居住建筑节能保温工程 施工质量验收规程》 DBJ 01-97—2005		《公共建筑节能施工质量验收规程》 DB 11/510—2007	
复验项目	组批原则	复验项目	组批原则	复验项目	组批原则
力学性能（焊点抗拉力）、抗腐蚀性能（镀锌层质量、镀锌层均匀性）	墙体节能工程：同一厂家、同一品种的产品，当单位工程建筑面积在20000m² 以下时各抽查不少于3次；当单位工程建筑面积在20000m² 以上时各抽查不少于6次	网孔中心距、丝径、焊点强度	每4000m² 为一批，不足 4000m² 亦为一批	锌量指标、网孔中心距、丝径、焊点强度	每 7000m² 为一批，不足 7000m² 亦为一批

（2）取样规定

同一厂家同一品种的产品，抽样长度不少于2m。

5. 标识

施工现场抽取的试样应有唯一性标识，内容应包括工程编号、试件编号、材料名称、规格型号、取样日期等。见证取样时还应有见证人的封样标识。参考样式见图2.13.3。

工程编号	××××××	试样编号	
材料名称		镀锌电焊网	
规格		12.70×12.70×0.90(mm)	
取样日期		年　月　日	

图 2.13.3　试件标识样式

6. 工作程序

取样、标识、登记台账和委托送检等工作程序参照第一章第三节。

7. 结果判定及不合格情况处理

（1）耐碱玻璃纤维网格布的主要性能指标见表2.13.16。

耐碱玻璃纤维网格布主要性能指标　　　表 2.13.16

序号	试验项目	性能指标						
		JC/T 561.2—2006（部分）			DBJ 01-97—2005 DB 11/510—2007（经向、纬向）	DB 11/T 584—2008（经向、纬向）	JG 149—2003（经向、纬向）	JG 158—204（经向、纬向）
1	拉伸断裂强力（N/50mm）	标称单位面积质量（g/m²）	断裂强力 ≥		≥1500	/	/	普通型：≥1250 加强型：≥3000
			经向	纬向				
		101～110	1020	1020				
		111～120	1100	1100				
		121～130	1200	1200				
		131～140	1310	1310				
		141～150	1500	1500				
		151～160	1540	1600				
		161～170	1650	1710				
		171～180	1770	1820				
		181～190	1880	1940				
		191～200	1990	2050				
		201～210	2100	2100				
2	耐碱断裂强力（N/50mm）	/			≥750	≥750	≥750	/
3	耐碱断裂强力保留率	≥50%			≥50%	≥50%	≥50%	≥90%

（2）镀锌电焊网的主要性能指标见表2.13.17。

（3）试验结果判定规则。

序号	试验项目	性能指标				
		QB/T 3897—1999		DBJ 01-97—2005 DB 11/510—2007	DB 11/T 584—2008	JG 158—204
		丝径(mm)	焊点抗拉力 ＞			
1	焊点抗拉力(N)	2.50	500	≥330	≥65	＞65
		2.20	400			
		2.00	330			
		1.80	270			
		1.60	20			
		1.40	160			
		1.20	120			
		1.00	80			
		0.90	65			
		0.80	50			
		0.70	40			
		0.60	30			
		0.55	25			
		0.50	20			
2	镀锌层质量	＞122g/m²		/	≥122g/m²	≥122g/m²
3	镀锌层均匀性	镀锌层均匀 (硫酸铜试验未达到终点)		/	/	/
4	网孔偏差	经向:不超过±5% 纬向:不超过±2%		/	/	/

复验项目均符合标准要求，即判为合格。其中任何一项不合格时应从原批中双倍取样对不合格项目重检，如 2 组样品均合格，则该批产品为合格，如仍有 1 组以上不合格，则该批产品判为不合格。

(4) 试样不合格情况处理：对于不合格材料，应及时做好标识，办理退场手续。

四、电线电缆

1. 相关标准

(1)《建筑节能工程施工质量验收规范》GB 50411—2007；

(2)《电缆的导体》GB/T 3956—2008。

2. 基本概念

(1) 电线电缆：由 1 根或多根相互绝缘的导体外包绝缘和保护层制成，将电力或信息从一处传输到另一处的导线。

(2) 电线电缆常见种类：电线电缆常见种类的型号及用途见表 2.13.18。

3. 进场复验项目及组批原则（抽样比例）

(1) 复验项目

① 导体电阻值

型号	名　　称	用　　途
BX(BLX) BXF(BLXF) BXR	铜（铝）芯橡皮绝缘线 铜（铝）芯氯丁橡皮绝缘线 铜芯橡皮绝缘软线	适合交流 500V 及以下或直流 1000V 及以下的电气设备及照明装置用
BV(BLV) BVV(BLVV) BVVB(BLVVB) BVR BV-105	铜（铝）芯聚氯乙烯绝缘线 铜（铝）芯聚氯乙烯绝缘氯乙烯护套圆形电线 铜（铝）芯聚氯乙烯绝缘氯乙烯护套平形电线 铜（铝）芯聚氯乙烯绝缘软线 铜芯耐热 105℃聚氯乙烯绝缘软线	适用于各种交流、直流电器装置，电工仪表、仪器，电讯设备，动力及照明线路固定敷设之用
RV RVB RVS RV-105 RXS RX	铜芯聚氯乙烯绝缘软线 铜芯聚氯乙烯绝缘平行软线 铜芯聚氯乙烯绝缘绞型软线 铜芯耐热 105℃聚氯乙烯绝缘连接软电线 铜芯橡皮绝缘棉纱编织绞型软电线 铜芯橡皮绝缘棉纱编织圆形软电线	适用于各种交流、直流电器、电工仪表、家用电器、小型电动工具、动力及照明装置的连接
BBX BBLX	铜芯橡皮绝缘玻璃丝编织电线 铝芯橡皮绝缘玻璃丝编织电线	适用电压分别有 500V 及 250V 两种，用于室内外明装固定敷设或穿管敷设

注：B（B）——第一个字母表示布线，第二个字母表示玻璃丝编制；

V（V）——第一个字母表示聚乙烯（塑料）绝缘，第二个字母表示聚乙烯护套；

L（L）——铝，无 L 则表示铜；

F（F）——复合型；

R——软线；

S——双绞；

X——绝缘橡胶。

在物理学中，用电阻来表示导体对电流阻碍作用的大小。导体的电阻越大，表示导体对电流的阻碍作用越大。

②截面积

各种电源线规定的截面积均指标称截面积，产品中的导体实测截面积与标称截面积不可能完全相等，标准中对于导体截面积未规定技术指标值，但对圆形导体的直径作了规定。

（2）抽样比例

抽取同厂家各种规格总数的 10%，且不少于 2 个规格；所抽取各规格的产品，抽样长度不少于 2.0m。

4. 标识

施工现场抽取的试样应有唯一性标识，内容应包括试件编号、材料名称、规格、导体种类、取样日期等。见证取样时还应有见证人的封样标识。参考样式见图 2.13.4。

工程编号	××××××	试样编号	
材料名称	BV 聚氯乙烯绝缘线		
规格	2.5mm²		
导体种类	实心铜导体		
取样日期	年　　月　　日		

图 2.13.4　试件标识样式

5. 工作程序

取样、标识、登记台账和委托送检等工作程序参照第一章第三节。

6. 结果判定及不合格情况处理

（1）铜导体的电阻及直径指标值见表 2.13.19～表 2.13.21。

（2）试样不合格情况处理：对于不合格电线电缆，应及时做好标识，办理退场手续。

单芯和多芯电缆用第 1 种实心铜导体主要技术指标值　　　　表 2.13.19

标称截面积 （mm²）	20℃时导体最大电阻（Ω/km），≤ （圆形退火铜导体）		最大直径（mm） ≤
	不镀金属	镀金属	
0.5	36.0	36.7	0.9
0.75	24.5	24.8	1.0
1.0	18.1	18.2	1.2
1.5	12.1	12.2	1.5
2.5	7.41	7.56	1.9
4	4.61	4.70	2.4
6	3.08	3.11	2.9
10	1.83	1.84	3.7
16	1.15	1.16	4.6
25	0.727	—	5.7
35	0.524	—	6.7
50	0.387	—	7.8
70	0.268	—	9.4
95	0.193	—	11.0
120	0.153	—	12.4
150	0.124	—	13.8
185	0.101	—	15.4
240	0.0775	—	17.6
300	0.0620	—	19.8
400	0.0465	—	22.2

单芯和多芯电缆用第 2 种绞合铜导体主要技术指标值　　　　表 2.13.20

标称截面积 （mm²）	20℃时导体最大电阻（Ω/km），≤ （退火铜导体）	
	不镀金属	镀金属
0.5	36.0	36.7
0.75	24.5	24.8
1.0	18.1	18.2
1.5	12.1	12.2
2.5	7.41	7.56

151

标称截面积 （mm²）	20℃时导体最大电阻（Ω/km），≤ （退火铜导体）	
	不镀金属	镀金属
4	4.61	4.70
6	3.08	3.11
10	1.83	1.84
16	1.15	1.16
25	0.727	0.734
35	0.524	0.529
50	0.387	0.391
70	0.268	0.270
95	0.193	0.195
120	0.153	0.154
150	0.124	0.126
185	0.0991	0.100
240	0.0754	0.0762
300	0.0601	0.0607
400	0.0470	0.0475
500	0.0366	0.0369
630	0.0283	0.0286
800	0.0221	0.0224
1000	0.0176	0.0177
1200	0.0151	0.0151
1400	0.0129	0.0129
1600	0.0113	0.0113
1800	0.0101	0.0101
2000	0.0090	0.0090
2500	0.0072	0.0072

单芯和多芯电缆用第 5 种、第 6 种软铜导体主要技术指标值 　　表 2.13.21

标称截面积 （mm²）	20℃时导体最大电阻（Ω/km），≤ （第 5 种软铜导体）		20℃时导体最大电阻（Ω/km），≤ （第 6 种软铜导体）	
	不镀金属	镀金属	不镀金属	镀金属
0.5	39.0	40.1	39.0	40.1
0.75	26.0	26.7	26.0	26.7
1.0	19.5	20.0	19.5	20.0
1.5	13.3	13.7	13.3	13.7
2.5	7.98	8.21	7.98	8.21
4	4.95	5.09	4.95	5.09

标称截面积（mm²）	20℃时导体最大电阻（Ω/km），≤（第5种软铜导体）		20℃时导体最大电阻（Ω/km），≤（第6种软铜导体）	
	不镀金属	镀金属	不镀金属	镀金属
6	3.30	3.39	3.30	3.39
10	1.91	1.95	1.91	1.95
16	1.21	1.24	1.21	1.24
25	0.780	0.795	0.780	0.795
35	0.554	0.565	0.554	0.565
50	0.386	0.393	0.386	0.393
70	0.272	0.277	0.272	0.277
95	0.206	0.210	0.206	0.210
120	0.161	0.164	0.161	0.164
150	0.129	0.132	0.129	0.132
185	0.106	0.108	0.106	0.108
240	0.0801	0.0817	0.0801	0.0817
300	0.0641	0.0654	0.0641	0.0654
400	0.0486	0.0495	—	—
500	0.0384	0.0391	—	—
630	0.0287	0.0292	—	—

五、采暖散热器

1. 相关标准

(1)《建筑节能工程施工质量验收规范》GB 50411—2007；

(2)《采暖散热器散热量测定方法》GB/T 13754—2008。

2. 基本概念

(1) 定义

采暖散热器是供暖的终端设备。热源一般为城市集中供暖、小区自建锅炉房、家用壁挂炉等，通过热传导、辐射、对流把热量散发出来，让室内的温度得到提升。

(2) 分类

采暖散热器按材质基本上分为铜管铝翅对流散热器、钢制散热器、铝制散热器、铜制散热器、不锈钢散热器、铜铝复合散热器及铸铁散热器等；按散热方式分为对流散热器和辐射散热器。

① 辐射散热器：以对流和辐射方式向采暖房间散热的散热器。结构特征是散热表面暴露。板型、柱型、柱翼型、扁管型、闭式串片型、搭接焊管卫浴型和各种型式的铸铁散热器，都是辐射散热器。

② 对流散热器：全部或主要靠对流传热方式而使周围空气受热的散热器。结构特征是散热元件安置在外罩内，散热表面隐蔽。

3. 进场复验项目及抽样比例

(1) 复验项目

① 标准散热量

在标准测试工况下的散热器散热量，是采暖系统节能工程中的重要性参数，它是否符合设计要求将直接影响采暖系统的运行及节能效果。

② 金属热强度

散热器在标准测试工况下，每单位过余温度下单位质量金属的散热量，单位为 $W/(kg \cdot K)$。金属热强度值越大，说明散出同样的热量所耗用的金属越少，是衡量同一材质散热器节能和经济性的一个指标。

（2）抽样比例：同一厂家同一规格的散热器按其数量的 1% 进行见证取样送检，但不得少于 2 组。

4. 标识

施工现场抽取的试样应有唯一性标识，内容应包括工程编号、试件编号、样品名称、规格型号、取样日期等。见证取样时还应有见证人的封样标识。参考样式见图 2.13.5。

工程编号	××××××	试样编号	
样品名称	钢制散热器		
规格/型号	GG6080		
取样日期	年　　月　　日		

图 2.13.5　试件标识样式

5. 工作程序

取样、标识、登记台账和委托送检等工作程序参照第一章第三节。

六、风机盘管机组

1. 相关标准

（1）《建筑节能工程施工质量验收规范》GB 50411—2007；

（2）《风机盘管机组》GB/T 19232—2003。

2. 基本概念

（1）风机盘管机组

主要由低噪声电机、叶轮和换热盘管等组成。盘管内的冷（热）媒水由空调主机房集中供给，是中央空调的末端产品。风机将室内空气或室外混合空气通过表冷器进行冷却或加热后送入室内，使室内气温降低或升高。

（2）低静压机组

指机组在额定风量时出口静压为 0 或 12Pa 的机组。

（3）高静压机组

指机组在额定风量时出口静压不小于 30Pa 的机组。

3. 进场复验项目及抽样比例

（1）复验项目

① 额定风量；

② 供冷量；

③ 供热量；

④ 输入功率；

⑤ 噪声。

（2）抽样比例

同一厂家的风机盘管机组按数量复验 2%，但不得少于 2 台。

4. 标识

施工现场抽取的样品应有唯一性标识，内容应包括工程编号、试件编号、样品名称、规格、出口静压、取样日期等。见证取样时还应有见证人的封样标识。参考样式见图 2.13.6。

工程编号	××××××	试样编号	
样品名称	风机盘管机组		
规格	FP-51		
出口静压(Pa)	12		
取样日期	年　　月　　日		

图 2.13.6　试件标识样式

5. 工作程序

取样、标识、登记台账和委托送检等工作程序参照第一章第三节。

6. 结果判定

（1）各基本规格风机盘管机组主要技术指标见表 2.13.22。

（2）性能指标要求

风量实测值应不低于额定值的 95%；输入功率实测值应不大于表 2.13.22 规定值的 110%；供冷量和供热量实测值应不低于额定值的 95%；实测声压级噪声应不大于表 2.13.22 的规定值。

（3）试验结果判定规则

当样本中额定值（铭牌值）优于表 2.13.22 值时，按样本值来判定；当有 1 项试验结果不合格时，判为不合格。

各基本规格风机盘管机组的主要技术指标　　　　　　　　表 2.13.22

基本规格	额定风量（m³/h）	额定供冷量（W）	额定供热量（W）	输入功率（W）			噪声[dB(A)]		
				低静压机组	高静压机组		低静压机组	高静压机组	
					30Pa	50Pa		30Pa	50Pa
FP-34	340	1800	2700	37	44	49	37	40	42
FP-51	510	2700	4050	52	59	66	39	42	44
FP-68	680	3600	5400	62	72	84	41	44	46
FP-85	850	4500	6750	76	87	100	43	46	47
FP-102	1020	5400	8100	96	108	118	45	47	49
FP-136	1360	7200	10800	134	156	174	46	48	50
FP-170	1700	9000	13500	152	174	210	48	50	52
FP-204	2040	10800	16200	189	212	250	50	52	54
FP-238	2380	12600	18900	228	253	300	52	54	56

七、建筑外窗

1. 相关标准

(1)《建筑节能工程施工质量验收规范》GB 50411—2007；

(2)《居住建筑节能保温工程施工质量验收规程》DBJ 01-97—2005；

(3)《公共建筑节能施工质量验收规程》DB 11/510—2007；

(4)《建筑装饰装修工程质量验收规范》GB 50210—2001；

(5)《住宅建筑门窗应用技术规程》DBJ 01-79—2004；

(6)《公共建筑节能设计标准》DB11/687—2009；

(7)《建筑外门窗保温性能分级及检测方法》GB/T 8484—2008；

(8)《建筑外门窗气密、水密、抗风压性能分级及检测方法》GB/T 7106—2008；

(9)《中空玻璃》GB/T 11944—2002；

(10)《铝合金门窗》GB/T 8478—2008。

2. 基本概念

(1) 定义

建筑外窗：建筑围护结构上有一个面与室外空气接触的窗。包括天窗及阳台门上部镶嵌玻璃部分，不包括阳台门下部不透明部分。

中空玻璃：两片或多片玻璃以有效支撑均匀隔开并粘结密封，使玻璃层间形成有干燥气体空间的制品。

(2) 常用建筑外窗、中空玻璃分类及表示方法

① 常用建筑外窗分类及表示方法

a. 分类

按开启方式：可分为固定窗、平开窗、横转旋窗、立转旋窗和推拉窗等；

按所用材料：可分为木窗、钢窗、铝合金窗、玻璃钢窗和塑料窗等；

按窗在建筑物上开设的位置：可分为侧窗和天窗两大类。

b. 表示方法

产品系列：以窗在洞口深度方向的设计尺寸（窗框厚度构造尺寸）划分。窗框厚度构造尺寸符合 1/10M（10mm）的建筑分模数数列值为基本系列，基本系列中按 5mm 进级插入的数值为辅助系列。窗框厚度小于某一基本系列或辅助系列值时，按小于该系列值的前一级标示其产品系列。如窗框厚度构造尺寸为 72mm 时，其产品系列为 70 系列；窗框厚度构造尺寸为 69mm 时，其产品系列为 65 系列。

规格：以窗宽、高的设计尺寸（窗的宽度构造尺寸和高度构造尺寸）的千、百、十位数字，前后顺序排列的六位数字表示。例如，窗的宽度和高度分别为 1150mm 和 1450mm 时，尺寸规格型号为 115145。

② 中空玻璃品种规格表示方法

主要用两片玻璃的厚度、品种，以及两片玻璃间隔厚度及干燥气体的种类表示。如 6Low-E＋9A＋6，表示厚度为 6mm 的 Low-E（低辐射）镀膜玻璃＋9mm 干燥空气层＋厚度为 6mm 的普通玻璃。

(3) 性能分级

① 气密性能分级

建筑外窗气密性能分级指标见表 2.13.23。

建筑外窗气密性能分级 表 2.13.23

分级	1	2	3	4	5	6	7	8
单位缝长分级指标值 q_1 $[m^3/(m \cdot h)]$	$4.0 \geqslant q_1$ > 3.5	$3.5 \geqslant q_1$ > 3.0	$3.0 \geqslant q_1$ > 2.5	$2.5 \geqslant q_1$ > 2.0	$2.0 \geqslant q_1$ > 1.5	$1.5 \geqslant q_1$ > 1.0	$1.0 \geqslant q_1$ > 0.5	$q_1 \leqslant 0.5$
单位面积分级指标值 q_2 $[m^3/(m^2 \cdot h)]$	$12 \geqslant q_2$ > 10.5	$10.5 \geqslant q_2$ > 9.0	$9.0 \geqslant q_2$ > 7.5	$7.5 \geqslant q_2$ > 6.0	$6.0 \geqslant q_2$ > 4.5	$4.5 \geqslant q_2$ > 3.0	$3.0 \geqslant q_2$ > 1.5	$q_2 \leqslant 1.5$

② 水密性能分级

建筑外窗水密性能分级指标见表 2.13.24。

建筑外窗水密性能分级 表 2.13.24

分级	1	2	3	4	5	6
分级指数 $\Delta P(Pa)$	$100 \leqslant \Delta P < 150$	$150 \leqslant \Delta P < 250$	$250 \leqslant \Delta P < 350$	$350 \leqslant \Delta P < 500$	$500 \leqslant \Delta P < 700$	$\Delta P \geqslant 700$

注：第 6 级应在分级后同时注明具体检测压力差值。

③ 抗风压性能分级

建筑外窗抗风压性能分级指标见表 2.13.25。

建筑外窗抗风压性能分级 表 2.13.25

分级	1	2	3	4	5	6	7	8	9
分级指标值 P_3 (kPa)	$1.0 \leqslant P_3$ < 1.5	$1.5 \leqslant P_3$ < 2.0	$2.0 \leqslant P_3$ < 2.5	$2.5 \leqslant P_3$ < 3.0	$3.0 \leqslant P_3$ < 3.5	$3.5 \leqslant P_3$ < 4.0	$4.0 \leqslant P_3$ < 4.5	$4.5 \leqslant P_3$ < 5.0	$P_3 \geqslant$ 5.0

注：第 9 级应在分级后同时注明具体检测压力差值。

④ 传热系数分级

建筑外窗传热系数分级指标见表 2.13.26。

建筑外窗传热系数分级 表 2.13.26

分级	1	2	3	4	5
分级指标值 $[W/(m^2 \cdot K)]$	$K \geqslant 5.0$	$5.0 > K \geqslant 4.0$	$4.0 > K \geqslant 3.5$	$3.5 > K \geqslant 3.0$	$3.0 > K \geqslant 2.5$
分级	6	7	8	9	10
分级指标值 $[W/(m^2 \cdot K)]$	$2.5 > K \geqslant 2.0$	$2.0 > K \geqslant 1.6$	$1.6 > K \geqslant 1.3$	$1.3 > K \geqslant 1.1$	$K < 1.1$

3. 常规试验项目、组批原则及取样规定

建筑外窗常规试验项目、组批原则及取样规定见表 2.13.27。

4. 标识

施工现场抽取的样品应有唯一性标识，内容应包括工程编号、试件编号、样品名称、规格型号、取样日期等。见证取样时还应有见证人的封样标识。参考样式见图 2.13.7。

5. 工作程序

取样、标识、登记台账和委托送检等工作程序参照第一章第三节。

建筑外窗常规试验项目、组批原则及取样规定　　表 2.13.27

序号	依据标准	复验项目	组批原则	取样规定
1	GB 50411—2007	(1)严寒、寒冷地区:气密性能、传热系数、中空玻璃露点; (2)夏热冬冷地区:气密性、传热系数、玻璃遮阳系数、可见光透射比、中空玻璃露点; (3)夏热冬暖地区:气密性、玻璃遮阳系数、可见光透射比、中空玻璃露点。 注:北京属于寒冷地区	(1)同一厂家的同一品种、类型、规格的外窗及外窗玻璃每100樘划分为一个验收批,不足100樘也为一个验收批; (2)同一厂家的同一品种、类型、规格的特种门每50樘划分为一个验收批,不足50樘也为一个验收批; (3)对于异性或有特殊要求的门窗,检验批的划分应根据其特点和数量,由监理(建设)单位和施工单位协商确定	(1)同一厂家同一品种同一类型的产品各抽查不少于3樘(件); (2)中空玻璃露点试样为制品或20块与制品在同一工艺条件下制作的尺寸为510mm×360mm的样品
2	DBJ01-97—2005 DB 11/510—2007	气密性能、水密性能、抗风压性能、传热系数	(1)单位工程建筑面积5000m²(含5000m²)以下时,随机抽取同一生产厂家具有代表性的1组建筑外窗试件,试件数量为同系列、同规格、同分格形式的3樘外窗; (2)单位工程建筑面积5000m²(含5000m²)以上时,随机抽取同一生产厂家具有代表性的2组建筑外窗,每组为试件数量为同系列、同规格、同分格形式的3樘外窗	

工程编号	××××××	试样编号	
样品名称	60 系列平开铝合金窗		
规格型号	115145		
取样日期	年　　月　　日		

图 2.13.7　试件标识样式

6. 结果判定及不合格情况处理

(1) 试验结果判定

① 居住(住宅)建筑

根据《住宅建筑门窗应用技术规程》DBJ 01-79—2004 和《居住建筑节能保温工程施工质量验收工程》DBJ 01-97—2005 的规定,居住(住宅)建筑外窗性能指标应符合表 2.13.28 的规定。

居住(住宅)建筑外窗性能指标　　表 2.13.28

序号	试验项目		性能指标
1	气密性能		q_1 不大于 1.5m³/(m·h) q_2 不大于 4.5m³/(m²·h)
2	水密性能		未渗透压力不小于 250Pa
3	抗风压性能		低层、多层住宅建筑应不小于 2500Pa; 中高层、高层住宅建筑应不小于 3000Pa; 住宅建筑高度超过 100m 时(超高层),应符合设计要求
4	保温性能	传热系数 K 值	不大于 2.8W/(m²·K)
		中空玻璃露点	20 块试样露点均≤−40℃

② 公共建筑

根据标准《公共建筑节能设计标准》DB 11/687—2009，公共建筑外窗的气密性不应低于国家标准《建筑外门窗气密、水密、抗风压性能分级及检测方法》GB/T 7106—2008中规定的 6 级；水密、抗风压性能及传热系数按设计给定的指标值进行评定。

（2）不合格情况处理

对于试验结果不符合标准或设计要求的外窗，应查找原因并对该批外窗进行修理。修理后重新抽样进行检测；若仍不符合要求，应及时做好标识，办理退场手续。

第十四节　混凝土结构加固材料

一、相关标准

1.《混凝土结构加固设计规范》GB 50367—2006；
2.《建筑结构加固工程施工质量验收规范》GB 50550—2010；
3.《结构加固修复用碳纤维片材》JG/T 167—2004；
4.《碳纤维片材加固修复结构用粘结树脂》JG/T 166—2004；
5.《碳纤维片材加固混凝土结构技术规程》CECS 146：2003；
6.《不锈钢丝绳》GB/T 9944—2002；
7.《航空用钢丝绳》YB/T 5197—2005；
8.《混凝土用膨胀型、扩孔型建筑锚栓》JG 160—2004；
9.《混凝土结构后锚固技术规范》JGJ 145—2004。

二、基本概念

1. 纤维增强材料

（1）定义与分类

纤维增强材料可用于混凝土结构抗拉、抗剪和抗震加固，同时广泛用于各类工业与民用建筑物、构造物的防震、防裂、防腐的补强，其中碳纤维布与配套胶粘剂共同使用，可构成完整的高性能同固碳纤维布材增强体系。该体系适用于梁、柱、板、隧道、圆形、弧等，具有强度高、重量轻、耐腐蚀性和耐久性强等优点。厚度仅为 2mm 左右，基本上不增加构件截面，能保证碳素纤维布与原构件共同工作。

在工程中常用的纤维增强材料有碳纤维片材和玻璃纤维布。

①玻璃纤维生产方法大致分两类：一类是将熔融玻璃直接制成纤维；一类是将熔融玻璃先制成直径 20mm 的玻璃球或棒，再以多种方式加热重熔后制成直径为 $3\sim80\mu m$ 的甚细纤维。

②碳纤维是以聚丙烯腈或沥青纤维等为原料经高温碳化制成，碳纤维片材包括碳纤维布和碳纤维板。

a. 碳纤维布：由单向连续碳纤维组成，未经树脂浸渍固化的布状碳纤维制品。

b. 碳纤维板：由单向连续碳纤维组成并经树脂浸渍固化的板状碳纤维制品。

（2）技术指标

纤维增强材料安全性能指标应符合表 2.14.1 和表 2.14.2 的规定。

玻璃纤维单向织物复合材安全性能指标　　　　　　表 2.14.1

项目 类别	抗拉强度标准值（MPa）	受拉弹性模量（MPa）	伸长率（%）	弯曲强度（MPa）	仰贴条件下纤维复合材与混凝土正拉粘结强度（MPa）	单位面积质量（g/m²）	层间剪切强度（MPa）
S 玻璃	≥2200	≥1.0×10^5	≥2.5	≥600	≥2.5，且为混凝土内聚破坏	≤450	≥40
E 玻璃	≥1500	≥7.2×10^4	≥2.0	≥500		≤450	≥35

项目　　　　　类别	单向织物(布)		条形板	
	高强度Ⅰ级	高强度Ⅱ级	高强度Ⅰ级	高强度Ⅱ级
抗拉强度标准值 $f_{f,k}$(MPa)	≥3400	≥3000	≥2400	≥2000
受拉弹性模量 E_f(MPa)	≥2.4×10⁵	≥2.1×10⁵	≥1.6×10⁵	≥1.4×10⁵
伸长率(%)	≥1.7	≥1.5	≥1.7	≥1.5
弯曲强度 f_{fb}(MPa)	≥700	≥600	—	—
层间剪切强度(MPa)	≥45	≥35	≥50	≥40
仰贴条件下纤维复合材与混凝土正拉粘结强度(MPa)	≥2.5,且为混凝土内聚破坏			
纤维体积含量(%)			≥65	≥55
单位面积质量(g/m²)	≤300	≤300	—	—

注：L 形板的安全性及适配性检验合格指标按高强度Ⅱ级条形板采用。

（3）其他要求

承重结构的现场粘贴加固，必须选用聚丙烯腈基 12K 或 12K 以下的小丝束纤维，严禁使用大丝束纤维；严禁使用单位面积质量大于 300g/m² 的碳纤维织物（大于 300g/m²，胶粘剂将很难浸透）或预浸法生产的碳纤维织物；结构加固使用的碳纤维，严禁用玄武岩纤维、大丝束碳纤维等替代；结构加固使用的 S 玻璃纤维（高强玻璃纤维）、E 玻璃纤维（无碱玻璃纤维），严禁用不耐碱的 A 玻璃纤维（高碱玻璃纤维）或 C 玻璃纤维（中碱玻璃纤维）替代。

2. 结构加固用胶粘剂

（1）定义与分类

结构加固用胶粘剂简称结构胶，指强度高、能承受较大荷载，且耐老化、耐疲劳、耐腐蚀，在预期寿命内性能稳定，适用于承重结构构件胶接的胶粘剂。在工程中，结构胶应用广泛，主要用于构件的加固、锚固、粘接、修补等，如粘钢，粘碳纤维，植筋，裂缝补强、密封，孔洞修补、表面防护、混凝土粘接等。

结构胶在建筑领域内已广泛应用，在提高施工速度、美化建筑物、改进建筑质量、节省工时与能源环保、减少污染等诸多方面都有重要意义，因此已成为重要的化学建材之一。

目前建筑结构胶的主要种类有：

① 粘钢加固用建筑结构胶粘剂，化学成分以改性环氧树脂和胺类固化剂为主；

② 锚固用建筑结构胶粘剂，化学组成可分为环氧树脂、不饱和聚酯树脂、改性丙烯酸酯等三类；

③ 碳纤维片材加固用建筑结构胶，包括底层树脂，整平材料和浸渍树脂；

④ 混凝土裂缝灌注加固用建筑结构胶，一般为环氧树脂和丙烯酸酯。

（2）技术指标

① 粘贴钢板或外粘型钢的胶粘剂必须采用专门配制的改性环氧树脂胶粘剂，其安全性能指标必须符合表 2.14.3 的规定。

粘钢及外粘型钢用胶粘剂安全性能指标

表 2.14.3

性 能 项 目		性 能 要 求	
		A 级 胶	B 级 胶
胶体性能	抗拉强度（MPa）	≥30	≥25
	受拉弹性模量（MPa）	≥3.5×10³（3.0×10³）	
	伸长率（%）	≥1.3	≥1.0
	抗弯强度（MPa）	≥45	≥35
		且不得呈脆性（碎裂状）破坏	
	抗压强度（MPa）	≥65	
粘结能力	钢-钢拉伸抗剪强度标准值（MPa）	≥15	≥12
	钢-钢不均匀扯离强度（kN/m）	≥16	≥12
	钢-钢粘结抗拉强度（MPa）	≥33	≥25
	与混凝土正拉粘接强度（MPa）	≥2.5，且为混凝土内聚破坏	
不挥发物含量（固体含量）（%）		≥99	

注：表中括号内的受拉弹性模量指标仅用于灌注粘结型胶粘剂。

② 种植锚固件的胶粘剂必须采用专门配制的改性环氧树脂胶粘剂或改性乙烯基酯类胶粘剂（包括改性氨基甲酸酯胶粘剂），其安全性能指标必须符合表 2.14.4 的规定。

锚固用胶粘剂安全性能指标

表 2.14.4

性 能 项 目		性 能 要 求	
		A 级 胶	B 级 胶
胶体性能	劈裂抗拉强度（MPa）	≥8.5	≥7.0
	抗弯强度（MPa）	≥50	≥40
	抗压强度（MPa）	≥60	
粘结能力	钢-钢（钢套筒法）拉伸抗剪强度标准值（MPa）	≥16	≥13
	约束拉拔条件下带肋钢筋与混凝土的粘结强度（MPa） C30ϕ25 l=150mm	≥11.0	≥8.5
	C60ϕ25 l=125mm	≥17.0	≥14.0
不挥发物含量（固体含量）（%）		≥99	

注：表中各项性能指标，除标有强度标准值外，均为平均值。

③ 浸渍、粘结纤维复合材的胶粘剂必须采用专门配制的改性环氧树脂胶粘剂，其安全性能指标必须符合表 2.14.5、表 2.14.6 和表 2.14.7 的规定。承重结构加固工程中不得使用不饱和聚酯树脂、醇酸树脂等作浸渍、粘结的胶粘剂。

（3）其他要求

① 钢筋混凝土承重结构用的胶粘剂，在进入加固市场前，其钢-钢粘结抗剪性能必须经湿热老化检验合格。老化时间：重要构件不少于 90d，一般构件不少于 60d。经湿热老化后的试件应在常温条件下进行钢-钢拉伸抗剪试验，其强度降低的百分率应符合下列要求：

碳纤维复合材浸渍/粘结用胶粘剂安全性能指标 表 2.14.5

性能项目		性能要求	
		A 级胶	B 级胶
胶体性能	抗拉强度(MPa)	≥40	≥30
	受拉弹性模量(MPa)	≥2500	≥1500
	伸长率(%)	≥1.5	
	抗弯强度(MPa)	≥50	≥45
		且不得呈脆性(碎裂状)破坏	
	抗压强度(MPa)	≥70	
粘结能力	钢-钢拉伸抗剪强度标准值(MPa)	≥14	≥15
	钢-钢不均匀扯离强度(kN/m)	≥20	≥12
	与混凝土正拉粘接强度(MPa)	≥2.5,且为混凝土内聚破坏	
不挥发物含量(固体含量)(%)		≥99	

注：1. B 级胶不用于粘贴预成型板；
2. 表中各项性能指标，除标有强度标准值外，均为平均值。

底胶的安全性能指标 表 2.14.6

性能项目	性能要求	
钢-钢拉伸抗剪强度标准值(MPa)	当与 A 级胶匹配：≥14	当与 B 级胶匹配：≥10
与混凝土正拉粘结强度(MPa)	≥2.5,且为混凝土内聚破坏	
不挥发物含量(固体含量)(%)	≥99	
混合后初黏度(23℃时)(MPa·s)	≤6000	

修补胶的安全性能指标 表 2.14.7

性能项目	性能要求
胶体抗压强度(MPa)	≥30
胶体抗弯强度(MPa)	≥40,且不得呈脆性(碎裂状)破坏
与混凝土正拉粘结强度(MPa)	≥2.5,且为混凝土内聚破坏

注：表中各项性能指标均为平均值。

　　A. A 级胶不得大于 10%；

　　B. B 级胶不得大于 15%。

　　② 对于已通过湿热老化验证的结构胶粘剂，其进场复验应进行快速法检验。不得使用仅具有湿热老化性能快速复验报告的胶粘剂。

　　③ 加固工程中，严禁使用下列结构胶粘剂产品：

　　A. 过期或出厂日期不明；

　　B. 包装破损、批号涂毁或中文标志、产品使用说明书为复印件；

　　C. 掺有挥发性溶剂或非反应性稀释剂；

　　D. 固化剂主成分不明或固化剂主成分为乙二胺（毒性大）；

　　E. 游离甲醛含量超标；

　　F. 以"植筋-粘钢两用胶"命名。

注：过期胶粘剂不得以厂家出具的"质量保证书"为依据而擅自延长其使用期限。

3. 承重结构加固用聚合物砂浆

(1) 定义

承重结构加固用聚合物水泥砂浆是在水泥砂浆生产过程中掺加一定量的改性环氧乳液（或水性环氧），从而有效改善水泥砂浆性能，大幅提高水泥砂浆技术指标的特种水泥砂浆，是一种能够满足工程特殊要求的新型复合材料。该材料具有以水泥水化硬化成分和聚合物两者作为胶结材料的优点，技术性能优良且因为与混凝土为同类材料，各项力学性能类似水泥混凝土，有效提高了界面的附着力及施工性，协同受力作用效果优良。聚合物砂浆与钢丝绳（钢绞线）网片组成的加固体系适合于建筑物和桥梁的加固，可以广泛地应用于结构梁、板、柱以及墙体的加固。

承重结构使用的聚合物砂浆，其性能与结构胶粘剂相近，并有以下优势：

① 聚合物砂浆强度比一般混凝土强度高，压抹以后强度发展快；

② 聚合物砂浆收缩性小，基本不会产生裂缝；

③ 聚合物砂浆二氧化碳的透过性差，可以预防混凝土的碳化；

④ 聚合物砂浆氯化物的抗渗透性好，可以防止内部钢筋的腐蚀；

⑤ 聚合物砂浆材料性质与混凝土相近，有更好的相容性和互相渗透性，长期粘结性能很好；

⑥ 聚合物砂浆耐冻融及耐久性好；

⑦ 聚合物砂浆无毒，对人体无害；

⑧ 在结构加固的过程中不影响建筑的使用，对被加固的母体表面没有平整要求，节点处理方便，可以加固有缺陷或强度低的混凝土结构；

⑨ 相比其他加固方式，解决了加固后的耐久性、耐高温性能的问题，加固性能可靠。

(2) 技术指标

承重结构用聚合物砂浆，其性能应符合表 2.14.8 的规定。

承重结构加固用聚合物砂浆基本性能指标 表 2.14.8

检验项目 砂浆等级	劈裂抗拉强度 （MPa）	抗压强度 （MPa）	抗折强度 （MPa）	正拉粘结强度 （MPa）	钢套筒粘结抗剪 强度标准值 （MPa）
Ⅰ级	≥7.0	≥55	≥12	≥2.5,且为混 凝土内聚破坏	≥12
Ⅱ级	≥5.5	≥45	≥10		≥9

(3) 其他要求

① 采用钢丝绳网片-聚合物砂浆外加层加固钢筋混凝土结构时，其聚合物砂浆品种的选用应符合下列规定：

a. 对重要构件的加固，应选用改性环氧类聚合物砂浆；

b. 对一般构件的加固，可选用改性环氧类聚合物砂浆或改性丙烯酸酯共聚物乳液配制的聚合物砂浆；

c. 乙烯-醋酸乙烯共聚物配制的聚合物砂浆，仅允许用于非承重结构构件；

d. 苯丙乳液配制的聚合物砂浆不得用于结构加固；

e. 在结构加固工程中不得使用主成分及主要添加剂成分不明的任何型号聚合物砂浆；

不得使用未提供安全数据清单的任何品种聚合物；也不得使用在产品说明书规定的贮存期内已发生分相现象的乳液。

② 承重结构用的聚合物砂浆分为Ⅰ级和Ⅱ级，应分别按下列规定采用：

a. 板和墙的加固：

ⓐ 当原构件混凝土强度等级为C30～C50时，应采用Ⅰ级聚合物砂浆；

ⓑ 当原构件混凝土强度等级为C25及以下时，可采用Ⅰ级或Ⅱ级聚合物砂浆；

b. 梁和柱的加固，均应采用1级聚合物砂浆。

4. 结构加固用钢丝绳网片

（1）定义

结构加固用的钢丝绳网片应根据设计规定选用高强度不锈钢丝绳或航空用镀锌碳素钢丝绳在工厂预制。制作网片的钢丝绳，其结构形式应为6×7+1WS金属股芯右交互捻小直径不松散钢丝绳或1×19单股左捻钢丝绳，绳的直径宜在2.4～4.5mm范围内，当采用1×19单股左捻钢丝绳时，绳的直径宜为2.5mm。

（2）技术指标

不锈钢丝绳和镀锌钢丝绳的性能指标应符合表2.14.9的规定。

结构加固用钢丝绳性能指标 表 2.14.9

种类	不锈钢丝绳				镀锌钢丝绳			
	公称直径（mm）	最小破断拉力（kN）	伸长率（%）	弹性模量（MPa）	公称直径（mm）	最小破断拉力（kN）	伸长率（%）	弹性模量（MPa）
6×7+1WS	2.4	4.10	≤1.5	≥1.05×10⁵	2.5	5.0	≤0.85	≥1.30×10⁵
	3.0	6.37			3.05	7.3		
	3.2	7.15						
	3.5	7.64			3.6	15.0		
	4.0	9.51			4.5	10.1		
	4.5	12.1						
1×19	2.5	5.58			2.5	5.9	≤0.8	

（3）其他要求

采用钢丝绳网片-聚合物砂浆外加层加固钢筋混凝土结构或构件时，其钢丝绳的选用应符合下列规定：

① 重要结构、构件，或结构处于腐蚀介质环境、潮湿环境和露天环境时，应选用高强度不锈钢丝绳制作的网片；

② 处于正常温、湿度环境中的一般结构或构件，可采用高强度镀锌钢丝绳制作的网片，但应采取有效的阻锈措施。

5. 结构加固用锚栓

（1）定义与分类

锚栓是指将被连接件锚固到混凝土基材上的锚固组件，按锚固方式分为：

① 膨胀型锚栓：利用膨胀件挤压锚孔孔壁形成锚固作用的锚栓，按安装时膨胀力控制方式不同，分为扭矩控制式和位移控制式；

② 扩孔型锚栓：通过锚孔底部扩孔与锚栓膨胀件之间的锁键形成锚固作用的锚栓，按扩孔方式不同，分为预扩孔式和自扩孔式。

③ 粘结型锚栓：是通过特制的化学胶粘剂，将螺杆胶结固定于混凝土基材钻孔中，以实现对固定件锚固的复合件。

注：1. 膨胀型锚栓和扩孔型锚栓不得用于受拉、边缘受剪（$c<10h_{ef}$，c——锚栓与混凝土基材边缘的距离；h_{ef}——锚栓有效锚固深度）、拉剪复合受力的结构构件及生命线工程非结构构件的后锚固连接。

2. 生命线工程是指对社会生活、生产有重大影响的交通、通信、医疗卫生、供水、排水、供电、供气、输油等工程系统。

（2）技术指标

结构加固用锚栓应采用自扩底锚栓、模扩底锚栓或特殊倒锥形锚栓。混凝土结构所用锚栓的材质可为碳素钢、不锈钢或合金钢，应根据环境条件的差异及耐久性要求的不同，选用相应的品种。锚栓进场后，应对锚栓钢材拉伸性能指标进行见证抽样复验，其复验结果应符合表 2.14.10 和表 2.14.11 的要求。

碳素钢及合金钢锚栓的钢材拉伸性能指标　　　　　　　　表 2.14.10

	性 能 等 级	4.8	5.8	6.8	8.8
锚栓钢材性能指标	抗拉强度标准值 f_{stk}（MPa）	400	500	600	800
	屈服强度标准值 f_{yk} 或 $f_{s,0.2k}$（MPa）	320	400	480	640
	伸长率 δ_5（%）	14	10	8	12

注：1. 性能等级 4.8 表示：$f_{stk}=400$MPa；$f_{yk}/f_{stk}=0.8$。

2. $f_{s,0.2k}$——规定塑性延伸强度。

不锈钢锚栓的钢材拉伸性能指标　　　　　　　　表 2.14.11

	性 能 等 级	50	70	80
锚栓钢材性能指标	螺纹公称直径 d（mm）	≤39	≤24	≤24
	抗拉强度标准值 f_{stk}（MPa）	500	700	800
	屈服强度标准值 f_{yk} 或 $f_{s,0.2k}$（MPa）	210	450	600
	伸长值 δ（mm）	0.6d	0.4d	0.3d

三、常规试验项目、组批原则及取样方法和数量

加固材料的常规试验项目、组批原则及取样方法和数量要求见表 2.14.12。

加固材料的常规试验项目、组批原则及取样方法和数量　　　　　　　　表 2.14.12

序号	材料名称	常规进场复验项目	组批原则及取样数量
1	纤维增强材料	抗拉强度标准值、弹性模量、极限伸长率、纤维织物单位面积质量或预成型板的纤维体积含量、碳纤维织物的 K 数、与配套胶粘剂适配性试验（使用前未进行过该项试验需补验，包括纤维复合材层间剪切强度、粘结材料粘合加固材与基材的正拉粘结强度）	碳纤维织物（碳纤维布）、碳纤维预成型板和玻璃纤维织物（玻璃纤维布）应按工程用量一次进场位。碳纤维布不超过 3000m² 为一批，碳纤维板不超过 5000m² 为一批，玻璃纤维按出厂批号，每批见证取样 3 件，从每件中，按每一检验项目各裁取一组试样的用料（≥5m 且 ≥1.5m²），配套浸渍（粘结）用胶粘剂每组不少于 1kg

166

序号	材料名称	常规进场复验项目	组批原则及取样数量
2	结构加固用胶粘剂（碳纤维复合材浸渍/粘结用胶粘剂及粘钢胶）	钢-钢拉伸抗剪强度、钢-混凝土正拉粘结强度、耐湿热老化性能、不挥发物含量、对抗震设防烈度为7度及7度以上地区建筑加固用的粘钢和粘贴纤维复合材的结构胶粘剂，尚应进行抗冲击剥离能力的取样复检	加固工程使用的结构胶粘剂，应按工程用量一次进场到位。按进场批次，每批次抽样3件，每件每组分别称取500g，并按相同组分予以混匀后送检。检验时，每一项目每批次的样品制作一组试件
3	承重结构加固用聚合物砂浆	劈裂抗拉强度、抗折强度、钢套筒粘结抗剪强度	配制结构加固用聚合物砂浆（包括以复合砂浆命名的聚合物砂浆）的原材料，应按工程用量一次进场到位，按进场批号，每批号抽样3件，每件每组分别称取500g，并按同组分予以混合后送检。检验时，每一项目每批号的样品制作一组试件
4	结构加固用钢丝绳网片	整绳破断拉力、弹性模量、伸长率	（1）不锈钢丝绳每批由同一结构、同一直径、同一材料钢丝绳组成；从每批钢丝绳按盘数的5%且不少于2盘，每盘抽取1个试样，进行破断拉力试验；弹性模量、伸长率每批取1个试样。 （2）镀锌钢丝绳每批由同一结构、同一直径、同一材料钢丝绳组成，逐盘取样进行破断拉力试验，弹性模量、伸长率每批取1个试样。 （3）每个试样长约2m
5	结构加固用锚栓	锚栓钢材的拉伸性能（屈服强度、或规定塑性延伸强度、抗拉强度、伸长率）	应按工程用量一次进场到位。按同一规格包装箱数为一检验批，随机抽取3箱（不足3箱应全取）的锚栓，经混合均匀后，从中见证抽取5%，且不少于5个进行复验

四、进场检验与材料证明文件核验

加固材料的进场检验与材料证明文件核验要求见表2.14.13。

加固材料的进场检验与材料证明文件核验　　　　表2.14.13

序号	材料名称	进场检验与材料证明文件核验
1	纤维增强材料	纤维材料进场时，施工单位应会同监理人员对其品种、级别、型号、规格、包装、中文标志、产品合格证和出厂检验报告等进行检查，对进口产品还应检查报关单及商检报告所列批号和技术内容是否与进场检查内容相符，符合要求后按相关要求见证取样进行进场复验
2	结构加固用胶粘剂	结构胶粘剂进场时，施工单位应会同监理人员对其品种、级别、批号、包装、中文标志、产品合格证、出厂日期和出厂检验报告等进行检查，符合要求后按相关要求见证取样进行进场复验
3	承重结构用聚合物砂浆	聚合物砂浆原材料进场时，施工单位应会同监理人员对其品种、型号、包装、中文标志、出厂日期和出厂检验报告等进行检查，符合要求后按相关要求见证取样进行进场复验
4	结构加固用钢丝绳网片	检查产品质量合格证、出厂检验报告；结构加固用的钢丝绳网片，其经绳与纬绳的品种、规格、数量、位置以及相应的连接方法应符合设计要求，其连接质量应牢固，无松弛、错位
5	结构加固用锚栓	进场时，应对其品种、型号、规格、中文标志和包装、产品合格证、出厂检验合格报告等进行检查。对地震设防区，尚应复查该批锚栓是否属地震区适用的锚栓。复查应符合下列要求： （1）对国内产品，应具有独立检验机构出具的符合行业标准《混凝土用膨胀型、扩孔型建筑锚栓》JG 160—2004附录F规定的专项试验验证合格的证书； （2）对进口产品，应具有该国或国际认证机构检验结果出具的地震区适用的认证证书； （3）对扩底刀具，还应检查其真伪；对地震设防区，尚应检查其认证或验证证书

五、取样注意事项

结构加固工程用的材料或产品，应按其工程用量一次进场到位。若加固用材料或产品的量很大，确需分次进场时，必须经设计和监理单位特许，且必须逐次进行抽样复验。

对一次进场到位的材料或产品，应按下列规定进行见证抽样：

1. 当《建筑结构加固工程施工质量验收规范》GB 50550—2010 条文中对抽样数量有具体规定时，应按该规定执行，不得以任何产品标准的规定替代。

2. 当该规范条文中未对抽样数量作出规定，而国家现行有关标准已有具体规定时，可按相关标准执行。

3. 若所引用的标准仅对材料或产品出厂的检验数量作出规定，而未对进场复验的抽样数量作出规定时，应按下列情况确定复验抽样方案：

（1）当一次进场到位的材料或产品数量大于该材料或产品出厂检验划分的批量时，应将进场的材料或产品数量按出厂检验批量划分为若干检验批，然后按出厂检验抽样方案执行；

（2）当一次进场到位的材料或产品数量不大于该材料或产品出厂检验划分的批量时，应将进场的材料或产品视为一个检验批量，然后按出厂检验抽样方案执行；

（3）对分次进场的材料或产品，除应逐次按上述规定进行抽样复验外，尚应由监理单位以事前不告知的方式进行复查或复验，且至少应进行一次；其抽样部位及数量应由监理总工程师决定；

（4）对于《建筑结构加固工程施工质量验收规范》GB 50550—2010 中强制性条文要求复验的项目，其每一检验批取得的试样，应分成两等份。其中一份供进场复验使用；另一份应封存保管至工程验收通过后（或保管至该产品失效期），以备有关各方对工程质量有异议时供仲裁检验使用。

4. 在施工过程中，若发现某种材料或产品性能异常，或有被调包的迹象，监理单位应立即下通知停止使用，并及时进行见证抽样专项检验。专项检验每一项目的试件数量不应少于 15 个。

六、标识

加固材料送检试样应有清晰的、不易脱落的唯一性标识，标识应包括工程编号、试件编号、材料的规格、型号、取样日期等内容，但不应注明施工单位和工程名称。试件编号应按单位工程分类顺序排号，不得空号和重号。

建筑材料本身带有标识的，抽取的试件应选择有标识的部分。

依据标准需重新取样复试时，复试样品的试件编号应在初试时编号后加"复试"后缀加以区别。见证试件应有见证人员所做封志或见证标识。

标识参考样式见图 2.14.1。

工程编号	××××××	试样编号	
材料名称			
级别、规格			
取样日期		年　　月　　日	

图 2.14.1　试件标识样式

七、工作程序

取样、标识、登记台账和委托送检等工作程序参照第一章第三节。

八、试验结果不符合技术指标情况处理

加固材料试验结果不符合技术指标情况处理见表2.14.14。

加固材料试验结果不符合技术指标情况的处理　　　　表 2.14.14

序号	材料名称	常规进场复验项目	试验结果不符合技术要求情况的处理
1	纤维增强材料	抗拉强度标准值、弹性模量、极限伸长率、纤维织物单位面积质量或预成型板的纤维体积含量、碳纤维织物的K数、与配套胶粘剂适配性试验(使用前未进行过该项试验需补验,包括纤维复合材层间剪切强度、粘结材料粘合加固材与基材的正拉粘结强度)	(1)碳纤维织物的 K 数检验时,经纱密度未在可选范围内,无法确定 K 数应加倍抽样复试该碳纤维织物的经纱密度,复试合格可判定 K 数符合要求; (2)其余项目检验结果不合格的产品不得用于现场施工;对于不合格材料,应及时做好标识,办理退场手续
2	结构加固用胶粘剂	钢-钢拉伸抗剪强度、钢-混凝土正拉粘结强度、耐湿热老化性能、不挥发物含量、对抗震设防烈度为 7 度及 7 度以上地区建筑加固用的粘钢和粘贴纤维复合材的结构胶粘剂,尚应进行抗冲击剥离能力的取样复检	(1)胶粘剂湿热老化性能快速法复验不合格时,允许采用"结构胶粘剂湿热老化性能测定方法"以加倍数量进行复试,合格后可以使用; (2)其余项目检验结果不合格的产品不得用于现场施工;对于不合格材料,应及时做好标识,办理退场手续
3	承重结构用聚合物砂浆	劈裂抗拉强度、抗折强度、钢套筒粘结抗剪强度	任一项检验结果不合格的产品不得用于现场施工;对于不合格材料,应及时做好标识,办理退场手续
4	结构加固用钢丝绳网片	整绳破断拉力、弹性模量、伸长率	(1)对于不锈钢丝绳,如果其中某项检验结果不合格时,则该盘报废。另从该批其他盘中抽取双倍数量的试样进行该不合格项目的复试。若复试仍不合格,该批判为不合格;但允许逐盘检验,合格者予以交货使用; (2)对于镀锌钢丝绳,如果其中某项检验结果不合格时对该项加倍取样复试;复试结果仍不合格时,逐盘检验,合格者交货使用
5	结构加固用锚栓	锚栓钢材的拉伸性能(屈服强度、抗拉强度、伸长率)	(1)若检验结果仅有一个不合格,允许加倍取样复试;若仍有不合格者,则该批产品应评为不合格产品; (2)不合格的产品不得用于现场施工;对于不合格材料,应及时做好标识,办理退场手续

第十五节 建筑幕墙

一、相关标准

1.《建筑幕墙》GB/T 21086—2007；
2.《建筑节能工程施工质量验收规范》GB 50411—2007；
3.《建筑工程资料管理规程》DB11/T 695—2009；
4.《建筑装饰装修工程质量验收规范》GB 50210—2001。

二、基本概念

1. 定义

（1）建筑幕墙：由面板与支承结构体系（支承装置与支承结构）组成的、可相对主体结构有一定位移能力或自身有一定变形能力、不承担主体结构所受作用的建筑外围护墙。

（2）构件式建筑幕墙：现场在主体结构上安装立柱、横梁和各种面板的建筑幕墙。

（3）单元式幕墙：由各种墙面板与支承框架在工厂制成完整的幕墙结构基本单位，直接安装在主体结构上的建筑幕墙。

（4）玻璃幕墙：面板材料是玻璃的建筑幕墙。

（5）石材幕墙：面板材料是天然建筑石材的建筑幕墙。

（6）金属板幕墙：面板材料外层饰面为金属板材的建筑幕墙。

（7）人造板材幕墙：面板材料为人造外墙板（包括瓷板、陶板和微晶玻璃等，不包括玻璃、金属板材）的建筑幕墙。

（8）瓷板幕墙：以瓷板（吸水率平均值 $E \leqslant 0.5\%$ 干压陶瓷板）为面板的建筑幕墙。

（9）陶板幕墙：以陶板（吸水率平均值 $3\% < E \leqslant 6\%$ 和 $6\% < E \leqslant 10\%$ 挤压陶瓷板）为面板的建筑幕墙。

（10）微晶玻璃幕墙：以微晶玻璃板（通体板材）为面板的建筑幕墙。

（11）全玻幕墙：由玻璃面板和玻璃肋构成的建筑幕墙。

（12）点支承玻璃幕墙：由玻璃面板、点支承装置和支承结构构成的建筑幕墙。

（13）双层幕墙：由外层幕墙、热通道和内层幕墙（或门、窗）构成，且在热通道内能够形成空气有序流动的建筑幕墙。

（14）外通风双层幕墙：进、出风口设在外层，通过合理配置进出风口使室外空气过入热通道并有序流动的双层幕墙。

（15）内通风双层幕墙：进、出风口设在内层，利用通风设备使室内空气进入热通道并有序流动的双层幕墙。

（16）封闭式建筑幕墙：要求具有阻止空气渗透和雨水渗漏功能的建筑幕墙。

（17）开放式建筑幕墙：不要求具有阻止空气渗透或雨水渗漏功能的建筑幕墙。包括遮挡式和开缝式建筑幕墙。

2. 产品分类和标记

（1）分类和标记

① 按主要支承结构形式分类及标记代号表 2.15.1。

建筑幕墙主要支承结构形式分类及标记代号　　　　　　表 2.15.1

主要支承结构	构件式	单元式	点支承	全玻	双层
代号	GJ	DY	DZ	QB	SM

② 按密闭形式分类及标记代号表 2.15.2。

幕墙密闭形式分类及标记代号　　　　　　表 2.15.2

密闭形式	封闭式	开放式
代号	FB	KF

③ 按面板材料分类及标记代号

a. 玻璃幕墙，代号为 BL；

b. 金属板幕墙，代号应符合④的要求；

c. 石材幕墙，代号为 SC；

d. 人造板材幕墙，代号应符合⑤的要求；

e. 组合面板幕墙，代号为 ZH。

④ 金属板面板材料分类及标记代号表 2.15.3。

金属板面板材料分类及标记代号　　　　　　表 2.15.3

材料名称	单层铝板	铝塑复合板	蜂窝铝板	彩色涂层钢板	搪瓷涂层钢板	锌合金板	不锈钢板	铜合金板	钛合金板
代号	DL	SL	FW	CG	TG	XB	BG	TN	TB

⑤ 人造板材材料分类及标记代号表 2.15.4。

人造板材材料分类及标记代号　　　　　　表 2.15.4

材料名称	瓷板	陶板	微晶玻璃
标记代号	CB	TB	WJ

⑥ 面板支承形式、单元部件间接口形式分类及标记代号

a. 构成式玻璃幕墙面板支承形式分类及标记代号表 2.15.5。

构件式玻璃幕墙面板支承形式分类及标记代号　　　　　　表 2.15.5

支承形式	隐框结构	半隐框结构	明框结构
代号	YK	BY	MK

b. 石材幕墙、人造板材幕墙面板支承形式分类及标记代号表 2.15.6。

石材幕墙、人造板材幕墙面板支承形式分类及标记代号　　　　　　表 2.15.6

支承形式	嵌入	钢销	短槽	通槽	勾托	平挂	穿透	蝶形背卡	背栓
代号	QR	GX	DC	TC	GT	PG	CT	BK	BS

c. 单元式幕墙单元部件间接口形式分类及标记代号表 2.15.7。

单元式幕墙单元部件间接口形式分类及标记代号　　　　　表 2.15.7

接口形式	插接型	对接型	连接型
标记代号	CJ	DJ	LJ

d. 支承玻璃幕墙面板支承形式分类及标记代号表 2.15.8。

点支承玻璃幕墙面板支承形式分类及标记代号　　　　　表 2.15.8

支承形式	钢结构	索杆结构	玻璃肋
标记代号	GG	RG	BLL

e. 全玻璃幕墙面板支承形式分类及标记代号表 2.15.9。

全玻璃幕墙面板支承形式分类及标记代号　　　　　表 2.15.9

支承形式	落地式	吊挂式
标记代号	LD	DG

⑦ 双层幕墙分类及标记代号

按通风方式分类及标记代号应符合表 2.15.10 的规定。

双层幕墙通风方式分类及标记代号　　　　　表 2.15.10

通风方式	外通风	内通风
代号	WT	NT

（2）标记方法

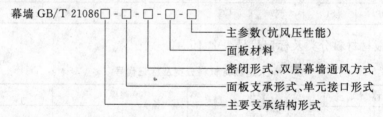

（3）标记示例

① 幕墙 GB/T 21086 GJ-YK-FB-BL-3.5（构件式-隐框-封闭-玻璃，抗风压性能 3.5kPa）

② 幕墙 GB/T 21086 GJ-BS-FB-SC-3.5（构件式-背拴-封闭-石材，抗风压性能 3.5kPa）

③ 幕墙 GB/T 21086 GJ-YK-FB-DL-3.5（构件式-隐框-封闭-单层铝板，抗风压性能 3.5kPa）

④ 幕墙 GB/T 21086 GJ-DC-FB-CB-3.5（构件式-短槽式-封闭-瓷板，抗风压性能 3.5kPa）

⑤ 幕墙 GB/T 21086 DY-DJ-FB-ZB-3.5（单元式-对接型-封闭-组合，抗风压性能 3.5kPa）

⑥ 幕墙 GB/T 21086 DZ-SG-FB-BL-3.5（点支式-索杆结构-封闭-玻璃，抗风压性能 3.5kPa）

172

⑦ 幕墙 GB/T 21086 QB-LD-FB-BL-3.5（全玻-落地-封闭-玻璃，抗风压性能 3.5kPa）

⑧ 幕墙 GB/T 21086 SM-MK-NT-BL-3.5（双层-明框-内通风-玻璃，抗风压性能 3.5kPa）

3. 建筑幕墙通用要求（技术指标）

（1）抗风压性能

① 幕墙的抗风压性能指标应根据幕墙所受的风荷载标准值 W_k 确定，其指标值不应低于 W_k，且不应小于 1.0kPa，W_k 的计算应符合 GB 50009 的规定。

② 在抗风压性能指标值作用下，幕墙的支承体系和面板的相对挠度和绝对挠度不应大于表 2.15.11 的要求。

幕墙支承结构、面板相对挠度和绝对挠度要求　　　　　　　表 2.15.11

支承结构类型		相对挠度（L 跨度）	绝对挠度（mm）
构件式玻璃幕墙单元式幕墙	铝合金型材	L/180	20(30)[a]
	钢型材	L/250	20(30)[a]
	玻璃面板	短边距/60	—
石材幕墙 金属板幕墙 人造板材幕墙	铝合金型材	L/180	—
	钢型材	L/250	—
点支承玻璃幕墙	钢结构	L/250	—
	索杆结构	L/200	—
	玻璃面板	长边孔距/60	—
全玻幕墙	玻璃肋	L/200	—
	玻璃面板	跨距/60	—

a：括号内数据适用于跨距超过 4500mm 的建筑幕墙产品。

③ 开放式建筑幕墙的抗风压性能应符合设计要求。

④ 抗风压性能分级指标 P_3 应符合本标准的规定（幕墙的抗风压性能指标应根据幕墙所受的风荷载标准值 W_k 确定，其指标值不应低于 W_k，且不应小于 1.0kPa。W_k 的计算应符合 GB 50009 的规定），并符合表 2.15.12 的要求。

建筑幕墙抗风压性能分级　　　　　　　表 2.15.12

分级代号	1	2	3	4	5	6	7	8	9
分级指标值 P_3（kPa）	$1.0 \leqslant P_3 < 1.5$	$1.5 \leqslant P_3 < 2.0$	$2.0 \leqslant P_3 < 2.5$	$2.5 \leqslant P_3 < 3.0$	$3.0 \leqslant P_3 < 3.5$	$3.5 \leqslant P_3 < 4.0$	$4.0 \leqslant P_3 < 4.5$	$4.5 \leqslant P_3 < 5.0$	$P_3 \geqslant 5.0$

注：1. 9 级时需同时标注的 P_3 测试值。如：属 9 级（5.5kPa）；

2. 分级指标值 P_3 为正、负风压测试值绝对值的较小值。

（2）水密性能

① 幕墙水密性能指标应按如下方法确定：

a. GB 50178 中，ⅢA 和ⅣA 地区，即热带风暴和台风多发地区按式 2.15.1 计算，且固定部分不宜小于 1000Pa，可开启部分与固定部分同级。

$$P = 1000\mu_z\mu_c\omega_0 \qquad (2.15.1)$$

式中　P——水密性能指标，（Pa）；

μ_z——风压高度变化系数，应按 GB 50009 的有关规定采用；

μ_c——风力系数，可取 1.2；

ω_0——基本风压（kN/m^2），应按 GB 50009 的有关规定采用；

b. 其他地区可按 a 条计算值的 75% 进行设计，且固定部分取值不宜低于 700Pa，可开启部分与固定部分同级。

② 水密性能分级指标值应符合表 2.15.13 的要求。

建筑幕墙水密性能分级　　　　　　　　　　表 2.15.13

分级代号		1	2	3	4	5
分级指标值 ΔP(Pa)	固定部分	$500{\leqslant}\Delta P$ <700	$700{\leqslant}\Delta P$ <1000	$1000{\leqslant}\Delta P$ <1500	$1500{\leqslant}\Delta P$ <2000	$\Delta P{\geqslant}2000$
	可开启部分	$250{\leqslant}\Delta P$ <350	$350{\leqslant}\Delta P$ <500	$500{\leqslant}\Delta P$ <700	$700{\leqslant}\Delta P$ <1000	$\Delta P{\geqslant}1000$

注：5 级时需同时标注固定部分和开启部分 ΔP 的测试值。

③ 有水密性要求的建筑幕墙在现场淋水试验中，不应发生水渗漏现象。

④ 开放式建筑幕墙的水密性能可不作要求。

（3）气密性能

① 气密性能指标应符合 GB 50176、GB 50189、JGJ 132、JGJ 134、JGJ 26 的有关规定，并满足相关节能标准的要求。一般情况可按表 2.15.14 确定。

建筑幕墙气密性能设计指标一般规定　　　　　　　　　　表 2.15.14

地区分类	建筑层数、高度	气密性能分级	气密性能指标小于	
			开启部分 $q_L[m^3/(m \cdot h)]$	幕墙整体 $q_A[m^3/(m^2 \cdot h)]$
夏热冬暖地区	10 层以下	2	2.5	2.0
	10 层及以上	3	1.5	1.2
其他地区	7 层以下	2	2.5	2.0
	7 层及以上	3	1.5	1.2

② 开启部分气密性能分级指标 q_L 应符合表 2.15.15 的要求。

建筑幕墙开启部分气密性能分级　　　　　　　　　　表 2.15.15

分级代号	1	2	3	4
分级指标值 $q_L/[m^3/(m \cdot h)]$	$4.0{\geqslant}q_L>2.5$	$2.5{\geqslant}q_L>1.5$	$1.5{\geqslant}q_L>0.5$	$q_L{\leqslant}0.5$

③ 幕墙整体（含开启部分）气密性能分级指标 q_A 应符合表 2.15.16 的要求。

建筑幕墙整体气密性能分级　　　　　　　　　　表 2.15.16

分级代号	1	2	3	4
分级指标值 $q_A/[m^3/(m^2 \cdot h)]$	$4.0{\geqslant}q_A>2.0$	$2.0{\geqslant}q_A>1.2$	$1.2{\geqslant}q_A>0.5$	$q_A{\leqslant}0.5$

④ 开放式建筑幕墙的气密性能不作要求。

（4）热工性能

① 建筑幕墙传热系数应按 GB 50176 的规定确定，并满足 GB 50189、JGJ 132、JGJ

134、JGJ 26 和 JG J75 的要求。玻璃（或其他透明材料）幕墙遮阳系数应满足 GB 50189 和 JG J75 的要求。

② 幕墙传热系数应按相关规范进行设计计算。

③ 幕墙在设计环境条件下应无结露现象。

④ 对热工性能有较高要求的建筑，可进行现场热工性能试验。

⑤ 幕墙传热系数分级指标 K 应符合表 2.15.17 的要求。

建筑幕墙传热系数分级 表 2.15.17

分级代号	1	2	3	4	5	6	7	8
分级指标值 $K[\text{W}/(\text{m}^2 \cdot \text{K})]$	$K \geqslant 5.0$	$5.0 > K \geqslant 4.0$	$4.0 > K \geqslant 3.0$	$3.0 > K \geqslant 2.5$	$2.5 > K \geqslant 2.0$	$2.0 > K \geqslant 1.5$	$1.5 > K \geqslant 1.0$	$K < 1.0$

注：8 级时需同时标注 K 的测试值。

⑥ 玻璃幕墙的遮阳系数应符合：

a. 遮阳系数应按相关规范进行设计计算。

b. 玻璃幕墙的遮阳系数分级指标 SC 应符合表 2.15.18 的要求。

玻璃幕墙遮阳系数分级 表 2.15.18

分级代号	1	2	3	4	5	6	7	8
分级指标值 SC	$0.9 \geqslant SC > 0.8$	$0.8 \geqslant SC > 0.7$	$0.7 \geqslant SC > 0.6$	$0.6 \geqslant SC > 0.5$	$0.5 \geqslant SC > 0.4$	$0.4 \geqslant SC > 0.3$	$0.3 \geqslant SC > 0.2$	$SC \leqslant 0.2$

注：1. 8 级时需同时标注 SC 的测试值。

2. 玻璃幕墙遮阳系数＝幕墙玻璃遮阳系数×外遮阳的遮阳系数×$\left(1 - \dfrac{\text{非透光部分面积}}{\text{玻璃幕墙总面积}}\right)$

⑦ 开放式建筑幕墙的热工性能应符合设计要求。

（5）空气声隔声性能

① 空气声隔声性能以计权隔声量作为分级指标，应满足室内声环境的需要，符合 GBJ 118 的规定。

② 空气声隔声性能分级指标 R_w 应符合表 2.15.19 的要求。

建筑幕墙空气声隔声性能分级 表 2.15.19

分级代号	1	2	3	4	5
分级指标值 R_w(dB)	$25 \leqslant R_w < 30$	$30 \leqslant R_w < 35$	$35 \leqslant R_w < 40$	$40 \leqslant R_w < 45$	$R_w \geqslant 45$

注：5 级时需同时标注 R_w 测试值。

③ 开放式建筑幕墙的空气声隔声性能应符合设计要求。

（6）平面内变形性能和抗震要求

① 抗震性能应满足 GB 50011 的要求。

② 平面内变形性能

a. 建筑幕墙平面内变形性能以建筑幕墙层间位移角为性能指标。在非抗震设计时，指标值应不小于主体结构弹性层间位移角控制值；在抗震设计时，指标值应不小于主体结构弹性层间位移角控制值的 3 倍。主体结构楼层最大弹性层间位移角控制值可按表 2.15.20 的规定执行。

结 构 类 型		建筑高度 H(m)		
		$H \leqslant 150$	$150 < H \leqslant 250$	$H > 250$
钢筋混凝土结构	框架	1/550	—	—
	板柱-剪力墙	1/800	—	—
	框架-剪力墙、框架-核心筒	1/800	线性插值	—
	筒中筒	1/1000	线性插值	1/500
	剪力墙	1/1000	线性插值	—
	框支层	1/1000	—	—
多、高层钢结构		1/300		

注：1. 表中弹性层间位移角＝Δ/h，Δ 为最大弹性层间位移量，h 为层高。
　　2. 线性插值系指建筑高度在 150～250m 之间，层间位移角取 1/800（1/1000）与 1/500 线性插值。

　　b. 平面内变形性能分级指标 r 应符合表 2.15.21 的要求。

建筑幕墙平面内变形性能分级　　　　　　表 2.15.21

分级代号	1	2	3	4	5
分级指标值 r	$r < 1/300$	$1/300 \leqslant r < 1/200$	$1/200 \leqslant r < 1/150$	$1/150 \leqslant r < 1/100$	$r \geqslant 1/100$

注：表中分级指标为建筑幕墙层间位移角。

　　③ 建筑幕墙应满足所在地抗震设防烈度的要求。对有抗震设防要求的建筑幕墙，其试验样品在设计的试验峰值加速度条件下不应发生破坏。幕墙具备下列条件之一时应进行振动台抗震性能试验或其他可行的验证试验：

　　a. 面板为脆性材料，且单块面板面积或厚度超过现行标准或规范的限制；

　　b. 面板为脆性材料，且与后部支承结构的连接体系为首次应用；

　　c. 应用高度超过标准或规范规定的高度限制；

　　d. 所在地区为 9 度以上（含 9 度）设防烈度。

　　(7) 耐撞击性能

　　① 耐撞击性能应满足设计要求。人员流动密度大或青少年、幼儿活动的公共建筑的建筑幕墙，耐撞击性能指标不应低于表 2.15.22 中 2 级。

　　② 撞击能量 E 和撞击物体的降落高度 H 分级指标和表示方法应符合表 2.15.22 的要求。

建筑幕墙耐撞击性能分级　　　　　　表 2.15.22

分级指标		1	2	3	4
室内侧	撞击能量 E(N·m)	700	900	>900	—
	降落高度 H(mm)	1500	2000	>2000	—
宝外侧	撞击能量 E(N·m)	300	500	800	>800
	降落高度 H(mm)	700	1100	1800	>1800

注：1. 性能标注时应按：室内侧定级值/室外侧定级值。例如：2/3 为室内 2 级，室外 3 级；
　　2. 当室内侧定级值为 3 级时标注撞击能量实际测试值，当室外侧定级值为 4 级时标注撞击能量实际测试值。
　　　例如：1200/1900 室内 1200N·m，室外 1900N·m。

（8）光学性能

① 有采光功能要求的幕墙，其透光折减系数不应低于 0.45。有辨色要求的幕墙，其颜色透视指数不宜低于 $Ra80$。

② 建筑幕墙采光性能分级指标透光折减系数 T_T 应符合表 2.15.23 的要求。

建筑幕墙采光性能分级 表 2.15.23

分级代号	1	2	3	4	5
分级指标值 T_T	$0.2{\leqslant}T_T{<}0.3$	$0.3{\leqslant}T_T{<}0.4$	$0.4{\leqslant}T_T{<}0.5$	$0.5{\leqslant}T_T{<}0.6$	$T_T{\geqslant}0.6$

注：5级时需同时标注 T_T 的测试值。

③ 玻璃幕墙的光学性能应满足 GB/T 18091 的规定。

（9）承重力性能

① 幕墙应能承受自重和设计时规定的各种附件的重量，并能可靠地传递到主体结构。

② 在自重标准作用下，水平受力构件在单块面板两端跨距内的最大挠度不应超过该面板两端跨距的 1/500，且不应超过 3mm。

三、常规试验项目

1. 按照《建筑幕墙》GB/T 21086—2007 标准要求，常规试验项目有：

（1）抗风压性能；

（2）水密性能；

（3）气密性能；

（4）平面内变形性能（有抗震设防要求或用于多、高层结构时）。

2. 按照《建筑节能工程施工质量验收规范》GB 50411—2007 标准要求，常规试验项目有：气密性能。

3. 按照《建筑装饰装修工程质量验收规范》GB 50210—2001 标准要求，常规试验项目有：

（1）抗风压性能；

（2）水密性能；

（3）气密性能；

（4）平面内变形性能。

① 抗风压性能：幕墙可开启部分处于关闭状体时，在风压作用下，幕墙变形不超过允许值且不发生结构损坏（如：裂缝，面板损坏、局部屈服、粘结失效等）及五金件松动、开启困难等功能障碍的能力。

② 水密性能：幕墙可开启部分为关闭状体时，在风雨同时作用下，阻止雨水渗透的能力。

③ 气密性能：幕墙可开启部分在关闭状态时，可开启部分以及幕墙整体阻止空气渗透的能力。

④ 平面内变形性能：幕墙在楼层反复变位作用下保持其墙体及连接部位不发生危及人身安全的破损的平面内变形能力。

四、组批（抽样频率）及复试原则

1. 按照《建筑幕墙》GB/T 21086—2007 标准要求：

（1）相同设计、材料、工艺和施工条件的幕墙工程每 500～1000m² 应划分为一个检验批，不足 500m² 也应划分为一个检验批。

（2）同一单位工程的不连续的幕墙工程应单独划分检验批。

（3）对于异性或有特殊要求的幕墙，检验批的划分应根据幕墙的结构、工艺特点及幕墙工程规模，由监理单位（或建设单位）和施工单位协商解决。

（4）对于应用高度不超过 24m，且总面积不超过 300m² 的建筑幕墙产品，幕墙性能必检项目［抗风压性能、水密性能、气密性能、平面内变形性能（有抗震设防要求或用于多、高层结构时）］可采用同类产品的型式试验结果，但型式试验结果必须符合：

a. 型式试验样品必须能够代表该幕墙产品；

b. 型式试验样品性能指标不低于该幕墙的性能指标。

2. 按照《建筑节能工程施工质量验收规范》GB 50411—2007 标准要求：

（1）当幕墙面积大于 3000m² 或大于建筑外墙面积的 50％时，应现场抽取材料和配件，在检测试验室安装制作试件进行气密性能检测，检测结果应符合设计规定的等级要求。

（2）应对一个单位工程中面积超过 1000m² 的每一种幕墙均抽取一个试件进行检测。

3. 按照《建筑装饰装修工程质量验收规范》GB 50210—2001 标准要求，批次的划分要求同《建筑幕墙》GB/T 21086—2007。

五、进厂检验与材质证明文件核验

幕墙材料进场后，应检验以下内容：

（1）进场批量；

（2）型式检验报告；

（3）使用说明书。

① 型式检验报告内容：抗风压性能、水密性能、气密性能、热工性能、空气声隔声性能、平面内变形性能。

② 使用说明书应包括：制造厂名、产品名称、日期；各项物理性能指标；幕墙的主要结构特点、易损零部件及主要部分面板更换方法；日常与定期的维护、保养及清洁要求；保修范围、内容、保修期；双方的责任和义务；维修费用。

六、试样标识

按标准取得试样后，应及时对试样做出唯一性标识，标识应包括以下内容：工程编号、试样编号、幕墙品种、幕墙标记、抗风压性能和取样日期；参考样式见图 2.15.1。

工程编号	××××××	试样编号	
幕墙品种			
幕墙标记			
抗风压性能			
取样日期		年　月　日	

图 2.15.1　试件标识样式

七、合格判定规则

《建筑幕墙》GB/T 21086—2007 标准规定，交接检验项目的检验结果中，抗分压性能检验结果不合格，则该幕墙应判定为不合格，其他必检项目（非抽样检验的项目）不合格，应重新单项复检，如仍不合格，则该幕墙应判定为不合格。

抽样检验的项目中，应有 80％抽样实测值合格，且不合格值不影响安全和正常使用，则可判定检验批合格。

八、工作程序

取样、标识、登记台账和委托送检等工作程序参照第一章第三节。

九、复试不合格情况处理

退货。建筑幕墙经试验，被判定为不合格品时，在厂家无争议的情况下，应予退货。

第三章 施工过程质量检测试验

第一节 土 工 击 实

一、相关标准

1. 《建筑地基基础设计规范》GB 50007—2002；

2. 《建筑地基基础工程施工质量验收规范》GB 50202—2002；

3. 《土工试验方法标准》GB/T 50123—1999。

二、常规试验项目：击实试验。

三、试验目的

通过试验，测定土在一定功能作用下密度和含水率的关系，以确定土样的最大干密度和相应的最优含水率，是控制回填土的重要指标之一。

四、技术指标

1. 最大干密度；

2. 最优含水率；

3. 压实系数。

干密度与含水率的关系：检测单位通过试验绘制出干密度与含水率的关系曲线（见图3.1.1）。取曲线峰值点相应的纵坐标为击实试样的最大干密度，相应的横坐标为击实试样的最优含水率。

压实系数：现场实测土样干密度与最大干密度的比值（压实系数<1），具体数值一般由相应标准或设计单位给出。

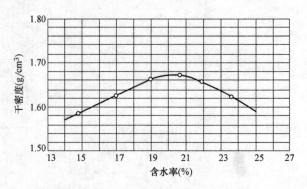

图 3.1.1 干密度与含水率关系曲线

五、试验意义

检测单位通过击实试验，试验报告中注明施工单位所委托试验土样的最大干密度与最优含水率数值。

180

1. 施工单位依据最优含水率值控制现场回填土中的水分，力争达到最优含水率；

2. 施工单位依据最大干密度值乘以设计单位给定的压实系数值，得到现场回填土干密度的最低控制值；

3. 现场试验人员实测已施工（经过碾压、夯实）填土的干密度，经计算如大于或等于最低控制值，压（夯）实填土施工合格；反之为不合格。

六、取样

从现场取天然含水率的具有代表性的土样（粒径小于 5mm 的黏性土）20kg 或 50kg（土样粒径不大于 20mm）。

七、试样标识

按标准取得土试样后，应及时对试样做出唯一性标识，标识应包括以下内容：

工程编号、试样编号、试样名称、粒径和取样日期；参考样式见图 3.1.2。

工程编号	×××××	试样编号	
名称	回填土		
粒径	小于 5mm		
取样日期	年　月　日		

图 3.1.2　试件标识样式

八、取样注意事项

检测单位针对土样的不同粒径，会采取不同的试验方法。施工现场的回填土，由于回填部位不同，土质的颗粒形状、大小不一，所以取样时，一定要有针对性和代表性。

九、工作程序

取样、标识、登记台账和委托送检等工作程序参照第一章第三节。

第二节 钢筋连接

一、相关标准

1.《钢筋焊接及验收规程》JGJ 18—2003；
2.《钢筋机械连接技术规程》JGJ 107—2010；
3.《镦粗直螺纹钢筋接头》JG 171—2005；
4.《钢筋混凝土用钢 第3部分：钢筋焊接网》GB 1499.2—2007；
5.《钢筋焊接网混凝土结构技术规程》JGJ 114—2003。

二、基本概念

1. 钢筋焊接接头

（1）定义与分类

钢筋焊接是指通过加热或加压，用或不用填充材料，使钢筋达到结合而形成永久性连接的工艺过程，通常有熔焊、压焊等方式。常见钢筋焊接方法和使用要求见表3.2.1。

常见的钢筋焊接方法、定义和使用要求　　　　　　　　　　表3.2.1

钢筋焊接方法	定　义	使用范围及说明
闪光对焊	将2根钢筋安放成对接形式，利用电阻热使接触点金属熔化，产生强烈飞溅，形成闪光，迅速施加顶锻力完成的一种压焊方法	用于钢筋的对接焊接
电弧焊	以焊条作为一极，钢筋为另一极，利用焊接电流通过产生的电弧热进行焊接的一种熔焊方法	用途广泛，包括帮条焊、搭接焊、坡口焊、窄间隙焊、熔槽帮条焊、预埋件电弧焊
电渣压力焊	将2根钢筋安放成竖向对接形式，利用焊接电流通过两钢筋端面间隙，在焊剂层下形成电弧和电渣过程，产生电弧热和电阻热，熔化钢筋，加压完成的一种压焊方法	用于混凝土结构中竖向或斜向（倾斜度在4∶1范围内）钢筋的连接
气压焊	采用氧乙炔火焰或其他火焰对钢筋对接处加热，使其达到塑性或熔化状态后，加压完成的一种压焊方法	用于钢筋在垂直位置，水平位置或倾斜位置的对接焊接
电阻点焊	将2根钢筋安放成交叉叠接形式，压紧于两电极之间，利用电阻热熔化母材金属，加压形成焊点的一种压焊方法	用于制作混凝土结构中的钢筋焊接骨架和钢筋焊接网
预埋件钢筋埋弧压力焊	将钢筋与钢板安放成T形接头形式，利用焊接电流通过，在焊剂层下产生电弧，形成熔池，加压完成的一种压焊方法	用于预埋件钢筋T形接头的焊接和钢筋的对接焊接

（2）工艺检验

在工程开工或者每批钢筋正式焊接之前，均须采用与生产相同条件进行焊接工艺试验，以便了解钢筋焊接性能，选择最佳焊接参数，掌握担负生产的焊工的技术水平。每种牌号、每种规格钢筋至少做1组试件，经试验合格后，方可正式生产。试验结果应符合质量检验与验收时的要求。若第1次未通过，应改进工艺、调整参数，直至合格为止。

（3）现场检验的技术指标与结果判定

①钢筋闪光对焊接头、电弧焊接头、电渣压力焊接头、气压焊接头拉伸试验结果均应符合下列要求：

a. 3个热轧钢筋接头试件的抗拉强度均不得小于该牌号钢筋规定的抗拉强度；RRB400钢筋接头试件的抗拉强度均不得小于570N/mm²；

b. 至少应有2个试件断于焊缝之外，并应呈延性断裂。

当达到上述2项要求时，应评定该批接头为抗拉强度合格。

当试验结果有2个试件抗拉强度小于钢筋规定抗拉强度，或3个试件均在焊缝或热影响区发生脆性断裂时，则一次判定该批接头为不合格品。

当试验结果有1个试件抗拉强度小于规定值，或2个试件在焊缝或热影响区发生脆性断裂，其抗拉强度均小于钢筋规定抗拉强度的1.10倍时，应进行复验。复验时，应再切取6个试件。复验结果，当仍有1个试件的抗拉强度小于规定值，或有3个试件断于焊缝或热影响区，呈脆性断裂，其抗拉强度小于钢筋规定抗拉强度的1.10倍时，应判定该批接头为不合格品。

注：1. 当接头试件虽断于焊缝或热影响区，呈脆性断裂，但其抗拉强度大于或等于钢筋规定抗拉强度的1.10倍时，可按断于焊缝或热影响区之外，呈延性断裂同等对待。

2. 热影响区——焊接或热切割过程中，钢材母材因受热的影响（但未熔化），使金属组织和力学性能发生变化的区域。钢筋焊接接头热影响区宽度主要决定焊接方法，对于不同焊接接头，热影响区宽度如下：钢筋电阻点焊焊点：$0.5d$；钢筋闪光对焊：$0.7d$；钢筋电弧焊接头：$6\sim10mm$；钢筋电渣压力焊接头：$0.8d$；钢筋气压焊接头：$1.0d$；预埋件钢筋埋弧压力焊接头：$0.8d$。

② 闪光对焊接头、气压焊接头弯曲试验应符合以下要求：

当试验结果，弯至90°，有2个或3个试件外侧（含焊缝和热影响区）未发生破裂，应评定该批接头弯曲试验合格。

当3个试件均发生破裂，则一次判定该批接头为不合格品。

当有2个试件发生破裂，应进行复验。

复验时，应再切取6个试件。复验结果，当有3个试件发生破裂时，应判定该批接头为不合格品。

注：当试件外侧横向裂纹宽度达到0.5mm时，应认定已经破裂。

③ 钢筋焊接骨架和焊接网的技术指标与结果判定

a. 钢筋焊接骨架、焊接网焊点剪切试验结果，3个试件抗剪力平均值应符合下式要求：

$$F \geqslant 0.3A_0\sigma_s$$

式中　F——抗剪力（N）；

　　　A_0——纵向钢筋的横截面面积（mm²）；

　　　σ_s——纵向钢筋规定的屈服强度（N/mm²）。

注：冷轧带肋钢筋的屈服强度按440N/mm²计算

b. 冷轧带肋钢筋试件拉伸试验结果，其抗拉强度不得小于550N/mm²。

c. 当拉伸试验结果不合格时，应再切取双倍数量试件进行复验；复验结果均合格时，应评定该批焊接制品焊点拉伸试验合格。

d. 当剪切试验结果不合格时，应从该批制品中再切取6个试件进行复验：当全部试件平均值达到要求时，应评定该批焊接制品焊点剪切试验合格。

④预埋件钢筋 T 型接头的技术指标与结果判定

预埋件钢筋 T 型接头拉伸试验结果，3 个试件的抗拉强度均应符合下列要求：

a. HPB235 钢筋接头不得小于 350N/mm²；

b. HRB335 钢筋接头不得小于 470N/mm²；

c. HRB400 钢筋接头不得小于 550N/mm²。

当试验结果，3 个试件中有小于规定值时，应进行复验。

复验时，应再取 6 个试件。复验结果，其抗拉强度均达到上述要求时，应评定该批接头为合格品。

2. 钢筋机械连接接头

（1）定义与分类

钢筋机械连接是通过钢筋与连接件的机械咬合作用或钢筋端面的承压作用，将一根钢筋中的力传递至另一根钢筋的连接方法。常见钢筋机械连接接头类型、定义及使用范围见表 3.2.2。

常见钢筋机械连接接头类型、定义及使用范围　　　　　　　表 3.2.2

钢筋机械连接接头类型	定　义	使用范围及说明
滚轧直螺纹接头	通过钢筋端头直接滚轧或剥肋后滚轧制作的直螺纹和连接件螺纹咬合形成的接头	使用范围广泛，加工方便，连接速度快，充分发挥母材强度，质量稳定
锥螺纹接头	通过钢筋端头特制的锥形螺纹和连接件锥螺纹咬合形成的接头	早期曾普遍使用的连接方式，因加工过程中套丝削弱了母材截面积及锥形丝头易拔出破坏，目前较少使用
镦粗直螺纹接头	通过钢筋端头镦粗后制作的直螺纹和连接件螺纹咬合形成的接头	通过镦粗钢筋端部提高接头强度，但因工艺略复杂且镦粗质量不易控制，端头易镦偏和产生裂纹，目前较少使用
套筒挤压接头	通过挤压力使连接件套筒塑性变形与带肋钢筋紧密咬合形成的接头	早期曾普遍使用的连接方式，因现场施工不便且接头质量不稳定，易发生拔出破坏和套筒开裂破坏，目前较少使用
熔融金属充填接头	由高热剂反应产生熔融金属充填在钢筋与连接件套筒间形成的接头	由于工艺复杂，在国内没有推广使用
水泥灌浆充填接头	用特制的水泥浆充填在钢筋与连接件套筒间硬化后形成的接头	

钢筋机械连接接头根据抗拉强度、残余变形以及高应力和大变形条件下反复拉压性能的差异，分为三个性能等级：

Ⅰ级：接头抗拉强度等于被连接钢筋的实际抗拉强度或不小于 1.10 倍钢筋抗拉强度标准值，残余变形小并且具有高延性及反复拉压性能；

Ⅱ级：接头抗拉强度不小于被连接钢筋抗拉强度标准值，残余变形小并且具有高延性及反复拉压性能；

Ⅲ级：接头抗拉强度不小于被连接钢筋屈服强度标准值的 1.25 倍，残余变形小并且具有一定的延性及反复拉压性能。

（2）工艺检验

钢筋连接工程开始前，应对不同钢筋生产厂每种规格的进场钢筋进行接头工艺检验；施工过程中，更换钢筋生产厂时，应补充进行工艺检验，以检验接头技术提供单位所确定的工艺参数是否与过程中的进场钢筋相适应，现场人员是否严格按照工艺流程加工接头。

接头工艺检验应符合下列要求：

① 每种规格钢筋的接头试件不应少于3根；

② 每根试件的抗拉强度均应符合表3.2.3的规定；3根接头试件的残余变形的平均值应符合表3.2.4的规定；

③ 接头试件在测量残余变形后可再进行抗拉强度试验；

④ 第一次工艺检验中1根试件抗拉强度或3根试件的残余变形平均值不合格时，允许再抽3根试件进行复验，复验仍不合格时判为工艺检验不合格。

（3）技术指标

① 机械连接接头的抗拉强度应符合表3.2.3的规定。

机械连接接头的抗拉强度指标　　　　　　　　　　表 3.2.3

接头等级	Ⅰ级		Ⅱ级	Ⅲ级
抗拉强度	$f^0_{mst} \geqslant f_{stk}$ 或 $f^0_{mst} \geqslant 1.10 f_{stk}$	断于母材 断于接头	$f^0_{mst} \geqslant f_{stk}$	$f^0_{mst} \geqslant 1.25 f_{yk}$

注：f^0_{mst}——接头试件的实测抗拉强度；

　　f_{stk}——钢筋抗拉强度标准值；

　　f_{yk}——钢筋屈服强度标准值。

② 机械连接接头的变形性能应符合表3.2.4的规定。

机械连接接头的变形性能指标　　　　　　　　　　表 3.2.4

接头等级		Ⅰ级	Ⅱ级	Ⅲ级
单向拉伸	残余变形 （mm）	$u_0 \leqslant 0.10 (d \leqslant 32)$ $u_0 \leqslant 0.14 (d > 32)$	$u_0 \leqslant 0.14 (d \leqslant 32)$ $u_0 \leqslant 0.16 (d > 32)$	$u_0 \leqslant 0.14 (d \leqslant 32)$ $u_0 \leqslant 0.16 (d > 32)$
	最大力 总伸长率（%）	$A_{sgt} \geqslant 6.0$	$A_{sgt} \geqslant 6.0$	$A_{sgt} \geqslant 3.0$

注：u_0——接头试件加载至 $0.6 f_{yk}$ 并卸载后在规定标距内的残余变形；

　　A_{sgt}——接头试件的最大力总伸长率。

（4）现场检验的结果判定

对钢筋机械连接接头的每一验收批，必须在工程结构中随机截取3个接头试件作抗拉强度试验，按设计要求的接头等级进行评定。当3个接头试件的抗拉强度均符合表3中相应等级的强度要求时，该验收批应评为合格。如有1个试件的强度不符合要求，应再取6个试件进行复检。复检中如仍有1个试件的抗拉强度不符合要求，则该验收批应评为不合格。

注：破坏形态：钢筋拉断（分为断于钢筋母材和断于接头）、接头连接件破坏、钢筋从连接件中拔出。

对Ⅱ级和Ⅲ级接头无论试件属那种破坏形态，只要试件抗拉强度满足表3中Ⅱ级和Ⅲ级接头的强度要求即为合格。对Ⅰ级接头，当试件断于钢筋母材时，即满足条件 $f^0_{mst} \geqslant f_{stk}$，试件合格；当试件断于接头长度区段时，则应满足 $f^0_{mst} \geqslant 1.10 f_{stk}$ 才能判为合格。

注：机械连接的接头长度是指接头连接件长度加连接件两端钢筋横截面变化区段的长度。对带肋钢筋套筒挤压接头，其接头长度即为套筒长度；对锥螺纹或滚轧直螺纹接头，接头长度为套筒长度加两端外露丝扣长度；对镦粗直螺纹接头接头长度为套筒长度加两端镦粗过渡段长度。

三、常规试验项目、组批原则及取样数量

钢筋连接的常规试验项目、组批原则及取样数量要求见表3.2.5。

钢筋连接的常规试验项目、组批原则及取样数量 表 3.2.5

序号	材料名称	常规进场复验项目	组批原则及取样数量
1	钢筋闪光对焊接头	拉伸试验、弯曲试验	（1）同一台班内由同一焊工完成的300个同牌号、同直径钢筋焊接接头应作为一批。当同一台班内焊接的接头数量较少，可在一周内累计计算，累计仍不足300个接头时，应按一批计算。 （2）力学性能检验时，应从每批接头中随机切取6个接头，其中3个做拉伸试验，3个做弯曲试验； （3）焊接等长的预应力钢筋（包括螺丝端杆与钢筋）时，可按生产时同等条件制作模拟试件。 （4）螺丝端杆接头可只做拉伸试验。 （5）封闭环式箍筋闪光对焊接头，以600个同牌号、同规格的接头作为一批，只做拉伸试验
2	钢筋电弧焊接头	拉伸试验	（1）在现浇混凝土结构中，应以300个同牌号钢筋、同型式接头作为一批；在房屋结构中，应在不超过二楼层中300个同牌号钢筋、同型式接头作为一批，每批随机切取3个接头，做拉伸试验。 （2）在装配式结构中，可按生产条件制作模拟试件，每批3个试件，做拉伸试验。 （3）钢筋与钢板电弧搭接头可只进行外观检查
3	钢筋电渣压力焊接头	拉伸试验	在现浇钢筋混凝土结构中，应以300个同牌号钢筋接头作为一批；在房屋结构中，应在不超过二楼层中300个同牌号钢筋接头作为一批；当不足300个接头时，仍应作为一批。每批随机切取3个接头做拉伸试验
4	钢筋气压焊接头	拉伸试验、弯曲试验（梁、板的水平筋连接）	在现浇钢筋混凝土结构中，应以300个同牌号钢筋接头作为一批；在房屋结构中，应在不超过二楼层中300个同牌号钢筋接头作为一批；当不足300个接头时，仍应作为一批。 在柱、墙的竖向钢筋连接中，应从每批接头中随机切取3个接头做拉伸试验；在梁、板的水平钢筋连接中，应另取3个接头做弯曲试验
5	预埋件钢筋T型接头	抗拉强度	当进行力学性能检验时应以300件同类型预埋件作为一批。一周内连续焊接时，可累计计算。当不足300件时，亦应按一批计算。应从每批预埋件中随机切取3个接头做抗拉强度试验
6	电阻点焊	剪切试验、抗拉强度（对于冷轧带肋钢筋焊接网的母材）	（1）凡钢筋牌号、直径及尺寸相同的焊接骨架和焊接网应视为同一类型制品，且每300件为一验收批，一周内不足300件的也按一批计算； （2）由几种直径钢筋组合的焊接骨架或焊接网，应对每种组合的焊点作力学性能检验； （3）热轧钢筋焊点应作剪切试验，试件应为3件；冷轧带肋钢筋焊点除作剪切试验外，尚应对纵向和横向冷轧带肋钢筋作拉伸试验，试件应各为1件

序号	材料名称	常规进场复验项目	组批原则及取样数量
7	机械连接接头	拉伸试验、残余变形（对于工艺检验）	(1)同一施工条件下采用同一批材料的同等级、同型式、同规格接头，以500个为一验收批进行检验与验收。不足500个也作为一个验收批。 (2)对接头的每一验收批，必须在工程结构中随机截取3个接头试件作拉伸试验。 (3)现场检验连续10个验收批抽样试件拉伸试验一次合格率为100%时，验收批接头数量可扩大1倍

拉伸试验是为确保在结构破坏时接头能提供足够的抗拉力，从而钢材产生足够的变形，避免突然断裂。

弯曲试验是为确保在构件中的水平筋连接接头受弯折力时不产生裂纹和不发生断裂。

剪切试验是为确保焊接网使用时焊点提供足够的抗剪力。

四、进厂检验与材料证明文件核验

1. 钢筋焊接

凡施焊的各种钢筋、钢板均应有质量证明书；焊条、焊剂应有产品合格证。

电弧焊所采用的焊条，应符合现行国家标准《碳钢焊条》GB/T 5117 或《低合金钢焊条》GB/T 5118 的规定，其型号应根据设计确定；若在电渣压力焊和预埋件埋弧压力焊中，可采用 HJ431 焊剂。

钢筋进场时，应按现行国家标准中的规定，抽取试件作力学性能检验，其质量必须符合有关标准规定。

氧气的质量应符合现行国家标准《工业用氧》GB/T 3863 的规定，其纯度应大于或等于 99.5%。乙炔的质量应符合现行国家标准《溶解乙炔》GB 6819 的规定，其纯度应大于或等于 98.0%。液化石油气应符合现行国家标准《液化石油气》GB 11174 或《油气田液化石油气》GB 9052.1 的各项规定。

2. 机械连接

工程中应用机械连接接头时，应由该技术提供单位提交有效的型式检验报告。接头安装前应检查连接件产品合格证及套筒表面生产批号标识，产品合格证应包括适用钢筋直径和接头等级、套筒类型、生产单位、生产日期以及可追溯产品原材料力学性能和加工质量的生产批号。

五、取样方法及取样注意事项

1. 钢筋焊接接头的取样要求

（1）钢筋焊接接头拉伸试样尺寸要求见表 3.2.6。

钢筋焊接接头拉伸试样尺寸 　　　　　　表 3.2.6

焊接方法	接头型式	试样尺寸(mm)	
		L_s	$L \geqslant$
闪光对焊		$8d$	$l_s + 2l_j$

焊接方法	接头型式	试样尺寸(mm)	
		l_S	$l\geqslant$
电弧焊	双面帮条焊	$8d+l_h$	l_S+2l_j
	单面帮条焊	$8d+l_h$	l_S+2l_j
	双面搭接焊	$8d+l_h$	l_S+2l_j
	单面搭接焊	$5d+l_h$	l_S+2l_j
	熔槽帮条焊	$8d+l_h$	l_S+2l_j
	坡口焊	$8d$	l_S+2l_j
	窄间隙焊	$8d$	l_S+2l_j

188

焊接方法	接头型式	试样尺寸(mm)	
		L_s	$L\geqslant$
电渣压力焊		$8d$	l_s+2l_j
气压焊		$8d$	l_s+2l_j
预埋件电弧焊		—	200
预埋件埋弧压力焊			

注：l_s——受试长度；l_h——焊缝（或镦粗）长度；l_j——夹持长度 150～200mm；L——试样长度；d——钢筋直径。

（2）钢筋焊接接头弯曲试件

① 试样的长度宜为压头弯心直径加 3±0.5d 另加 150mm，压头弯心直径按表3.2.7选用。

② 应将试样受压面的金属毛刺和镦粗变形部分去除至与母材外表齐平。

钢筋焊接接头弯曲试验压头弯心直径　　　　　　**表 3.2.7**

钢筋级别	弯心直径(D)	
	$d\leqslant25$(mm)	$d>25$(mm)
HPB235	$2d$	$3d$
HRB335	$4d$	$5d$
HRB、RRB400	$5d$	$6d$
HRB500	$7d$	$8d$

注：d 为钢筋直径。

（3）电阻电焊焊点

力学性能检验的试件应从每批成品中切取，切取过试件的制品，应补焊同牌号、同直径的钢筋，其每边的搭接长度不应小于 2 个孔格的长度；当焊接骨架所切取试件的尺寸小于规定的试件尺寸，或受力钢筋直径大于 8mm 时，可在生产过程中制作模拟焊接试验网片，从中切取试件，见图 3.2.1。

剪切试件纵筋长度应大于或等于 290mm，横筋长度应大于或等于 50mm，见图 3.2.2；拉伸试件纵筋长度应大于或等于 300mm，见图 3.2.3；

焊接网剪切试件应沿同一横向钢筋随机切取；切取剪切试件时，应使制品中的纵向钢筋成为试件的受拉钢筋。

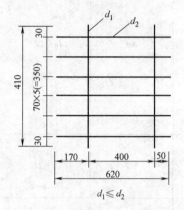
图 3.2.1　模拟焊接试验网片简图

图 3.2.2　焊点剪切试件

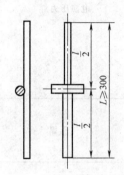
图 3.2.3　焊点拉伸试件

（4）机械连接接头

① 工艺检验接头取样长度：$L \geqslant$ 连接件长度 $+6d+2L_j$ 且不宜小于 600mm（不同检测机构因测量残余变形设备不同，进行工艺检验前应向检测机构确认接头取样长度要求）。

② 现场检验接头取样长度：$L \geqslant$ 连接件长度 $+4d+2L_j$（d——钢筋直径；L_j——夹持长度 $150 \sim 200$mm）。

六、标识

钢筋接头送检试样应有清晰的、不易脱落的唯一性标识，标识应包括工程编号、试件编号、接头种类、接头的级别、规格、检验类别、取样日期等内容，但不应注明施工单位和工程名称。试件编号应按单位工程分类顺序排号，不得空号和重号。

建筑材料本身带有标识的，抽取的试件应选择有标识的部分。试件应有见证人员所做封志或见证标识。

依据标准需重新取样复试时，复试样品的试件编号应在初试时编号后加"复试"后缀加以区别。见证标识参考样式见图 3.2.4。

工程编号	××××××	试样编号	
接头种类			
级别、规格			
检验类别			
取样日期		年　　月　　日	

图 3.2.4　试件标识样式

七、工作程序

取样、标识、登记台账和委托送检等工作程序参照第一章第三节。

第三节　混凝土施工质量检验

一、相关标准

1. 《混凝土结构工程施工质量验收规范》GB 50204—2002（2011 年版）；
2. 《混凝土外加剂应用技术规范》GB 50119—2003；
3. 《预拌混凝土》GB/T 14902—2003；
4. 《混凝土质量控制标准》GB 50164—2011；
5. 《混凝土强度检验评定标准》GB/T 50107—2010；
6. 《混凝土拌合用水标准》JGJ 63—89；
7. 《普通混凝土拌和物性能试验方法标准》GB/T 50080—2002；
8. 《普通混凝土力学性能试验方法标准》GB/T 50081—2002；
9. 《普通混凝土长期性能和耐久性能试验方法标准》GB/T 50082—2009；
10. 《混凝土试模》JG 3019—94；
11. 《混凝土试验用振动台》JG/T 3020—94。

二、基本概念

1. 定义

（1）混凝土：一般指水泥混凝土，是由水泥、水、粗集料（或石子）、细集料（或砂子）、掺合料和外加剂按适当比例配合、拌制均匀、浇筑成型经硬化后形成的人造石材。

（2）预拌混凝土：在搅拌站经计量、拌制后并采用运输车，在规定的时间运至使用地点进行浇筑的混凝土。

（3）强度等级：普通混凝土按立方体抗压强度标准值划分为 C10、C15、C20、C25、C30、C35、C40、C45、C50、C55、C60、C65、C70、C75、C80、C85、C90、C95、C100；其中，≥C60 级的混凝土，称为高强混凝土。

（4）立方体抗压强度标准值划：是指按标准方法制作和养护的边长为 150mm 的立方体试件，在 28d 龄期，用标准方法测得的抗压强度总体分布的一个值，强度低于该值的百分率不超过 5%。

2. 分类

（1）按密度划分

① 普通混凝土：干表观密度为 2000～2800kg/m³ 的水泥混凝土；

② 轻混凝土：干表观密度小于 2000kg/m³ 的水泥混凝土；

③ 重混凝土：干表观密度大于 2800kg/m³ 的水泥混凝土。

（2）按拌合物稠度划分

① 干硬性混凝土：坍落度小于 10mm 且须用维勃稠度表示其稠度的混凝土；

② 塑性混凝土：坍落度为 10～90mm 的混凝土；

③ 流动性混凝土：坍落度为 100～150mm 的混凝土；

④ 大流动性混凝土：坍落度不低于 160mm 的混凝土。

（3）按特定功能划分

① 抗渗混凝土：具有一定的抗水压力渗透能力，抗渗等级不低于 P6 的混凝土；

② 抗冻混凝土：具有能经受一定冻融循环次数能力，抗冻等级不低于 F50 的混凝土；

③ 抗硫酸盐等其他有特定功能的混凝土。

三、普通混凝土常规试验项目

委托检测单位进行试验的常规试验项目是：抗压强度。

在浇筑混凝土结构的同时，在浇筑地点按标准随机抽取混凝土拌合物制作成混凝土立方体试件，在规定或特定的龄期委托到检测单位进行抗压强度试验，得到混凝土试件抗压强度报告。这时，混凝土试件的强度，实际上代表的是混凝土结构的强度。

四、施工现场混凝土抗压强度试件分类

施工现场混凝土抗压强度试件一般可分为五类（为了本节后面标识方便，用汉语拼音字母代表），其中有：

1. 标准养护试件（B）；

2. 同条件（自然条件）养护试件（T）；

3. 结构实体检验用同条件养护试件（ST）；

4. 同条件养护 28d 再转标准养护 28d 试件（ZB）；

5. 检验抗冻临界强度试件五类（DT）。

五、施工现场抗压强度试件留置、养护条件及养护龄期的规定

1. 标准养护试件（B）

（1）留置规定

① 每拌制 100 盘且不超过 100m³ 的同配合比的混凝土，取样不得少于一次；

② 每工作班拌制的同一配合比的混凝土不足 100 盘时，取样不得少于一次；

③ 当一次连续浇筑超过 1000m³ 时，同一配合比的混凝土每 200 m³ 取样不得少于一次；

④ 每一楼层、同一配合比的混凝土，取样不得少于一次；

⑤ 每次取样应至少留置一组标准养护试件。

拌制 100 盘（盘：搅拌机一次搅拌的混凝土量）和 100m³ 的关系：是现场自拌混凝土时，根据每盘的混凝土量而定；如果每盘的混凝土量小于 1m³ 时，就每拌制 100 盘取样一次；如果每盘的混凝土量大于 1m³ 时，就按拌制混凝土不超过 100m³ 取样一次。

每拌制 200m³ 取样一次，不能随便使用；必须同时满足两个条件：一是现场连续浇筑，二是连续浇筑的混凝土量必须大于等于 1000m³，而且要有现场的施工日志及其他资料证据。

（2）养护条件

混凝土试件拆模后应立即放入温度为 20±2℃、湿度为 95％以上的标准养护室中养护，或在温度为 20±2℃的不流动的 Ca（OH）₂ 饱和溶液中养护。标准养护室内的试件应放在支架上，彼此间隔为 10～20mm，试件表面应保持潮湿，并不得被水直接冲淋。

施工现场的混凝土标准养护条件，依据工程规模不同可以选择不同的形式，可以是搭建标准养护室；也可购买标准养护箱或者自砌标准养护池；养护池内放入水和足量的生石

灰，即为 $Ca(OH)_2$ 饱和溶液。设施可以不同，但都要有温度控制装置，以保证温度为 20±2℃、湿度为 95％以上的标准养护条件。

（3）养护龄期：28d（天）。

2. 同条件养护试件（T）

（1）留置规定

施工现场同条件养护试件的留置，一般是为拆模、拆除支撑、吊装、结构临时负荷或观察混凝土早期强度提供强度依据，强度试验报告并不归入交（竣）工资料存档；所以留置组数应根据实际需要确定。

（2）养护条件

同条件养护试件的养护条件顾名思义是在工程的相同条件下养护。

（3）养护龄期

同条件养护试件的养护龄期也是根据所留试件的实际需要和大气温度条件确定，没有固定的龄期。

3. 结构实体检验用同条件养护试件（ST）

（1）留置规定

用于结构实体检验用的同条件养护试件留置应符合下列规定：

① 对混凝土结构工程中的各混凝土强度等级，均应留置同条件养护试件；

② 同一强度等级的同条件养护试件，其留置的数量应根据混凝土工程量和重要性确定，不宜少于 10 组，且不应少于 3 组。

③ 施工现场一般按照《结构实体检验用同条件养护试件计划表》确定各混凝土强度等级的留置组数。

（2）养护条件

在工程的相同条件下养护。

（3）养护龄期

用于结构实体检验用的同条件养护试件，应在达到与标准养护试件的等效养护龄期时进行强度试验。

等效养护龄期应根据同条件养护试件强度与在标准养护条件下 28d 龄期试件强度相等的原则确定。

等效养护龄期可取按日平均温度逐日累计达到 600℃·d 时所对应的龄期，0℃及以下的龄期不计入；等效养护龄期不应小于 14d，也不宜大于 60d。

用于结构实体检验用的同条件养护试件的养护龄期也非固定不变的，根据地域大气温度的不同，达到等效养护龄期的时间也是不同的；特别是我国的寒冷地区（西北、东北和华北地区），冬季的日平均气温往往在 0℃以下，养护龄期有可能长达四、五个月。

现场为准确地计算等效养护龄期，应有每日的大气温度记录。日平均温度测定一般有两种方法：

① 人工测温一般采用测定每日 2：00、8：00、14：00 和 20：00 的气温，计算这 4 个时刻的平均温度值，作为日平均气温；

② 安装自动测温记录仪时，一般测定每日 24 个整点时刻的温度，取其平均值作为日平均气温。

4. 同条件养护 28d 再转标准养护 28d 试件（ZB）

（1）留置规定

留置组数即取样频率（或称取样批次），与标准养护混凝土试件留置的规定相同。

这类试件的留置是《混凝土外加剂应用技术规范》GB 50119 中规定的，其目的是检验在冬季寒冷气温条件下所浇筑的混凝土在气温转暖后的实际强度，或者说人为地为混凝土结构模拟了一次冷暖季节交替或冻融循环。

（2）养护条件

在工程的相同条件下养护 28d 后，再转入标准养护条件下养护 28d。

（3）养护龄期：56d。

5. 检验抗冻临界强度的试件

（1）留置规定

留置组数即取样频率（或称取样批次），与标准养护混凝土试件留置的规定相同。

这类试件的留置也是《混凝土外加剂应用技术规范》GB 50119 中规定的，其目的是检验混凝土是否具备了一定的强度，能够抵抗因受冻给本身带来的损害。

即在寒冷地区冬季混凝土施工时，按标准要求留置混凝土试件时，同一编号应至少留置 3 组。1 组试件检验标准养护强度，另外 2 组分别检验同条件下养护 28d 后，再转入标准养护条件下养护 28d 的强度及检验抗冻临界强度。

混凝土在拌制初期没有强度，硬化早期强度也很低，在 0℃ 及以下温度进行混凝土施工，拌合水会因受冻而结冰；水结冰后体积增大产生冻胀力，会对强度还很低的混凝土内部结构造成无法弥补的损害，使之强度大幅度降低。

所以，低温条件下拌制混凝土要采取一定的技术措施，常用的技术手段是综合蓄热法，即拌制前对混凝土的原材料进行加热；拌制过程中在原材料中掺入防冻剂（目的是降低结冰温度）；对已浇筑完成的混凝土覆盖保温；达到尽快使混凝土具有一定强度，能够抵抗因水结冰体积增大所带来的冻胀力的目的。

所谓混凝土的抗冻临界强度，就是允许混凝土在受冻以前必须达到的能够抵抗冻胀力的最低强度。这组试件的作用是，经过检测单位试压检验得知混凝土达到抗冻临界强度后，现场即可撤除覆盖保温，继续下道工序施工。

（2）抗冻临界强度（DT）

当混凝土温度降到（防冻剂的）规定温度时，混凝土强度必须达到受冻临界强度；当最低气温不低于 −10℃ 时，混凝土抗压强度不得小于 3.5MPa；当最低气温不低于 −15℃ 时，混凝土抗压强度不得小于 4.0MPa；当最低气温不低于 -20℃ 时，混凝土抗压强度不得小于 5.0MPa.

（3）养护条件

在工程的相同条件下养护。

（4）养护龄期

没有具体龄期。

这是因为混凝土强度的设计等级、浇筑时的气温条件及原材料（水泥、掺合料、外加剂的种类）品质不同等原因造成了混凝土的早期强度的增长速度不尽相同，所以混凝土达到抗冻临界强度的时间没有具体的龄期。

混凝土强度等级高、混凝土浇筑时的大气温度相对较高，达到抗冻临界强度的时间就快，反之则慢；一般情况下需 2~7d。

对于没有经验的现场试验人员来说，最好多留置 1~2 组检验抗冻临界强度的试件备用。

6. 对掺矿物掺合料（如粉煤灰）的混凝土所留置的试件，可根据设计规定，养护龄期可以大于 28d。

（1）对掺粉煤灰的混凝土地上工程，养护龄期宜为 28d；

（2）对掺粉煤灰的混凝土地面工程，养护龄期宜为 28d 或 60d；

（3）对掺粉煤灰的混凝土地下工程，养护龄期宜为 60d 或 90d；

（4）对掺粉煤灰的大体积混凝土工程，养护龄期宜为 90d 或 180d。

六、取样

1. 施工现场拌制混凝土

现场拌制混凝土：用于检查结构构件混凝土强度的试件，应在混凝土的浇筑地点随机抽取；每组试件应从同一盘拌合物或同一车运送的混凝土中取出；混凝土拌合物的取样应具有代表性，宜采用多次采样的方法。一般在同一盘混凝土或同一车混凝土中的约 1/4 处、1/2 处和 3/4 处之间分别取样。从第一次取样到最后一次取样不宜超过 15min，然后人工搅拌均匀。取样量应多于混凝土强度检验项目所需量的 1.5 倍，且宜不少于 20L。

2. 预拌混凝土

用于出厂检验（为用户提供质量合格证）的混凝土试样应在搅拌地点采取，用于交货检验（用户验收）的混凝土试样应在交货地点采取。交货检验的混凝土试件的制作应在混凝土的浇筑地点随机抽取并在 40min 内完成。混凝土试样应在卸料过程中卸料量的 1/4~3/4 之间采取，取样量应满足混凝土强度检验项目所需用量的 1.5 倍，且宜不少于 20L。

七、抗压强度试件制作

1. 混凝土试件尺寸确定

混凝土抗压强度试验以 3 个试件为一组。标准尺寸的试件为边长 150mm 的立方体试件。当采用非标准尺寸试件时，应将其抗压强度折算为标准试件抗压强度。混凝土试件成型尺寸（应根据混凝土骨料最大粒径选取）及强度的尺寸换算系数应按表 3.3.1 取用。

混凝土试件尺寸及强度的尺寸换算系数　　　　　　　表 3.3.1

骨料最大粒径(mm)	试件尺寸(mm)	强度的尺寸换算系数
≤31.5	100×100×100	0.95
≤40	150×150×150	1.00
≤63	200×200×200	1.05

试件成型，选择试模边长尺寸应大于集料最大粒径的 3 倍；反之，集料最大粒径应小于试模边长尺寸的 1/3。

由于试件尺寸、形状不同，会影响试件的抗压强度值；试件尺寸愈小，测得的抗压强度值愈大。所以才出现标准尺寸试件与非标准尺寸试件的区分，我国标准人为的定义：标准尺寸试件为边长 150mm 的立方体试件。

2. 混凝土试件成型方法

（1）立方体抗压强度试件（所用试模）的尺寸公差应符合下列要求：

① 试件的承压面的平面度公差不得超过 0.0005d（d 为边长）；

② 试件的相邻面间的夹角应为 90°，其公差不得超过 0.5°；

③ 试件各边长、直径和高的尺寸公差不得超过 1mm。

（2）试模内表面应涂一薄层矿物油或其他不与混凝土发生反应的脱模剂。

（3）混凝土取样后应在尽短的时间内成型，一般不宜超过 15min。

（4）根据混凝土拌合物的稠度确定成型方法，坍落度不大于 70mm 的混凝土宜用振动振实；大于 70mm 的宜用捣棒人工捣实；检验现浇混凝土或预制构件的混凝土，试件成型方法宜与实际采用的方法相同。

（5）混凝土试件制作应按下列步骤和方法进行：

混凝土拌合物取样后应至少用铁锹再来回拌合 3 次。

① 采用振动台振实制作试件时，应将混凝土拌合物一次装入试模，装料时

应用抹刀沿各试模壁插捣，并使混凝土拌合物高出试模口。试模应附着或固定在符合《混凝土试验用振动台》JG/T 3020 要求的振动台上，振动时试模不得有任何跳动，振动应持续到混凝土表面出浆（且不再出现气泡）为止；不得过振。刮除试模上口多余的混凝土，待混凝土临近初凝时（用力按混凝土表面留有手指印），用抹刀抹平。

振动台的振动频率应为（50±3）Hz，空载时振动台面中心点的垂直振幅应为（0.5±0.02）mm，台面振幅的均匀度不应大于±15%，振动台的侧向水平振幅不应大于 0.1mm。

② 用人工插捣方式制作试件时，混凝土拌合物应分 2 层装入试模内，每层的装料厚度大致相等（捣棒用圆钢制成，表面应光滑，其直径为 16±0.1mm、长度为 600±5mm，且端部呈半球形）。插捣应按螺旋方向从边缘向中心均匀进行，在插捣底层混凝土时，捣棒应达到试模底部；插捣上层时，捣棒应贯穿上层后插入下层深度 20～30mm，插捣时捣棒应保持垂直，不得倾斜。然后应用抹刀沿试模内壁插拔数次。每层插捣次数按每 10000mm² 截面积内不得少于 12 次。插捣后应用橡皮锤轻轻敲击试模四周，直至插捣棒留下的空洞消失为止。刮除试模上口多余的混凝土，待混凝土临近初凝时，用抹刀抹平。

不同尺寸的混凝土试件，在进行人工插捣时，每一层的插捣次数应符合表 3.3.2 的要求。

混凝土试件人工插捣次数　　　　　　　　　　　　　　表 3.3.2

试件尺寸(mm)	每层插捣次数
100×100×100	≥12
150×150×150	≥27
200×200×200	≥48

③ 用插入式振捣棒（适用于生产预制构件单位）振实制作试件时，将混凝土拌合物一次装入试模，装料时应用抹刀沿各试模壁插捣，并使混凝土拌合物高出试模口；宜用直径为 Φ25mm 的插入式振捣棒，插入试模振捣时，振捣棒距试模底板 10～20mm 且不得触及试模底板，振动时持续到表面出浆为止，且应避免过振，以防止混凝土离析；一般振捣时间为 20s，振捣棒拔出时要缓慢，拔出后不得留有孔洞。刮除试模上口多余的混凝土，待混凝土临近初凝时，用抹刀抹平。

八、养护方法

如第"五"小节所述，根据留置试件检验目的不同，混凝土试件应采用标准养护或与构件同条件养护两种方式。

1. 标准养护试件：成型后应立即用不透水的薄膜覆盖表面，并应在温度为（20±5）℃的环境中静置1～2昼夜，然后编号、拆模。拆模后应立即按要求放进标准养护室（箱、池）中养护至规定龄期。

2. 同条件养护试件：成型后覆盖状态应完全与结构构件相同；拆模时间也与实际构件的拆模时间相同；拆模后，试件仍需保持同条件养护至要求龄期。

施工现场制作的标准养护或同条件养护试件，与实际构件相比体积较小，所以在常温季节不宜置于阳光下暴晒，以防混凝土试件早期脱水，影响后期强度；冬季即使是同条件养护试件，成型初期（没有达到抗冻临界强度时）也不宜暴露受冻，否则会严重影响试件强度。

九、强度评定

1. 混凝土强度检验评定具体分为两种统计方法和非统计方法三种形式，见表3.3.3。

混凝土强度合格评定方法　　　　　　　　　　　表 3.3.3

合格评定方法	合格评定条件	备 注
统计方法（一）	1. $m_{fcu} \geq f_{cu,k} + 0.7\sigma_0$ 2. $f_{cu,min} \geq f_{cu,k} - 0.7\sigma_0$ 当强度等级不高于C20时， $\quad f_{cu,min} \geq 0.85 f_{cu,k}$， 当强度等级高于C20时， $\quad f_{cu,min} \geq 0.90 f_{cu,k}$ 式中 m_{fcu}——同一检验批混凝土立方体抗压强度平均值（N/mm²），精确到0.1（N/mm²）； $f_{cu,k}$——混凝土立方体抗压强度标准值（N/mm²），精确到0.1（N/mm²）； σ_0——检验批混凝土立方体抗压强度的标准差（N/mm²），精确到0.1（N/mm²）；当检验批混凝土强度标准差 σ_0 计算值小于2.5N/mm²时，应取2.5N/mm²； $f_{cu,min}$——同一检验批混凝土立方体抗压强度的最小值（N/mm²），精确到0.1（N/mm²）。	1. 应用条件：当连续生产的混凝土，生产条件在较长时间内保持一致，且同一品种、同一强度等级混凝土的强度变异性保持稳定时。 2. 检验批混凝土立方体抗压强度的标准差应按下式计算： $$\sigma_0 = \sqrt{\dfrac{\sum\limits_{i=1}^{n} f_{cu,i}^2 - nm_{fcu}^2}{n-1}}$$ 式中 $f_{cu,i}$——前一检验期内同一品种、同一强度等级的第 i 组混凝土试件的立方体抗压强度代表值（N/mm²），精确到0.1（N/mm²）；该检验期不应少于60d，也不得大于90d； n——前一检验期内的样本容量，在该期间内样本容量不应少于45；
统计方法（二）	1. $m_{fcu} \geq f_{cu,k} + \lambda_1 \cdot S_{fcu}$ 2. $f_{cu,min} \geq \lambda_2 \cdot f_{cu,k}$ 式中 m_{fcu}——同一检验批混凝土立方体抗压强度的平均值（N/mm²）； $f_{cu,min}$——同一检验批混凝土立方体抗压强度的最小值（N/mm²）； S_{fcu}——同一检验批混凝土立方体抗压强度的标准差（N/mm²）；当检验批混凝土强度标准差 S_{fcu} 计算值小于2.5N/mm²时，应取2.5N/mm²； λ_1,λ_2——合格评定系数，按右表取用；	1. 应用条件：样本容量不少于10组； 2. 同一检验批混凝土立方体抗压强度的标准差应按下式计算： $$S_{fcu} = \sqrt{\dfrac{\sum\limits_{i=1}^{n} f_{cu,i}^2 - nm^2 f_{cu}}{n-1}}$$ 式中 $f_{cu,i}$——同一检验批第 i 组混凝土试件强度； n——本检验期内的样本容量。 3. 混凝土强度的合格评定系统按下表取用： <table><tr><td>试件组数</td><td>10～14</td><td>15～19</td><td>≥20</td></tr><tr><td>λ₁</td><td>1.15</td><td>1.05</td><td>0.95</td></tr><tr><td>λ₂</td><td>0.90</td><td colspan="2">0.85</td></tr></table>

合格评定方法	合 格 评 定 条 件	备 注
非统计方法	1. $m_{f_{cu}} \geqslant \lambda_3 \cdot f_{cu,k}$ 2. $f_{cu,min} \geqslant \lambda_4 \cdot f_{cu,k}$ 式中 λ_3, λ_4——非统计法合格评定系数，按右表取用。	1. 当用于评定的样本容量小于 10 组时,应采用非统计方法评定混凝土强度。 2. 混凝土强度的非统计法合格评定系数: 混凝土强度等级 / <C60 / ≥C60 λ_3 / 1.15 / 1.10 λ_4 / 0.95

混凝土强度的非统计法合格评定系数表：

混凝土强度等级	<C60	≥C60
λ_3	1.15	1.10
λ_4	0.95	

2. 混凝土强度应分批进行检验评定。一个检验批的混凝土应由强度等级相同、试验龄期相同、生产工艺条件及配合比基本相同的混凝土组成。

即不具体对某一组混凝土试件强度进行合格与否的评价。即使施工现场浇筑的某强度等级的混凝土只留置了一组试件，也要把它当做一个检验批，按表 3.3.3 的要求进行评定。

3. 表中，统计方法（一）适用于：当连续生产的混凝土生产条件在较长时间内保持一致，且同一品种、同一强度等级混凝土的强度变异性保持稳定的生产企业的混凝土强度检验评定。如预拌混凝土搅拌站和混凝土预制构件生产厂。

4. 表中，统计方法（二）：施工现场浇筑混凝土且样本容量（一个检验批所包含的组数）不少于 10 组时的混凝土强度检验评定。

5. 非统计方法适用于：施工现场浇筑混凝土且样本容量小于 10 组时的混凝土强度检验评定。

6. 结构实体检验用的同条件养护试件的抗压强度，应根据强度试验结果按现行国家标准《混凝土强度检验评定标准》GBJ 107 的规定确定后，乘折算系数取用；折算系数宜取为 1.10。

7. 当混凝土强度等级不低于 C60 时，宜采用标准尺寸试件；使用非标准尺寸试件时，尺寸折算系数应由试验确定，其试件数量不少于 30 对组。

十、标识

按标准取得混凝土试样并制成试件后，在拆模前应及时在试件上作出唯一性标识，标识应包括以下内容：工程编号、试件编号、混凝土强度等级、养护条件、龄期和取样日期；参考样式见图 3.3.1。

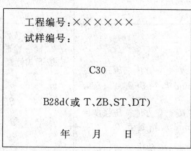

工程编号：×××××
试样编号：

C30

B28d(或 T、ZB、ST、DT)

年　　月　　日

图 3.3.1 标识参考样式

十一、抗渗混凝土

1. 等级划分

抗渗混凝土的抗渗要求用英文字母 P 和抗渗等级值的阿拉伯数字表示。如 P8，即为能抵抗≥8MPa水压力的抗渗混凝土。

常见抗渗混凝土的抗渗等级有：P6、P8、P10、P12、P14 和 P16 共 6 个等级。

2. 抗渗性能

（1）较低等级的抗渗混凝土，一般采取调整水泥和细集料的用量提高混凝土的密实性，就能达到抗渗要求；

（2）高等级的抗渗混凝土，一般会采取在混凝土中加入外加剂（如防水剂、引气剂等）和掺合料（如粉煤灰、磨细矿渣粉、沸石粉等），以提高混凝土的密实性，达到抗渗要求。

（3）利用膨胀水泥或普通水泥添加膨胀剂的技术手段，也可达到提高混凝土的抗渗、抗裂性能。

3. 常规试验项目

委托检测单位进行试验的常规试验项目是：抗压强度、抗渗性能。

抗渗混凝土的抗压强度检验，其试样留置、试件成型和养护方法与普通混凝土完全相同。

4. 抗渗性能检验

（1）试样留置

对有抗渗要求的混凝土结构，其混凝土试件应在浇筑地点随机取样。连续浇筑抗渗混凝土每 500m³ 应留置 1 组抗渗试件，且每项工程不得少于 2 组。采用预拌混凝土的抗渗试件，留置组数应视结构的规模和要求而定。混凝土的抗渗性能，应采用标准条件下养护混凝土抗渗试件的试验结果评定。

冬期施工检验掺用防冻剂的混凝土抗渗性能，应增加留置，与工程同条件养护 28d，再标准养护 28d 后进行抗渗试验的试件。

（2）试件制作

抗渗性能试验应采用顶面直径为 175mm、底面直径为 185mm、高度为 150mm 的圆台或直径高度均为 150mm 的圆柱体试件。抗渗试件以 6 个为一组。

① 采用人工插捣方式成型：混凝土拌和物应分二层装入试模内，每层的装料厚度大致相等（捣棒用圆钢制成，表面应光滑，其直径为 16±0.1mm、长度为 600±5mm，且端部呈半球形）。插捣应按螺旋方向从边缘向中心均匀进行，在插捣底层混凝土时，捣棒应达到试模底部；插捣上层时，捣棒应贯穿上层后插入下层深度 20～30mm，插捣时捣棒应保持垂直，不得倾斜；每层插捣 25 次，插捣后应用橡皮锤轻轻敲击试模四周，直至插捣棒留下的空洞消失为止。刮除试模上口多余的混凝土，待混凝土临近初凝时，用抹刀抹平。

② 采用振动台振实制作试件时，应将混凝土拌和物一次装入试模，装料时使混凝土拌合物高出试模口。试模应附着或固定在振动台上，振动时试模不得有任何跳动，振动应持续到混凝土表面出浆为止；不得过振；刮除试模上口多余的混凝土，待混凝土临近初凝时，用抹刀抹平。

③ 抗渗混凝土试件成型后，应立即用不透水的薄膜覆盖表面。

④ 试件成型后 24h 拆模，用钢丝刷刷去上下两端面水泥浆膜（出现麻面即可），然后放入标准养护室养护。

由于在成型过程中采用了插捣或振捣方式，试件的底部和顶部的水泥浆膜较之其他部位更为致密，所以用钢丝刷刷去上下两端面水泥浆膜，能更为客观地反映试件的抗渗性能。

（3）试件养护

标准养护试件养护至 28d 龄期；同条件养护试件养护龄期在与工程相同条件下养护至规定龄期。

工程编号：××××××

试样编号：

B28d ／ P8

年 月 日

图 3.3.2　试件标识样式

5. 标识

按标准取得混凝土试样并制成抗渗试件后，在拆除试模并用钢丝刷刷去上下两端面水泥浆膜后应及时在试件上作出唯一性标识，标识应包括以下内容：工程编号、试件编号、抗渗等级、养护条件、龄期和取样日期；参考样式见图 3.3.2。

十二、抗冻混凝土

1. 等级划分

抗冻混凝土标号（等级）由大写英文字母"D"和混凝土本身所能承受的最大冻融循环次数（阿拉伯数字）表示。如 D100，即为能承受≥100 次冻融循环的抗冻混凝土。由于 D50 级以下的抗冻要求对普通混凝土来说很容易满足，所以《普通混凝土配合比设计规程》JGJ 55 把抗冻标号（等级）等于或大于 D50 级的混凝土定义为抗冻混凝土。

常见的抗冻混凝土的抗冻标号（等级）有：D25、D50、D100、D150、D200、D250 和 D300。

2. 检验混凝土抗冻性能的常规试验方法有：

（1）慢冻法

慢冻法适用于测定混凝土试件在气冻水融条件下，以经受的冻融循环次数来表示的混凝土抗冻性能。

① 混凝土抗冻标号：用慢冻法测得的最大冻融循环次数来划分的混凝土的抗冻性能等级。

② 慢冻法检验混凝土抗冻性能的技术指标为：强度损失率；质量损失率。

③ 慢冻法检验混凝土抗冻性能的试验应采用尺寸为 100mm×100mm×100mm 的立方体试件。

④ 慢冻法试验所需要的试验组数应符合表 3.3.4 的规定，每组试件应为 3 块。

慢冻法试验所需要的试件组数　　　　　　　　　　　　表 3.3.4

设计抗冻标号	D25	D50	D100	D150	D200	D250	D300
检查强度所需冻融循环次数	25	50	50 及 100	100 及 150	150 及 200	200 及 250	250 及 300
鉴定 28d 强度所需试件组数	1	1	1	1	1	1	1
冻融试件组数	1	1	2	2	2	2	2
对比试件组数	1	1	2	2	2	2	2
总计试件组数	3	3	5	5	5	5	5

⑤ 检验混凝土抗冻性能的试件的成型、养护方法及养护龄期，和标准养护抗压强度试件相同。

（2）快冻法

在水冻水融条件下，以经受的快速冻融循环次数来表示的混凝土的抗冻性能。

200

本方法特别适用于抗冻性能要求高的混凝土。

① 混凝土抗冻等级：用快冻法测得的最大冻融循环次数来划分的混凝土的抗冻性能等级。

② 快冻法检验混凝土抗冻性能的技术指标为：相对动弹性模量下降率；质量损失率。

③ 快冻法抗冻试验采用的试件应符合以下规定：

a. 快冻法抗冻试验采用尺寸为 100mm×100mm×400mm 的棱柱体试件，每组试件应为 3 块；

b. 成型试件时，不得采用憎水性脱模剂；

c. 除制作冻融试验的试件外，尚应同样形状、尺寸，且中心埋有温度传感器的测温试件，测温试件应采用防冻液作为冻融介质。测温试件所用混凝土的抗冻性能应高于冻融试件。测温试件的温度传感器应埋设在试件中心。

④ 试件的养护分为标准养护和同条件养护，养护龄期 28d。

3. 常规试验项目

委托检测单位进行试验的常规试验项目是：抗压强度、抗冻性能。

4. 试块留置

（1）抗冻混凝土的抗压强度检验，其试样留置、试件成型和养护方法与普通混凝土完全相同。

（2）检验抗冻性能的试件留置（抽样频率）应符合相关抗冻混凝土工程的规范或设计要求。

5. 标识

按标准取得混凝土试样并制成抗冻试件后，在拆除试模后应及时在试件上作出唯一性标识，标识应包括以下内容：工程编号、试件编号、抗冻标号（等级）、养护条件、龄期和取样日期；参考样式见图 3.3.3 和图 3.3.4。

图 3.3.3　试件标识样式（一）　　　　　图 3.3.4　试件标识样式（二）

十三、试验结果判定

1. 混凝土抗压强度

当检验结果满足表 3.3.3 中任一种评定方法的要求时，则该批混凝土判为合格，当不满足上述要求时，该批混凝土判为不合格。

2. 抗渗性能检验

混凝土的抗渗等级，以每组 6 个试件中 4 个试件未出现渗水时的最大水压力计算，其计算公式为：

$$P = 10H - 1$$

式中　P——抗渗等级；

H——6 个试件中 3 个渗水时的水压力（MPa）。

经试验计算，混凝土的抗渗等级如大于设计抗渗等级，判为合格；反之，不合格。

3. 抗冻性能检验

（1）慢冻法

抗冻混凝土，以同时满足强度损失率不超过 25％，质量损失率不超过 5％时，且达到设计的循环次数，判为合格；反之不合格。

（2）快冻法

抗冻混凝土，应以同时满足相对动弹性模量值不小于 60％和质量损失率不超过 5％时，且达到设计的循环次数，判为合格；反之不合格。

十四、注意事项

施工现场作为主体结构的混凝土结构的施工质量，关系整个建筑结构的安危，同时关系人民生命、财产的安危。我们不可能对每个混凝土结构进行现场荷载试验；那么，在混凝土施工过程中取得的检验混凝土质量的试件就显得十分重要；对混凝土试件质量的判定，间接的是对混凝土结构质量的判定。如果不严格按照标准进行试件的取样、制作、养护，或者试件本身就是虚假的；就有可能对混凝土实际结构质量作出错判、误判，使建筑物存在着安全隐患，一致造成无法挽回的损失。所以在混凝土试件的取样、制作、养护过程中应注意以下问题：

1. 在取样时，一定要在混凝土的浇筑地点，即在混凝土浇筑入模的同时随机取得足量的试样，只有此时此地取得的试样才能够真实地反映混凝土结构的真实质量。

另外，为什么标准规定预拌混凝土取样，应在卸料过程中卸料量的 1/4～3/4 之间采取，是因为 1/4 以前及 3/4（估值）以后的混凝土中砂浆量比较大，在此时取得试样制作的试件强度相对较低。

2. 试件成型制作时，严格按照混凝土坍落度的不同，采用相应的制作方法。如坍落度大于 70mm，为了节省体力而采用振实方法，由于混凝土流动度较大，就有可能出现跑浆、漏浆，致使试件强度相对偏低。

用人工插捣方法制作试件时，应严格按照标准插捣足够的次数及深度并敲击试模外壁。否则，试体内的空气不能排出，使试件内孔隙率增大，影响试件强度。

3. 严格按照标准按不同的养护条件对试件进行养护。养护条件不同，混凝土试件强度差异很大，不能反映所需要的混凝土真实强度。如在气温较低的情况下需要了解并得到混凝土结构拆除底模支撑的强度，应该取用同条件养护试件强度；此时错误地取用标准养护试件强度，就会出现强度的误判；过早拆除就有可能造成安全事故。

4. 试件养护到规定龄期应及时进行委托检验。否则养护条件就会出现变化。如标准养护试件应是 28d 龄期，如果超过此龄期，就不能再称其为标准养护试件，给交、竣工资料造成不必要的麻烦。

十五、工作程序

取样、标识、登记台账和委托送检等工作程序参照第一章第三节。

十六、检验不合格情况处理

由不合格批混凝土制成的结构或构件，应委托有资质的检测机构进行鉴定，对不合格的结构或构件必须通过设计单位制订方案及时处理。

第四节　建筑砂浆

一、相关标准

1.《砌体工程施工质量验收规范》GB 50203—2002；

2.《建筑砂浆基本性能试验方法标准》JGJ/T 70—2009；

3.《砌筑砂浆配合比设计规程》JGJ/T 98—2010；

4.《抹灰砂浆技术规程》JGJ/T 220—2010；

5.《预拌砂浆》GB/T 25181—2010；

6.《干混砂浆应用技术规程》DB11/T 696—2009。

二、定义

1. 砌筑砂浆

将砖、石、砌块等块材经砌筑成为砌体，起粘结、衬垫和传力作用的砂浆。

2. 抹灰砂浆

涂抹于建筑物（墙、柱、顶棚）表面的砂浆。

3. 地面砂浆

用于建筑地面及屋面找平层的砂浆。

4. 防水砂浆

用于有抗渗要求部位的砂浆。

三、分类

1. 按配置地点区分为：

（1）现场配制砂浆

由水泥、细集料和水以及根据需要加入的石灰、活性掺合料或外加剂在现场配制成的砂浆，分为水泥砂浆和水泥混合砂浆。

（2）预拌砂浆

专业生产厂生产的砂浆。

2. 预拌砂浆按配制方式又区分为：

（1）湿拌砂浆

由水泥、细集料、矿物掺合料、外加剂和水，按一定比例，在搅拌站经计量、拌制后，运至使用地点，并在规定时间内使用的拌合物。

（2）干混砂浆

水泥、干燥集料或粉料、添加剂以及根据性能确定的其他组分，按一定比例，在专业生产厂经计算、混合而成的混合物，在使用地点按规定比例加水或配套组分拌合使用的混合物。

四、现场配制砂浆的技术要求

1. 砌筑砂浆

（1）配制砌筑砂浆，水泥宜采用通用硅酸盐水泥或砌筑水泥，《通用硅酸盐水泥》GB 175和《砌筑水泥》GB/T 3183的规定。水泥强度等级应根据砂浆品种及强度等级的要求进行选择。M15及以下强度等级的砌筑砂浆宜选用32.5级的通用硅酸盐水泥或砌筑水泥；M15以上强度等级的砌筑砂浆宜选用42.5级的通用硅酸盐水泥。

（2）砂宜选用中砂，并应符合现行行业标准《普通混凝土用砂、石质量及检验方法标准》JGJ 52的规定，且应全部通过4.75mm的筛孔。

（3）砂浆用砂不得含有有害物质。砂浆用砂的含泥量应满足下列要求：

① 对水泥砂浆和强度等级不小于M5的水泥混合砂浆，不应超过5%；

② 对强度等级小于M5的水泥混合砂浆，不应超过10%；

③ 人工砂、山砂及特细砂应经试配能满足砌筑砂浆技术条件要求。

（4）砌筑砂浆用石灰膏、电石膏应符合下列规定：

① 生石灰熟化成石灰膏时，应用孔径不大于3mm×3mm的网过筛，熟化时间不得少于7d，磨细生石灰粉的熟化时间不得少于2d；严禁使用脱水硬化的石灰膏；

② 制作电石膏的电石渣应用孔径不大于3mm×3mm的网过筛。

③ 消石灰粉不得直接用于砌筑砂浆中。

消石灰粉本身，只是在生石灰磨细过程中浇淋了一定量的水，不足以使生石灰完全熟化，所以不能直接使用。

生石灰中常含有欠火石灰和过火石灰。欠火石灰降低石灰的利用率；过火石灰颜色较深，密度较大，表面常被黏土杂质融化形成的玻璃釉状物包覆，熟化很慢。当石灰已经硬化后，其中过火颗粒才开始熟化，体积膨胀，引起隆起和开裂。为了消除过火石灰的危害，所以石灰浆应在储灰池（或其他容器）中熟化（或称"陈伏"）7d以上时间。

2. 抹灰砂浆

（1）配制强度等级不大于M20的抹灰砂浆，宜用32.5级的通用硅酸盐水泥或砌筑水泥；配制强度等级大于M20的抹灰砂浆，宜用强度等级不低于42.5级的通用硅酸盐水泥。通用硅酸盐水泥宜采用散装的。

（2）不同品种、不同等级、不同厂家的水泥，不得混合使用。

（3）用通用硅酸盐水泥拌制抹灰砂浆时，可掺入适量的石灰膏、粉煤灰、粒化高炉矿渣粉、沸石粉等，不应掺入消石灰粉。用砌筑水泥拌制抹灰砂浆时，不得再掺加粉煤灰等矿物掺合料。

（4）抹灰砂浆宜用中砂，不得含有有害杂质，砂的含泥量不应超过5%，且不应用4.75mm以上粒径的颗粒。

（5）石灰膏应在储灰池中熟化，熟化时间不应少于15d；磨细生石灰粉熟化时间不应少于3d。

五、预拌砂浆的技术要求

1. 湿拌砂浆

（1）湿拌砂浆按强度等级、抗渗等级、稠度和凝结时间的分类应符合表3.4.1的规定。

（2）湿拌砌筑砂浆的表观密度不应小于1800kg/m³。

（3）湿拌砂浆性能应符合表3.4.2的规定。

湿拌砂浆分类

表 3.4.1

项目	砌筑砂浆 代号（WM）	抹灰砂浆 代号（WP）	地面砂浆 代号（WS）	防水砂浆 代号（WW）
强度等级	M5、M7.5、M10、M15、 M20、M25、M30	M5、M10、 M15、M20	M15、M20、M25	M10、M15、M20
抗渗等级	/	/	/	P6、P8、P10
稠度（mm）	50、70、90	70、90、110	50	50、70、90
凝结时间（h）	≥8、≥12、≥24	≥8、≥12、≥24	≥4、≥8	≥8、≥12、≥24

湿拌砂浆性能指标

表 3.4.2

项 目		砌筑砂浆	抹灰砂浆	地面砂浆	防水砂浆
保水率（%）		≥88	≥88	≥88	≥88
14d 拉伸粘结强度（MPa）		/	M5：≥0.15 >M5：≥0.20	/	≥0.20
28d 收缩率（%）		/	≤0.20	/	≤0.15
抗冻性	强度损失率（%）	≤25			
	质量损失率（%）	≤5			

注：抗冻性：有抗冻性要求时，应进行抗冻性试验

砂浆的保水率指标，代表了砂浆的保水性能。砂浆的保水性是指砂浆保全水分的能力，即保持水分不易析出的能力。保水性不好的砂浆，在运输和存放过程中容易泌水离析，即水分浮在上面，砂和水泥沉在下面，使用前必须重新搅拌。

（4）湿拌砂浆的标记

示例：如 WM M10-70-12-GB/T 25181—2010。

此标记，即表示湿拌砌筑砂浆，强度等级为 M10，稠度为 70mm，凝结时间为 12h，执行标准为《预拌砂浆》GB/T 25181—2010。

2. 干混砂浆

（1）干混砂浆按强度等级、抗渗等级的分类应符合表 3.4.3 的规定。

干混砂浆分类

表 3.4.3

项目	砌筑砂浆代号（DM）		抹灰砂浆代号（DP）		面砂浆 代号（DS）	普通防水砂浆 代号（DW）
	普通砌筑砂浆	薄层砌 筑砂浆	普通抹灰 砂浆	薄层抹 灰砂浆		
强度 等级	M5、M7.5、M10、M15、 M20、M25、M30	M5、M10	M5、M10、 M15、M20	M5、M10	M15、M20、 M25	M10、M15、 M20
抗渗等级	/	/	/	/	/	P6、P8、P10

（2）干混普通砌筑砂浆拌合物的表观密度不应小于 $1800kg/m^3$。

（3）干混砌筑砂浆、干混抹灰砂浆、干混地面砂浆、干混普通防水砂浆的性能应符合表 3.4.4 的规定。

（4）干混砂浆的标记

示例：如 DM M10-GB/T 25181—2010。

干混砂浆性能指标

表 3.4.4

项目		砌筑砂浆（DM）		抹灰砂浆（DP）		地面砂浆（DS）	普通防水砂浆（DW）
		普通砌筑	薄层砌筑	普通抹灰	薄层抹灰		
保水率（%）		≥88	≥99	≥88	≥99	≥88	≥88
凝结时间（h）		3～9	/	3～9	/	3～9	3～9
2h 稠度损失率（%）		≤30	/	≤30	/	≤30	≤30
14d 拉伸粘结强度（MPa）		/	/	M5：≥0.15 >M5：≥0.20	≥0.30	/	≥0.20
28d 收缩率（%）		/	/	≤0.20	≤0.20	/	≤0.15
抗冻性	强度损失率（%）	≤25					
	质量损失率（%）	≤5					

注：1. 干混薄层砌筑砂浆宜用于灰缝厚度不大于 5mm 的砌筑；干混薄层抹灰砂浆宜用于砂浆层厚度不大于 5mm 的抹灰。

    2. 抗冻性：有抗冻性要求时，应进行抗冻性试验

此标记，即表示干混砌筑砂浆，强度等级为 M10，执行标准为《预拌砂浆》GB/T 25181—2010。

六、预拌（干混）砂浆进场材料复试项目

委托检测单位进行试验的常规试验项目是：

1. 普通砌筑砂浆：抗压强度、保水率、拉伸粘结强度；

2. 普通抹灰砂浆：抗压强度、保水率、拉伸粘结强度；

3. 普通地面砂浆：抗压强度；

4. 聚合物防水砂浆：凝结时间、7d 抗渗压力、7d 粘结强度。

七、预拌（干混）砂浆材料组批原则、取样方法和数量

1. 普通砌筑砂浆、普通抹灰砂浆、普通地面砂浆和普通地面砂浆按每 100t 为一批，不足 100t 亦为一批。

2. 聚合物防水砂浆每 10t 为一批，不足 10t 亦为一批。

3. 取样方法和数量：从 20 袋（散装时，从 20 个以上不同部位）中匀量取出，拌合均匀后总量为 20～25kg。

八、预拌（干混）砂浆材料取样标识

按标准取得试样后，应及时对试样做出唯一性标识，标识应包括以下内容：工程编号、试样编号、品种、代号、强度等级和取样日期；参考样式见图 3.4.1。

工程编号	×××××	试样编号	
品种、代号	普通砌筑砂浆（DM）		
强度等级	M10		
取样日期	年 月 日		

图 3.4.1 试件标识样式

九、施工过程中建筑砂浆常规试验项目

施工过程中委托检测单位进行试验的常规试验项目是：抗压强度。

十、施工过程中建筑砂浆常规试验项目取样规定及方法

1. 每一检验批且不超过 250m³ 砌体的各种类型及强度等级的砌筑砂浆，每台搅拌机应

至少抽检一次。每次至少应制作一组试块。如砂浆等级或配合比变更时，还应制作试块。

2. 冬期施工砂浆试块的留置，除应按常温规定要求外，尚应增留不少于 1 组与砌体同条件养护的试块，测试检验 28d 强度。

3. 建筑砂浆试验用料应从同一盘砂浆或同一车砂浆中取出。试样量不应少于试验所需用量的 4 倍。

4. 当施工过程中进行砂浆试验时，其取样方法应按相应的施工验收规范执行；并宜在现场搅拌点或预拌砂浆卸料点的至少 3 个不同部位及时取样；对于现场取得的试样，试验前应人工搅拌均匀。

从取样完毕到开始进行各项性能试验，不宜超过 15min。

十一、试件制作

1. 砂浆试模、捣棒和振动台

(1) 试模应为 70.7mm×70.7mm×70.7mm 的带底试模，应符合现行行业标准《混凝土试模》JG 237 的规定选择，应具有足够的刚度并拆装方便。试模内表面应机械加工，其不平度应为每 100mm 不超过 0.05mm，组装后各相邻面的不垂直度不应超过 ±0.5°；

(2) 钢制捣棒：直径为 10mm，长度为 350mm 的钢棒，端部应磨圆；

(3) 振动台：空载中台面的垂直振幅应为 (0.5±0.05)mm，空载频率应为 (50±3)Hz，空载台面振幅均匀度不应大于 10%，一次试验应至少能固定 3 个试模。

2. 建筑砂浆立方体抗压强度试件的制作

(1) 应采用立方体试件，每组试件应为 3 个；

(2) 应采用黄油等密封材料涂抹试模的外接缝，试模内应涂刷薄层机油或隔离剂。应将拌制好的砂浆一次性装满砂浆试模，成型方法应根据稠度而确定。当稠度大于 50mm 时，宜采用人工插捣成型，当稠度不大于 50mm 时，宜采用振动台振实成型；

① 人工插捣：应采用捣棒均匀地由边缘向中心按螺旋方向插捣 25 次，插捣过程中当砂浆沉落低于试模口时，应随时添加砂浆，可用油灰刀插捣数次，并用手将试模一边抬高 5~10mm 各振动 5 次，砂浆应高出试模顶面 6~8mm；

② 机械振动：将砂浆一次装满试模，放置到振动台上，振动时试模不得跳动，振动 5~10s 或持续到表面泛浆为止，不得过振；

③ 应待表面水分稍干后，再将高出试模部分的砂浆沿试模顶面刮去并抹平；

④ 试件制作后应在温度为 (20±5)℃ 的环境下静置 (24±2)h，当气温较低时，或者凝结时间大于 24h 的砂浆，可适当延长时间，但不应超过 2d。对试件进行编号并拆模。

3. 建筑砂浆立方体抗压强度试件的养护

(1) 试件拆模后应立即放入温度为 (20±2)℃，相对湿度为 90% 以上的标准养护室中养护。养护期间，试件彼此间隔不得小于 10mm；

(2) 混合砂浆、湿拌砂浆试件上面应覆盖，防止有水滴在试件上；

(3) 从搅拌加水开始计时，标准养护龄期应为 28d，也可根据相关标准要求增加 7d 或 14d。

十二、建筑砂浆立方体抗压强度试件的标识

按标准取得试样并制作试件后，应及时对试件做出唯一性标识，标识应包括以下内容：工程编号、试样编号、强度等级、养护条件和取样日期；参考样式见图 3.4.2。

```
┌─────────────────────────────────┐
│                                 │
│  工程编号：××××××               │
│  试样编号：                      │
│                                 │
│              M10                 │
│           B28d（或 T28）         │
│                                 │
│          年    月    日          │
│                                 │
└─────────────────────────────────┘
```

图 3.4.2 试件标识样式

十三、试验结果判定

1. 建筑砂浆试件抗压强度试验结果判定

建筑砂浆试件抗压强度验收时其强度合格标准必须符合以下规定：

同一验收批砂浆试块抗压强度平均值必须大于或等于设计强度等级所对应的立方体抗压强度；同一验收批砂浆试块抗压强度的最小一组平均值必须大于或等于设计强度等级所对应的立方体抗压强度的 0.75 倍。

注：1. 砌筑砂浆的验收批，同一类型、强度等级的砂浆试块应不少于 3 组。当同一验收批只有 1 组（含两组）试块时，该组试块抗压强度的平均值必须大于或等于设计强度等级所对应的立方体抗压强度。

2. 砂浆强度应以标准养护，龄期为 28d 的试块抗压试验结果为准。

2. 预拌（干混）砂浆材料试验结果判定

干混砌筑砂浆、干混抹灰砂浆、干混地面砂浆、干混普通防水砂浆的试验结果应符合表 3.4.4 干混砂浆各项性能指标的规定，反之为不合格。

十四、取样注意事项

1. 现场配制建筑砂浆（包括砌筑、抹灰和地面砂浆）时，水泥、砂、掺合料等材料的取样一定要按照标准取样方法，具有代表性；否则检测单位出具的建筑砂浆配合比就不能正确地应用于施工。

2. 现场配制建筑砂浆抗压强度试件的取样应真实，具有代表性，应在使用地点的砂浆槽、砂浆运送车或搅拌机出料口抽取，具体操作时至少从 3 个不同部位集取。

3. 由于砂浆的收缩量较大，建筑砂浆抗压强度试件成型时，插捣或振实完成后，不要立即抹平，砂浆应高出试模 6～8mm，等待砂浆表面出现麻斑状态（一般在 20～30min 内）时，再抹平；否则试件表面有可能形成凹形，使试件形状不规则，影响强度。

4. 水泥砂浆抗压强度试件的养护，同混凝土。水泥混合砂浆试件在标准养护室养护时，一定注意不要在试件上淋水；否则未熟化的石灰颗粒遇水发生膨胀反应，破坏试件的内部结构，严重影响试件强度。

5. 在预拌（干混）砂浆材料取样前，应首先核验生产厂家出具的出场检验报告及生产日期证明材料。由于干混砂浆种类很多，所以首先要确认标记，是否为要选用的砂浆种类；其次仔细阅读使用说明书，明确砂浆特点、性能指标、适用范围、加水量及使用方法；取样时要按照标准方法，试样应具有代表性。

十五、工作程序

取样、标识、登记台账和委托送检等工作程序参照第一章第三节。

十六、不合格情况处理

1. 预拌（干混）砂浆材料试验结果不合格，退货。

2. 建筑砂浆试件抗压强度试验结果情况处理

当施工中或验收时出现下列情况，可采用现场检验方法对砂浆和砌体强度进行原位检测或取样检测，并判定其强度：

（1）砂浆试件缺乏代表性或试件数量不足；

（2）对砂浆试件的试验结果有怀疑或有争议；

（3）砂浆试件的试验结果，不能满足设计要求。

第五节　混凝土（砂浆）配合比基本知识

一、相关标准

1.《普通混凝土配合比设计规程》JGJ 55—2011；

2.《砌筑砂浆配合比设计规程》JGJ/T 98—2010。

二、定义

混凝土（砂浆）配合比是根据原材料的性能和混凝土（砂浆）技术要求进行计算，经试配调整后确定的各组分之间的比例（一般为质量比）关系。

三、配合比设计的基本要求

混凝土配合比设计的基本要求：

1. 满足混凝土工程结构设计或工程进度的强度要求；

2. 满足混凝土工程施工的和易性要求；

3. 保证混凝土在自然环境及使用条件下的耐久性要求；

4. 在保证混凝土工程质量的前提下，合理地使用材料，降低成本。

四、基本概念

1. 混凝土配合比设计中的 3 个重要参数

（1）水灰比

即单位体积混凝土中水与水泥用量之比；在混凝土配合比设计中，当所用水泥强度等级确定后，水灰比是决定混凝土强度的主要因素。

（2）用水量

即单位体积混凝土中水的用量；在混凝土配合比设计中，用水量不仅决定了混凝土拌和物的流动性和密实性等，而且当水灰比确定后，用水量一经确定，水泥用量也随之确定。

（3）砂率

即单位体积混凝土中砂与砂、石总量的重量比；在混凝土配合比设计中，砂率的选定不仅决定了砂、石各自的用量，而且和混凝土的和易性有很大关系。

2. 水胶比

水胶比是单位体积混凝土中水与全部胶凝材料（包括水泥、活性掺合料）质量之比。

3. "双掺"技术

在配制混凝土时，同时掺用外加剂和掺合料的做法称为"双掺"，该技术的主要作用是：

（1）改善混凝土的工作性能，如使其具有良好的和易性（流动性、黏聚性、保水性）、调节混凝土的凝结时间；

（2）在不增加水泥用量的前提下提高混凝土的强度；

（3）利用该技术配制高强度混凝土；

(4) 改善混凝土的耐久性能，如抗冻、抗渗、抗裂和抗腐蚀等性能；

(5) 降低混凝土的成本。

五、混凝土配合比设计的技术要求

1. 混凝土的最大水胶比和最小水泥用量

根据混凝土结构所处的环境条件，综合考虑其耐久性要求，混凝土的最大水胶比应符合现行国家标准《混凝土结构设计规范》GB 50010 的规定；除配制 C15 及其以下强度等级的混凝土外，混凝土的最小胶凝材料用量应符合表 3.5.1 的规定。

混凝土的最小胶凝材料用量　　　　　　　　表 3.5.1

最大水胶比	最小胶凝材料用量（kg/m³）		
	素混凝土	钢筋混凝土	预应力混凝土
0.60	250	280	300
0.55	280	300	300
0.50	320		
≤0.45	330		

2. 混凝土中矿物掺合料最大掺量

矿物掺合料在混凝土中的掺量应通过试验确定，采用硅酸盐水泥或普通硅酸盐水泥时，钢筋混凝土中矿物掺合料最大掺量宜符合表 3.5.2 的规定，预应力混凝土中矿物掺合料最大掺量宜符合表 3.5.3 的规定。对基础大体积混凝土，粉煤灰、粒化高炉矿渣粉和复合掺合料的最大掺量可增加 5%。采用掺量大于 30% 的 C 类粉煤灰的混凝土应以实际使用的水泥和粉煤灰掺量进行安定性检验。

钢筋混凝土中矿物掺合料最大掺量　　　　　　　　表 3.5.2

矿物掺合料种类	水胶比	最大掺量（%）	
		采用硅酸盐水泥时	采用普通硅酸盐水泥时
粉煤灰	≤0.4	45	35
	>0.4	40	30
粒化高炉矿渣粉	≤0.4	65	55
	>0.4	55	45
钢渣粉	/	30	20
磷渣粉	/	30	20
硅灰	/	10	10
复合掺合料	≤0.4	65	55
	>0.4	55	45

注：1. 采用其他通用硅酸盐水泥时，宜将水泥混合材掺量 20% 以上的混合材料计入矿物掺合料；

　　　2. 复合掺合料各组分的掺量不宜超过单掺时的最大掺量；

　　　3. 在混合使用两种或两种以上矿物掺合料时，矿物掺合料总掺量应符合表中复合掺合料的规定。

六、混凝土拌合物中对氯离子、含气量的要求

1. 混凝土拌合物中水溶物氯离子最大含量应符合表 3.5.4 的规定。

矿物掺合料种类	水胶比	最大掺量(%)	
		采用硅酸盐水泥时	采用普通硅酸盐水泥时
粉煤灰	≤0.4	35	30
	>0.4	25	20
粒化高炉矿渣粉	≤0.4	55	45
	>0.4	45	35
钢渣粉	/	20	10
磷渣粉	/	20	10
硅灰	/	10	10
复合掺合料	≤0.4	55	45
	>0.4	45	35

注：1. 采用其他通用硅酸盐水泥时，宜将水泥混合材掺量 20% 以上的混合材料计入矿物掺合料；

　　2. 复合掺合料各组分的掺量不宜超过单掺时的最大掺量；

　　3. 在混合使用两种或两种以上矿物掺合料时，矿物掺合料总掺量应符合表中复合掺合料的规定。

环境条件	水溶性氯离子最大含量(%,水泥用量的质量百分比)		
	钢筋混凝土	预应力混凝土	素混凝土
干燥环境	0.30		
潮湿但不含氯离子的环境	0.20	0.06	1.00
潮湿且含氯离子的环境，盐渍土	0.10		
除冰盐等侵蚀性物质的腐蚀环境	0.06		

2. 长期处于潮湿或水位变动的寒冷和严寒环境以及盐冻环境的混凝土应掺用引气剂。引气剂掺量应根据混凝土含气量要求经试验确定，混凝土最小含气量应符合表 3.5.5 的规定，最大不宜超过 7.0%

粗骨料最大粒径(mm)	混凝土最小含气量(%)	
	潮湿或水位变动的寒冷和严寒环境	盐冻环境
40.0	4.5	5.0
25.0	5.0	5.5
20.0	5.5	6.0

七、混凝土配合比通知单解读

1. 每 m^3 混凝土用量（kg）——即每立方米混凝土中各种材料的用量，其相加重量总和即为混凝土单位体积的质量（混凝土密度）。

例：	水泥	水	砂	石	外加剂	掺合料
每 1m³ 用量(kg)	390	195	736	1059	15.60	60

2. 重量比——混凝土中各种材料质量与水泥质量的比值（即以水泥质量作为单位质

量1)，也就是各种材料质量除以水泥质量得到的比值。

如上例质量比为：

$$水泥：水：砂：石：外加剂：掺合料$$
$$1：0.5：1.89：2.72：0.04：0.15$$

八、施工现场（预拌混凝土搅拌站）混凝土配合比应用

1. 拌制混凝土前的准备工作：

（1）查验现场各种原材料（包括水泥、砂、石、外加剂和掺合料）是否已经过试验；对照混凝土配合比申请单中各种材料的试验编号查验原材料是否与抽样批量相符；

（2）如现场库存两种以上的同类材料，应与拌制混凝土操作人员一起，对照混凝土配合比申请单确认应选用的材料品种；

（3）通过试验计算砂、石两种材料的含水率；

含水率计算公式为：

$$含水率（\%）=（湿料-干料）/干料 \times 100\%$$

（4）计算拌制混凝土时各种材料的每盘用量；首先确定每盘的水泥用量，然后按照混凝土配合比通知单中质量比的比值，各种材料分别乘以每盘的水泥用量，得到各种材料的每盘用量；

（5）用计算所得到的砂、石含水率数值，乘以砂、石每盘的干料用量，得到砂、石中所含的水分质量值，再把该值与砂、石的每盘干料用量值相加，最终得出拌制混凝土时每盘的砂、石用量；

（6）在每盘的水用量中减去砂、石中所含的水分质量值，得出拌制混凝土时每盘实际的水用量；

2. 配合比应用举例：

混凝土配合比通知单的质量比为：

$$水泥：水：砂：石：外加剂：掺合料$$
$$1：0.5：1.89：2.72：0.04：0.15$$

（1）计算砂、石的含水率：

$$砂含水率（\%）=（500-485）/485 \times 100\%=3.1\%$$
$$石含水率（\%）=（1000-990）/990 \times 100\%=1.0\%$$

（2）如果确定每盘水泥用量为100kg，计算其他材料的每盘用量：

水用量=$100 \times 0.5=50$（kg）；

砂用量（干料）=$100 \times 1.89=189$（kg）；

石用量（干料）=$100 \times 2.72=272$（kg）；

外加剂用量=$100 \times 0.04=4$（kg）；

掺合料用量=$100 \times 0.15=15$（kg）；

（3）计算砂、石中所含的水分质量值：

砂含水率为3.1%，所以$189 \times 0.031=5.86$（kg）；

石含水率为1.0%，所以$272 \times 0.010=2.72$（kg）；

（4）计算每盘的实际砂、石用量：

实际砂用量=$189+5.86=194.86 \approx 195$（kg）；

实际石用量＝272＋2.72＝274.72≈275（kg）；

（5）计算每盘的实际水用量：

实际水用量＝50－5.86(砂含水率)－2.72(石含水量)

$$＝41.42≈41（kg）；$$

拌制混凝土时每盘各种材料的每盘实际用量见表 3.5.6。

拌制混凝土计算用量和实际用量对照表　　　　　　　　　　表 3.5.6

材料名称	水泥	砂	石	水	外加剂	掺合料
计算用量(kg)	100	189	272	50	4	15
实际用量(kg)	100	195	275	41	4	15

九、砂、石含水率测试方法

砂、石含水率测试方法基本相同，只是取样数量不同。石子最大粒径≤25mm 时，试样质量取 1500g，石子最大粒径≥31.5 而≤40 时，试样质量取 2000g。

以砂子为例：取 1000g 湿砂，置入炒盘中，称取砂样与炒盘的总质量（m_2），把炒盘连同砂样一起加热（电炉、电磁炉等），用小铲不断地翻拌，直到砂样表面全部干燥后；取消加热再继续翻拌，稍予冷却后，称取干砂与炒盘的总质量（m_3）。按下式计算砂子的含水率：

$$砂含水率 ＝(m_2－m_3/m_3－m_1)×100\%$$

式中　m_1——炒盘质量；

　　　m_2——湿砂与炒盘的总质量；

　　　m_3——烘干后砂样与炒盘的总质量。

以两次试验结果的算术平均值作为砂含水率的测定值。

湿砂取回后应及时进行含水率试验，以防砂中水分蒸发，影响测试精度。

十、砌筑砂浆配合比设计的一般技术要求

1. 强度等级

水泥砂浆及预拌砌筑砂浆的强度等级可分为 M5、M7.5、M10、M15、M20、M25、M30；水泥混合砂浆的强度等级可分为 M5、M7.5、M10、M15。

2. 砌筑砂浆拌合物的表观密度宜符合表 3.5.7 的规定。

砌筑砂浆拌合物的表观密度 （kg/m³）　　　　　　　　　表 3.5.7

砂浆种类	表观密度
水泥砂浆	≥1900
水泥混合砂浆	≥1800
预拌砌筑砂浆	≥1800

3. 砌筑砂浆的稠度宜按表 3.5.8 选用。

砌筑砂浆的施工稠度 （mm）　　　　　　　　　　表 3.5.8

砂浆种类	施工稠度
烧结普通砖砌体、粉煤灰砖砌体	70～90
混凝土砖砌体、普通混凝土小型空心砌块砌体、灰砂砖砌体	50～70
烧结多孔砖砌体、烧结空心砖砌体、轻集料混凝土小型空心砌块砌体、蒸压加气混凝土砌块砌体	60～80
石砌体	30～50

4. 砌筑砂浆的保水率应符合表 3.5.9 的规定。

砌筑砂浆的保水率（%）   表 3.5.9

砂 浆 种 类	保 水 率
水泥砂浆	≥80
水泥混合砂浆	≥84
预拌砌筑砂浆	≥88

十一、砌筑砂浆配合比通知单的解读与应用

砌筑砂浆配合比通知单的解读与应用与混凝土配合比基本相同。

第六节 钢结构高强度螺栓连接和钢网架螺栓球节点

一、相关标准

1.《钢结构工程施工质量验收规范》GB 50205—2001；

2.《钢结构高强度螺栓连接技术规程》JGJ 82—2011；

3.《钢网架螺栓球节点》JG/T 10—2009。

二、基本概念

1. 高强度螺栓连接

利用高强度螺栓连接副将构件、部件、板件连成整体的方式，按受力状态分为摩擦型和承压型：

（1）摩擦型连接：依靠高强度螺栓的紧固，在被连接件间产生摩擦阻力以传递剪力而将构件、部件或板件连成整体的连接方式。摩擦型高强度螺栓连接靠螺杆预拉力压紧构件接触面产生的摩擦力传递荷载，螺孔的直径较承压型大 0.5～1.0mm，使用中绝对不能滑动，螺栓不承受剪力，一旦滑移，设计就认为达到破坏状态，是钢结构工程常用的连接方式。

（2）承压型连接：依靠螺杆抗剪和螺杆与孔壁承压以传递剪力而将构件、部件或板件连成整体的连接方式。承压型连接的螺孔比螺杆直径大 1mm，高强度螺栓可以滑动，螺栓也承受剪力，最终破坏相当于普通螺栓破坏（螺栓剪坏或钢板压坏）。

在同一连接接头中，高强度螺栓连接不应与普通螺栓连接混用；承压型高强度螺栓连接不应与焊接连接并用。

2. 钢网架螺栓球节点

螺栓球节点是指在钢网架接过中，由螺栓球、高强度螺栓、套筒、紧固螺钉和锥头或封板等零部件组成的节点，见图 3.6.1。

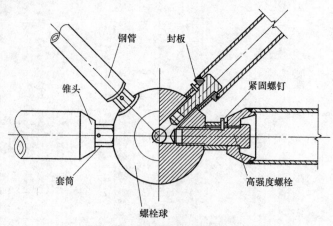

图 3.6.1 钢网架螺栓球节点

（1）螺栓球：通过拧入高强度螺栓连接各杆件的零件，宜采用 45 号圆钢锻造成型，螺栓球不得有裂纹。标记方法：BS＋直径。

（2）高强度螺栓：杆件与螺栓球的连接件，规格和技术指标见第二章第八节相关内容。

（3）套筒：承受压力和拧进高强度螺栓的零件，宜采用 Q235、Q345 或 45 号钢加工。

（4）锥头或封板：钢管端部的连接件，较大直径的钢管采用锥头。锥头与封板宜选用与钢管一致的材料。

（5）紧固螺钉：拧套筒时可以带动高强度螺栓转动的零件，宜采用 40Cr 或 40B 钢，热处理后的硬度应为 36HRC～42HRC。

（6）钢管：钢网架结构的主要受力部件，宜采用 Q235、Q345、或 20 号钢加工的直缝电焊钢管或热轧无缝钢管等。

（7）杆件：由锥头或封板与钢管焊接组装而成，焊缝等级达到二级。

三、常规试验项目、组批原则及取样数量

高强度螺栓连接和螺栓球节点的常规试验项目、组批原则及取样数量要求见表 3.6.1。

高强度螺栓连接和螺栓球节点的常规试验项目、组批原则及取样数量　　　表 3.6.1

序号	材料名称	常规进场复验项目	组批原则及取样数量
1	高强度螺栓连接摩擦面	抗滑移系数	（1）抗滑移系数检验应以钢结构制作检验批为单位，由制作厂和安装单位分别进行，每一检验批 3 套试件；单项工程的构件摩擦面选用 2 种及 2 种以上表面处理工艺时，则每种表面处理工艺均需检验； （2）制造批可按分部工程划分规定的工程量每 2000t 为一批，不足 2000t 的可视为一批； （3）抗滑移系数检验用的试件由制作厂加工，试件与所代表的构件应为同一材质、同一摩擦面处理工艺、同批制作，在同一环境条件下存放，并在相同条件下同批发运
2	螺栓球节点	高强度螺栓和螺栓球组合件拉力载荷试验、锥头或封板与钢管焊缝拉力载荷试验	按交货验收的同一型号零部件不超过 3500 件为一验收批，每批抽取的数量为 5%且不少于 5 件

抗滑移系数（摩擦系数）：高强度螺栓连接摩擦面滑移时，滑动外力与连接中法向压力（等同于螺栓预拉力）的比值。高强度螺栓摩擦连接通过使高强螺栓产生巨大而又受控制的预拉力，通过螺帽和垫板，对被连接件也产生了同样大小的预压力。在此预压力作用下，沿被连接件表面将产生一个最大静摩擦力的值。显然，只要产生滑动的外力小于该摩擦力限值，构件便不会滑移，连接就不会受到破坏。为使接触面有足够的摩擦力，就必须提高构件的夹紧力和增大构件接触面的摩擦系数。目前，增大连接面摩擦系数有喷砂、抛丸等工艺。

抗滑移系数检验是为了证实摩擦型连接具有足够大的摩擦力，从而使构件在正常使用时不发生滑移破坏。

螺栓球节点拉力载荷试验是为检验各组合件焊接质量是否符合设计要求，具有足够的承载力。

四、进场检验与材料证明文件核验

高强度螺栓连接和螺栓球节点进场检验与材料证明文件核验要求见表 3.6.2。

高强度螺栓连接和螺栓球节点进场检验与材料证明文件核验　　表 3.6.2

序号	材料名称	进场检验与材料证明文件核验
1	高强度螺栓连接摩擦面	(1)高强度螺栓连接副按第二章第八节的相关要求进行核验； (2)检查钢材的质量合格证明文件、中文标志及检验报告等。钢材的表面外观质量应符合国家现行有关标准的规定；高强度螺栓连接处的钢板表面处理方法及除锈等级应符合设计要求；连接处钢板表面应平整、无焊接飞溅、无毛刺、无油污；钢板厚度及允许偏差应符合其产品标准的要求；型钢的规格尺寸及允许偏差应符合其产品标准的要求
2	螺栓球节点	(1)高强度螺栓连接副按第二章第八节的相关要求进行核验； (2)其他零部件原材料，其品种、规格、性能等应符合国家产品标准和设计要求，检查产品质量合格证明文件、中文标志及检验报告等； (3)螺栓球不得有过烧、裂纹及褶皱，螺纹尺寸应符合现行国家标准《普通螺纹基本尺寸》GB 196 中粗牙螺纹的规定，螺纹公差必须符合现行国家标准《普通螺纹公差与配合》GB 197 中 6H 级精度的规定；螺栓球直径、圆度、相邻两螺栓孔中心线夹角等尺寸及允许偏差应符合相关规定 (4)封板、锥头、套筒外观不得有裂纹、过烧及氧化皮

五、取样注意事项

1. 高强度螺栓连接摩擦面抗滑移系数检验

(1)抗滑移系数试件应采用双摩擦面的二栓拼接的拉力试件，如图 3.6.2 所示。试件钢板的厚度 t_1、t_2 应根据钢结构工程中有代表性的板材厚度来确定且满足 $2t_2 \geqslant t_1$；宽度 b 可参照表 3.6.3 的规定取值。L_1 应根据试验机夹具的要求确定。

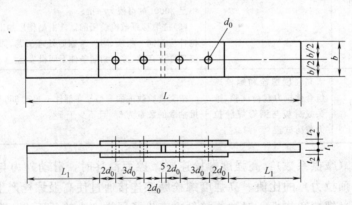

图 3.6.2　双摩擦面的二栓拼接的拉力试件

(2)试件的设计应考虑摩擦面在滑移之前，试件钢板的净截面仍处于弹性状态；试件板面应平整、无油污，孔和板的边缘无飞边、无毛刺。

(3)试验可使用检测机构的专用高强度螺栓或施工现场经复验合格的扭剪型高强度螺栓连接副。

高强度螺栓连接摩擦面抗滑移系数检验试件板的宽度（mm）　　表 3.6.3

螺栓直径 d	16	20	22	24	27	30
板宽 b	100	100	105	110	120	120

2. 螺栓球节点的检验

（1）高强度螺栓和螺栓球组合件拉力载荷试验

高强度螺栓和螺栓球在批量产品中随机抽取，组合成的拉力载荷试件如图 3.6.3 所示：

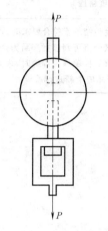

图 3.6.3　高强度螺栓和螺栓球
组合件拉力载荷试验

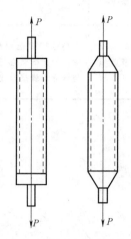

图 3.6.4 锥头或封板与钢管
焊缝拉力载荷试验

（2）锥头或封板与钢管焊缝拉力载荷试验

钢管应随机抽取，取其端部，在开口端焊上锥头或封板，制成拉力试件，如图 3.6.4 所示。

六、标识

送检试样应有清晰的、不易脱落的唯一性标识，标识应包括工程编号、试件编号、材料的级别、规格、取样日期等内容，但不应注明施工单位和工程名称。试件编号应按单位工程分类顺序排号，不得空号和重号。

依据标准需重新取样复试时，复试样品的试件编号应在初试时编号后加"复试"后缀加以区别。见证试件应有见证人员所做封志或见证标识。

标识参考样式见图 3.6.5。

工程编号	×××××	试样编号	
材料名称			
级别、规格	（填写螺栓和钢材信息）		
设计值			
取样日期	年　　月　　日		

图 3.6.5　试件标识样式

七、工作程序

取样、标识、登记台账和委托送检等工作程序参照第一章第三节。

八、试验结果不符合技术指标情况处理

高强度螺栓连接和螺栓球节点试验结果不符合技术指标情况处理见表 3.6.4。

高强度螺栓连接和螺栓球节点试验结果不符合技术指标情况处理　　　表 3.6.4

序号	材料名称	常规进场复验项目	试验结果不符合技术要求情况处理
1	高强度螺栓连接摩擦面	抗滑移系数	抗滑移系数检验的最小值必须大于或等于设计规定值。当不符合规定时,构件摩擦面应重新处理。处理后的构件摩擦面应重新检验
2	螺栓球节点	高强度螺栓和螺栓球组合件拉力载荷试验、锥头或封板与钢管焊缝拉力载荷试验	(1)当有 1 项检验结果不符合要求时,可加倍抽取样品进行复试,如复试合格可判该批产品为合格产品; (2)不符合要求的检验项为焊缝时,返修次数不宜超过 2 次,返修后的产品应重新进行检验

第四章　工程实体质量与使用功能检测

第一节　建筑外窗现场检测

一、相关标准

1.《建筑节能工程施工质量验收规范》GB 50411—2007；

2.《建筑外门窗气密、水密、抗风压性能分级及检测方法》GB/T 7106—2008；

3.《建筑外窗气密、水密、抗风压性能现场检测方法》JG/T 211—2007；

4.《住宅建筑门窗应用技术规范》DBJ 01-79—2004。

二、外窗现场检测

建筑外窗主要起采光、通风和观赏景观的目的。由于建筑外窗是作为成品安装于建筑物上的，因此建筑外窗的材料、装配、规格尺寸、安装质量等因素直接影响着居住舒适程度。

建筑外窗直接经受着雨水的冲淋、尘土的侵袭和风力的推压，不合格的外窗或安装质量达不到要求，就会出现漏水、漏风等现象，在风力很大的情况下，外窗还会产生很大的变形，甚至造成外窗玻璃破碎或脱落，发生意外。

建筑外窗的现场检测是在给已安装完成的外窗施加一定的空气压力的情况下，检测其抵抗漏水和漏风的能力。建筑外窗的现场检测是对建筑外窗及其安装质量的综合评价。

1. 抽检批量

（1）依据《建筑节能工程施工质量验收规范》GB 50411—2007

① 建筑围护结构施工完成后，应对严寒、寒冷、夏热冬冷地区的外窗气密性进行现场实体检测。

② 外窗气密性的现场实体检测应在监理（建设）人员见证下，委托有资质的检测机构实施。

③ 每个单位工程的外窗至少抽查 3 樘。当一个单位工程外窗有 2 个以上品种、类型和开启方式时，每个品种、类型和开启方式的外窗应抽查不少于 3 樘。

（2）依据《住宅建筑门窗应用技术规范》DBJ01-79—2004

① 建筑门窗工程在竣工前，应对建筑外窗的气密性能、水密性能进行现场抽样检测。

② 单位工程建筑面积 5000m²（含 5000m²）以下时，随机抽取同一生产厂家具有代表性的 1 组建筑外窗试件，试件数量为同系列、同规格、同分格形式的 3 樘外窗。

③ 单位工程建筑面积 5000m² 以上时，随机抽取同一生产厂家具有代表性的 2 组建筑外窗试件，每组试件数量为同系列、同规格、同分格形式的 3 樘外窗。

2. 结果判定

（1）依据《建筑节能工程施工质量验收规范》GB 50411—2007

当外窗气密性现场实体检验出现不符合设计要求和标准规定的情况时，应委托有资质的检测机构扩大一倍数量抽样，对不符合要求的项目或参数再次检验。仍然不符合要求时应给出"不符合设计要求"的结论。

（2）依据《住宅建筑门窗应用技术规范》DBJ01-79—2004

① 当抽检的外窗检测结果不符合本规范规定时，应对该组的不合格项进行加倍抽样复测。

② 当加倍抽样复测的结果仍不符合本规范规定时，则判定该外窗工程质量不合格。

③ 当抽检的外窗检测结果全部符合本规范规定时，判定该外窗工程质量合格。

3. 现场检测配合

当单位工程外窗施工安装完毕后，应委托有资质的检测机构进行外窗现场检测。委托方应做好以下配合工作：

（1）确认工程所安装外窗的生产厂家、系列、规格和分格形式，以便确定需要检测的外窗组数；

（2）与检测机构及见证人员进行沟通，以便确定检测方案及检测时间；

（3）依据检测方案，在检测部位附近应配备电源。因进行水密性检测时，需在室外对被检外窗进行喷淋，因此当被检外窗位置较高时，需利用脚手架或邻近的可开启的另一樘外窗进行操作，且附近应有水源。

（4）在检测开始前，委托方应填写《委托检验协议书》（"协议书"格式由检测机构提供）。检测完成后，见证人员应及时填写《见证记录》。

4. 外窗现场检测所用时间

外窗现场检测的进度与检测人员的操作熟练程度、被检外窗的位置、规格及委托方和见证人员的配合程度有关。在一般情况下，检测机构使用1台检测设备，8h满负荷工作，可检测6樘左右的外窗。

5. 外窗检测不合格的处理

对于建筑外窗气密性、水密性不符合设计要求和国家现行标准规定的，应查找原因进行处理，使其达到要求后重新进行抽样检测，合格后方可通过验收。

第二节　混凝土结构加固现场检测

一、相关标准

1. 《建筑结构加固工程施工质量验收规范》GB 50550—2010；
2. 《混凝土结构加固设计规范》GB 50367—2006；
3. 《混凝土结构后锚固技术规程》JGJ 145—2004。

二、定义

1. 重要结构构件

其自身失效将影响或危及承重结构体系整体工作的承重构件。

2. 生命线工程

主要是指维持城市生存功能系统和对国计民生有重大影响的工程，主要包括给水、排水系统的工程；电力、燃气及石油管线等能源供给系统的工程；电话和广播电视等情报通信系统的工程；大型医疗系统的工程以及公路、铁路等交通系统的工程等。

3. 锚固件

锚固件指种植的带肋钢筋、全螺纹螺杆和锚栓。

三、锚固承载力现场检测

1. 抽检批量

（1）依据《建筑结构加固工程施工质量验收规范》GB 50550—2010

① 锚固件抗拔承载力现场检验分为非破损检验和破坏性检验。对下列场合应采用破坏性检验方法对锚固质量进行检验：

A. 重要结构构件；

B. 悬挑结构、构件；

C. 对该工程锚固质量有怀疑；

D. 仲裁性检验。

② 对重要结构构件锚固件锚固质量采用破坏性检验方法确有困难时，若该批锚固件的连接系统按《建筑结构加固工程施工质量验收规范》GB 50550—2010 的规定进行设计计算，可在征得业主和设计单位同意的情况下，改用非破损抽样检验方法。

③ 若受现场条件限制，无法进行原位破坏性检验操作时，允许在施工的同时（不得后补），在被加固结构附近，以专门浇筑的同强度等级的混凝土块体为基材种植锚固件，并按规定的时间进行破坏性检验；但应事先征得设计和监理单位的书面同意，并在现场见证试验（此方法不适用于仲裁性检验）。

④ 锚固质量现场检验抽检时，应以同品种、同规格、同强度等级的锚固件安装于锚固部位基本相同的同类构件为一检验批，并应从每一检验批所含的锚固件中进行抽样。

⑤ 现场破坏性检验的抽样，应选择易修复和易补种的位置，取每一检验批锚固件总数的 1‰，且不少于 5 件进行检验。若锚固件为植筋，且种植的数量不超过 100 件时，可

仅取 3 件进行检验。仲裁性检验的取样数量应加倍。

⑥ 现场非破损检验的抽样，应符合下列规定：

A. 锚栓锚固质量的非破损检验：

对重要结构构件，应在检查该检验批锚栓外观质量合格的基础上，按表 4.2.1 规定的抽样数量，对该检验批的锚栓进行随机抽样；对一般结构构件，可按重要结构构件抽样量的 50%，且不少于 5 件进行随机抽样。

重要结构构件锚栓锚固质量非破损检验抽样表　　　　　　　　　表 4.2.1

检验批的锚栓总数	≤100	500	1000	2500	≥5000
按检验批锚栓总数计算的最小抽样量	20%，且不小于 5 件	10%	7%	4%	3%

注：当锚栓总数介于两栏数量之间时，可按线性内插法确定抽样数量。

B. 植筋锚固质量的非破损检验：

对重要结构构件，应按其检验批植筋总数的 3%，且不少于 5 件进行随机抽样；对一般结构构件，应按 1%，且不少于 3 件进行随机抽样。

⑦ 当其他标准的抽样规则与《建筑结构加固工程施工质量验收规范》GB 50550—2010 不一致时，对承重结构加固工程的锚固质量检验，必须按《建筑结构加固工程施工质量验收规范》GB 50550—2010 的规定执行。

⑧ 胶粘的锚固件，其检验应在胶粘剂达到其产品说明书标示的固化时间的当天，但不得超过 7d 进行。若因故需推迟抽样与检验日期，除应征得监理单位同意外，还不得超过 3d。

（2）依据《混凝土结构后锚固技术规程》JGJ 145—2004

① 混凝土结构后锚固工程质量应进行抗拔承载力的现场检验。

② 锚栓抗拔承载力现场检验可分为非破坏性检验和破坏性检验。对于一般结构及非结构构件，可采用非破坏性检验；对于重要结构构件及生命线工程非结构构件，应采用破坏性检验（尽量选在受力较小的次要连接部位）。

③ 锚固抗拔承载力现场非破坏性检验可采用随机抽样办法取样。

④ 同规格，同型号，基本相同部位的锚栓组成一个检验批。抽取数量按每批锚栓总数的 1‰计算，且不少于 3 根。

2. 结果判定

（1）依据《建筑结构加固工程施工质量验收规范》GB 50550—2010，非破损检验的评定：

① 当一个检验批所抽取的试样全数合格时，应评定该批为合格批；

② 当一个检验批所抽取的试样中仅有 5% 或 5% 以下不合格（不足 1 根，按 1 根计）时，应另抽 3 根试样进行破坏性检验。若检验结果全数合格，该检验批仍可评为合格批；

③ 当一个检验批抽取的试样中不止 5%（不足 1 根，按 1 根计）不合格时，应评定该批为不合格批，且不得重做任何检验。

（2）依据《混凝土结构后锚固技术规程》JGJ 145—2004

当非破坏性检验为不合格时，应另抽不少于 3 个锚栓做破坏性检验判断。

3. 现场检测配合

委托方应做好以下配合工作：

（1）确认工程所用锚固件的品种、规格、强度等级及是否安装于锚固部位基本相同的同类构件，以便确定需要检测的锚固件组数；

（2）与检测机构及见证人员进行沟通，以便确定检测方案及检测时间；

（3）当被检锚固件位置较高时，需利用脚手架进行操作；

（4）在检测开始前，委托方应填写《委托检验协议书》（格式由检测机构提供），检测完成后，见证人员应及时填写《见证记录》。

4. 锚固件检测不合格的处理

当试验结果不满足相应规定时，应会同有关部门依据试验结果，研究采取专门措施处理。

四、加固材与基材的正拉粘结强度现场检测

1. 适用范围

适用于现场条件下以结构胶粘剂或高强聚合物砂浆为粘结材料，粘合（包括浇筑、喷抹）下列加固材料与基材，在均匀拉应力作用下发生内聚、粘附或混合破坏的正拉粘结强度测定：

（1）结构胶粘剂粘合纤维复合材与基材混凝土；

（2）结构胶粘剂粘合钢板与基材混凝土；

（3）高强聚合物砂浆喷抹层粘合钢丝绳网片与基材混凝土；

（4）界面胶（剂）粘合新旧混凝土。

2. 抽检批量

（1）粘贴、喷抹质量检验的取样，应符合下列规定：

① 梁、柱类构件以同规格、同型号的构件为一检验批。每批构件随机抽取的受检构件应按该批构件总数的 10% 确定，但不得少于 3 根；以每根受检构件为一检验组；每组 3 个检验点。

② 板、墙类构件应以同种类、同规格的构件为一检验批，每批按实际粘贴、喷抹的加固材料表面积（不论粘贴的层数）均匀划分为若干区，每区 100m²（不足 100m²，按 100m² 计），且每一楼层不得少于 1 区；以每区为一检验组，每组 3 个检验点。

（2）现场检验的布点应在粘结材料（胶粘剂或聚合物砂浆等）固化已达到可以进入下一工序之日进行。若因故需推迟布点日期，不得超过 3d。布点时，应由独立检验单位的技术人员在每一检验点处，粘贴钢标准块以构成检验用的试件。钢标准块的间距不应小于 500mm，且有 1 块应粘贴在加固构件的端部。

3. 破坏形式

（1）内聚破坏

① 基材混凝土内聚破坏：即混凝土内部（本体）发生破坏；

② 胶粘剂内聚破坏：可见于使用低性能、低质量胶粘剂的胶层中；

③ 聚合物砂浆内聚破坏：可见于使用低强度水泥，或低性能、低质量聚合物的聚合物砂浆层中。

（2）粘附破坏（层间破坏）

① 胶层与基材混凝土之间的界面破坏；

② 聚合物砂浆层与基材混凝土之间的界面破坏。

（3）混合破坏

粘合面出现两种或两种以上的破坏形式。

注：钢标准块与高强、快固化胶粘剂之间的界面破坏，属检验技术问题，与破坏形式判别无关，应重新粘贴，重做试验。

4. 结果判定

（1）组检验结果的合格评定，应符合下列规定：

当组内每一试样的检验结果均满足表 4.2.2 合格指标的要求时，应评定该组为检验合格组；若组内仅 1 个试样达不到要求，允许以加倍试样重新作 1 组检验，如检验结果全数达到要求，仍可评定该组为检验合格组；重作试验时，仍有 1 个试样达不到要求，则应评定该组为检验不合格组。

现场检验加固材料与混凝土正拉粘结强度的合格指标 　　表 4.2.2

检验项目	原构件实测混凝土强度等级	检验合格指标	
正拉粘结强度及其破坏形式	C15～C20	≥1.5MPa	且为混凝土内聚破坏
	≥C45	≥2.5MPa	

注：若检测结果介于 C20～C45 之间，允许按换算的强度等级以线性插值法确定其合格指标。

（2）检验批的粘贴、喷抹质量的合格评定，应符合下列规定：

当批内各组均为检验合格组时，应评定该检验批构件加固材料与基材混凝土的粘结质量合格；若有一组或一组以上为检验不合格组，则应评定该检验批构件加固材料与基材混凝土的粘合质量不合格；若检验批由不少于 20 组试样组成，且检验结果仅有一组因个别试样粘结强度低而被评为检验不合格组，则仍可评定该检验批构件的粘合质量合格。

5. 现场检测的配合

委托方应做好以下配合工作：

（1）确认工程所加固的构件的类别、规格、型号及选择按组检测还是按批检测，以便确定需要检测的数量；

（2）与检测机构及见证人员进行沟通，以便确定检测方案及检测时间；

（3）依据检测方案，与检测机构共同确定检测位置，在检测部位附近应配备电源。当被检构件位置较高时，需利用脚手架进行操作。

（4）在试件制备阶段，协助检测机构对所粘贴的钢标准块进行保管，避免其受到扰动甚至丢失；

（5）在检测开始前，委托方应填写《委托检验协议书》（"协议书"格式由检测机构提供）。检测完成后，见证人员应及时填写《见证记录》。

6. 检测不合格的处理

检测不合格时，应揭去重贴，并重新检测。

第三节 钢筋保护层厚度

2002 年，国家标准《混凝土结构工程施工质量验收规范》GB 50204—2002 正式颁布实施，规范（附录 E）中把钢筋保护层厚度检测作为强制性验收的内容之一。

一、相关标准

1.《混凝土结构工程施工质量验收规范》GB 50204—2002（2011 年版）；

2.《混凝土结构工程施工质量验收规程》DBJ01-82—2005。

二、抽样数量

钢筋保护层厚度检测的结构部位，应由监理（建设）、施工等各方根据结构构件的重要性共同选定；

1.《混凝土结构工程质量验收规范》GB 50204—2002（2011 年版）附录 E 的规定：钢筋保护层厚度的结构部位和构件数量，应符合下列要求：

（1）对梁、板类构件，应各抽取构件数量的 2％且不少于 5 个构件进行试验；当有悬挑构件时，抽取的构件中悬挑梁类、板类构件所占比例均不宜小于 50％。

（2）对选定的梁类构件，应对全部纵向受力钢筋的保护层厚度进行检验；对选定的板类构件，应抽取不少于 6 根纵向受力钢筋的保护层厚度进行检验。对每根钢筋，应在有代表性的部位测量 1 点。

2.《混凝土结构工程施工质量验收规程》DBJ01-82—2005 规定：

对非悬挑梁类、板类构件，应各抽取构件数量 2％且不少于 5 个构件进行检验；对悬挑梁类、板类构件应各抽取构件数量 10％且不少于 10 个构件进行检验。

三、判定标准

GB 50204—2002（2011 年版）和 DBJ 01-82—2005 要求相同：

（1）单测点钢筋保护层厚度合格判定：纵向受力钢筋保护层厚度的允许偏差，对梁类、柱类构件为 +10mm，−7mm；对板类、墙类构件为 +8mm，−5mm。

（2）钢筋保护层厚度检测结果中，不合格点的最大偏差不应大于规定允许偏差的 1.5 倍。

四、检测结果判定

1. 对梁、板类构件纵向受力钢筋的保护层厚度应分别进行验收。

2. 结构实体钢筋保护层厚度验收合格应符合下列要求：

（1）当全部钢筋保护层厚度检验的合格点率为 90％及以上时，钢筋保护层厚度的检验结果判为合格；

（2）当全部钢筋保护层厚度检验的合格点率小于 90％但不小于 80％，可再抽取相应数量的构件进行检验；当按两次抽样总和计算的合格率为 90％及以上时，钢筋保护层厚度的检验结果仍应判为合格；

（3）每次抽样检验结果中不合格点的最大偏差不应大于规定允许偏差的 1.5 倍。

五、现场检测配合

在拆除模板后，刮腻子之前进行现场检测。检测前，委托方应做好以下配合工作：

1. 根据验收标准确定应检测梁、板的数量，由监理（建设）、施工单位等各方根据结构构件的重要性共同选定检测构件；

2. 委托方与见证人员及检测机构进行沟通，以便确定检测方案及检测时间。并准备适当高度的爬梯或搭设检测平台；

3. 在检测开始前，委托方应填写《委托检测协议书》（"协议书"由检测机构提供）。检测完成后，见证人员应及时填写《见证记录》。

第四节　外墙饰面砖拉拔检测

一、相关标准

1.《建筑工程饰面砖粘结强度检验标准》JGJ 110—2008；
2.《外墙饰面砖工程施工及验收规范》JGJ 126—2000。

二、取样要求

1. 现场镶贴的外墙饰面砖工程

每 1000m² 同类墙体饰面砖为一个检验批，不足 1000m² 应按 1000m² 计，每批应取一组 3 个试样，每相邻 3 个楼层应至少取一组试样，试样应随机抽取，取样间距小得小于 500mm。

2. 带饰面砖的预制墙板现场复验

应以每 1000m² 同类带饰面砖的预制墙板为一个检验批，不足 1000m² 应按 1000m² 计，每批应取 1 组，每组应为 3 块，每块板应制取 1 个试样对饰面砖粘结强度进行检验。

三、检测时间的确定

采用水泥基胶粘剂粘贴外墙饰面砖时，可按说明书的规定时间，或在粘贴外墙饰面砖 14d 或以上龄期进行饰面砖粘结强度检测。粘贴后 28d 以内达不到标准，或有争议时，应以 28～60d 内检测的粘结强度为准。

四、检测结果评定

1. 现场粘贴的同类饰面砖，当一组试样均符合下列 2 项指标要求时，其粘结强度应评定为合格：

（1）每组试样平均粘结强度不应小于 0.4MPa；

（2）每组可有一个试样的粘结强度小于 0.4MPa，但不应小于 0.3MPa。

当 2 项指标均不符合要求时，其粘结强度应评定为不合格

2. 带饰面砖的预制墙板，当一组试样均符合下列 2 项指标要求时，其粘结强度应评定为合格：

（1）每组试样平均粘结强度不应小于 0.6MPa；

（2）每组可有一个试样的粘结强度小于 0.6MPa，但不应小于 0.4MPa。

当 2 项指标均不符合要求时，其粘结强度应评定为不合格

3. 当一组试样只满足第一或第二条中的一项指标时，应在该组试样原取样区域内，重新抽取两组试样检测。若检测结果仍有一项指标达不到规定数值，则该批饰面砖粘结强度评定为不合格。

五、现场检测的配合

委托方应做好以下配合工作：

1. 确认工程所用外墙饰面砖的规格及粘贴面积，以便确定需要检测组数及检测所用标准块的尺寸；

2. 委托方与见证人员及检测机构进行沟通，以便确定检测方案及检测时间；

3. 现场检测时，应保证检测人员的人身安全，当被检测外墙饰面砖位置较高时，需搭设脚手架进行操作；

4. 在检测开始前，委托方应填写《委托检测协议书》（"协议书"由检测机构提供）。检测完成后，见证人员应及时填写《见证记录》；

5. 在标准块粘结后拉拔之前，施工现场应做好检测试件的保护工作。

第五节 系统节能

一、相关标准

《建筑节能工程施工质量验收规程》GB 50411—2007

二、基本概念

1. 室内温度

在某房间室内活动区域内一个或多个代表性位置测得的，检测持续时间内室内空气温度逐时值的算术平均值。

2. 水力平衡度

在集中热水采暖系统中，整个系统的循环水量满足设计条件时，建筑物热力入口处循环水量检测值与设计值之比。

3. 补水率

集中热水采暖系统在正常运行工况下，检测持续时间内，该系统单位建筑面积单位时间内补水量与该系统单位建筑面积单位时间设计循环水量的比值。

4. 室外管网热损失率

集中采暖系统室外管网的热损失与管网输入总热量（即采暖热源出口处输出的总热量）的比值。

三、检测项目及相关要求

依据《建筑节能工程施工质量验收规程》GB 50411—2007，采暖、通风与空调、配电与照明系统节能性能检测的主控项目及要求见表 4.5.1。

系统节能性能检测主要项目及要求 GB 50411—2007　　　　　　表 4.5.1

序号	检测项目	抽样数量	允许偏差或规定值
1	室内温度	居住建筑每户抽测卧室或起居室 1 间，其他建筑按房间总数抽测 10%	冬季不得低于设计计算温度 2℃，且不应高于 1℃； 夏季不得高于设计计算温度 2℃，且不应低于 1℃
2	供热系统室外管网的水力平衡度	每个热源与换热站均不少于 1 个独立的供热系统	0.9～1.2
3	供热系统的补水率	每个热源与换热站均不少于 1 个独立的供热系统	0.5%～1%
4	室外管网的热输送效率	每个热源与换热站均不少于 1 个独立的供热系统	≥0.92
5	各风口的风量	按风管系统数量抽查 10%，且不得少于 1 个系统	≤15%
6	通风与空调系统的总风量	按风管系统数量抽查 10%，且不得少于 1 个系统	≤10%

序号	检测项目	抽样数量	允许偏差或规定值
7	空调机组的水流量	按系统数量抽查 10%,且不得少于 1 个系统	≤20%
8	空调系统冷热水、冷却水总流量	全数	≤10%
9	平均照度与照明功率密度	按同一功能区不少于 2 处	≤10%

注: 1. 对于集中热水采暖系统节能工程,系统节能检测的常规项目为表中序号 1、2、3、4、9 的 5 个参数;对于通风与空调工程系统,系统节能检测的常规检测项目为表中序号 1、5、6、7、8、9 的 6 个参数;

2. 由于各个工程采用的采暖、通风与空调系统不同,系统节能检测的参数可能会有所不同,具体检测参数应根据工程情况具体确定;

3. 系统节能性能检测的项目和抽样数量也可以在工程合同中约定,必要时可增加其他检测项目,但合同中约定的检测项目和抽样数量不应低于规范的规定。

四、检测条件及现场准备工作

1. 采暖、通风与空调、配电照明工程安装完成后,应进行系统节能性能的检测,且应由建设单位委托具有相应检测资质的检测机构检测并出具报告。受季节影响未进行的节能性能检测项目,应在保修期内补做。对于采暖工程,一般在冬季采暖期内检测;对于通风与空调工程,一般宜在夏季和/或冬季通风与空调系统正常运行时检测。

2. 系统性能检测时系统应达到的条件:

(1) 采暖空调水系统各项性能检测均应在系统实际运行状态下进行。

(2) 冷水(热泵)机组及水系统性能检测工况应符合以下规定:

① 冷水(热泵)机组运行正常,系统负荷不宜小于实际运行最大负荷的 60%,且运行机组负荷不宜小于其额定负荷的 80%,并处于稳定状态;

② 冷水出水温度应在 (6～9)℃之间;

③ 水冷冷水(热泵)机组冷却水温度应在 (29～32)℃之间,风冷冷水(热泵)机组要求室外干球温度在 (32～35)℃之间。

(3) 锅炉及其水系统各项性能检测工况应符合以下规定:

① 锅炉运行正常;

② 燃煤锅炉的日平均运行负荷率不应小于 60%,燃油和燃气锅炉瞬时运行负荷率不应小于 30%。

3. 现场检测配合

(1) 检测前,委托方应提供采暖或空调系统施工图纸;

(2) 检测时,现场应安排熟悉本工程采暖或空调系统的人员引导;

(3) 检测时,要求房间封闭的检测项目(如室内温度),委托方应确保检测期间封闭房间;

(4) 检测过程中,委托方应安排专人协助保管留置在现场的检测仪器设备;

(5) 委托方与见证人员及检测机构进行沟通,以便确定检测方案及检测时间,并准备适合高度的爬梯或搭设检测平台;

(6) 在检测开始前,委托方应填写《委托检测协议书》(委托检测协议书由检测机构提供),检测完成后,见证人员应及时填写《见证记录》。

第六节　混凝土抗压强度现场检测

一、回弹法检测混凝土抗压强度

1. 相关标准

(1)《回弹法检测混凝土抗压强度技术规程》JGJ/T 23—2011；

(2)《回弹法、超声回弹综合法检测泵送混凝土强度技术规程》DBJ/T 01-78—2003；

(3)《混凝土结构工程施工质量验收规程》DBJ 01-82—2005。

2. 基本术语

(1) 测区：检测构件混凝土强度时的一个检测单元。

(2) 测点：测区内的一个回弹检测点。

(3) 测区混凝土强度换算值：由测区的平均回弹值和碳化深度值通过测强曲线计算得到的该检测单元的现龄期混凝土抗压强度值。

(4) 结构或构件混凝土强度推定值：强度换算值总体分布中保证率不低于95％的结构或构件中的混凝土抗压强度值。

3. 结构或构件检测数量

混凝土强度可按单个构件或按批量进行检测，并应符合下列要求：

(1) 单个检测：适用于单个结构或构件的检测；

(2) 批量检测：适用于在相同的生产工艺条件下，混凝土强度等级相同，原材料、配合比、成型工艺、养护条件基本一致且龄期相近的同类结构或构件。按批进行检测的构件，抽检数量不得少于同批构件总数的30％且构件数量不得少于10件。抽检构件时，应随机抽取并使所选构件具有代表性；

(3) 当检测条件与规程中规定的条件有较大差异（如碳化深度太大等）时，可采用在构件上钻取的混凝土芯样或同条件试块对测区混凝土强度换算值进行修正。对同一强度等级混凝土修正时，芯样数量不应少于6个，公称直径宜为100mm，高径比应为1，试块数量不应少于6个，试块边长应为150mm。

4. 现场检测配合

采用回弹法检测混凝土强度时，委托方应做好以下配合工作：

(1) 根据检测规范及检测原因确认所要检测的构件位置及数量；

(2) 与检测机构及见证人员进行沟通，以便确定检测方案及检测时间；

(3) 依据检测方案，准备图纸、爬梯、照明（必要时）等；

(4) 在检测开始前，委托方应填写《委托检测协议书》（"协议书"格式由检测机构提供）。检测完成后，见证人员应及时填写《见证记录》。

二、钻芯法检测混凝土强度

1. 相关标准

《钻芯法检测混凝土强度技术规程》CECS 03：2007。

2. 强度检测的一般规定：

（1）从结构中钻取的混凝土芯样应加工成符合规定的芯样试件。

（2）芯样试件混凝土的强度应通过对芯样试件施加作用力的试验方法确定。

（3）抗压试验的芯样试验宜使用标准芯样试件，其公称直径不宜小于集料最大粒径的3倍；也可采用小直径芯样试件，但其公称直径不应小于70mm且不得小于集料最大粒径的2倍。在一定条件下，公称直径70～75mm芯样试件抗压强度值的平均值与标准芯样试件抗压强度值的平均值基本相当。因此，允许有条件地使用小直径芯样试件。

（4）钻芯法可用于确定检测批或单个构件的混凝土强度推定值；也可用于钻芯修正间接强度检测方法得到的混凝土强度换算值。

3. 取样及方法规定：

（1）钻芯法确定检验批的混凝土强度推定值时，取样应遵守下列规定：

① 芯样试件的数量应根据检验批的容量确定。标准芯样试件的最小样本量不宜少于15个，小直径芯样试件的最小样本量应适当增加。

② 芯样应从检验批的结构构件中随机抽取，每个芯样应取自一个构件或结构的局部部位，且取芯位置应符合规程的要求。

③ 宜以 $f_{cu,e1}$（上限值）作为检验批混凝土强度的推定值。

以检测批混凝土强度推定区间的上限值作为混凝土工程施工质量的评定界限，符合现行国家标准《建筑工程施工质量验收统一标准》GB 50300 关于错判概率不大于 0.05 的规定；芯样试件抗压强度值一般不会高出结构混凝土的实际强度，一般略低于实际强度。

（2）钻芯确定检测批混凝土强度推定值时，可剔除芯样试件抗压强度样本中的异常值。剔除规则应按现行国家标准《数据的统计处理和解释 正态样本异常值的判断和处理》GB/T 4883 的规定执行。当确有试验依据时，可对芯样试件抗压强度样本的标准差 S_{cor} 进行符合实际情况的修正或调整。

（3）钻芯确定单个构件的混凝土强度推定值时，有效芯样试件的数量不应少于 3 个；对于较小构件，有效芯样试件的数量不得少于 2 个。

（4）单个构件的混凝土强度推定值不再进行数据的舍弃，而应按有效芯样试件混凝土抗压强度值中的最小值确定。

4. 芯样的钻取

（1）芯样应由结构或构件的下列部位钻取：

① 结构或构件受力较小的部位；

② 混凝土强度质量具有代表性的部位；

③ 便于钻芯机安放与操作的部位；

④ 避开主筋、预埋件和管线的位置，并尽量避开其他钢筋；

⑤ 用钻芯法和非破损法综合测定强度时，应与非破损法取同一测区。

（2）芯样应进行标记。当所取芯样高度和质量不能满足要求时，则应重新钻取芯样。防止芯样位置出现混乱，对结构构件混凝土强度的评定造成影响。

（3）芯样应采取保护措施，避免在运输和贮存中损坏。

（4）钻芯后留下的孔洞应及时进行修补。以保证结构的工作性能。

5. 现场检测的配合

采用钻芯法检测混凝土强度时，委托方应做好以下配合工作：

（1）根据检测规范及检测原因确认所要检测的构件位置及数量；

（2）与检测机构及见证人员进行沟通，以便确定检测方案及检测时间；

（3）依据检测方案，准备图纸、梯子、水、电及照明（必要时）等；

（4）在检测开始前，委托方应填写《委托检验协议书》（"协议书"格式由检测机构提供）。检测完成后，见证人员应及时填写《见证记录》。

第七节　室内环境污染控制

一、相关标准

1.《民用建筑工程室内环境污染控制规范》GB 50325—2010；

2.《民用建筑工程室内环境污染控制规程》DBJ 01-91—2004。

二、术语

1. 民用建筑工程：是新建、扩建和改建的民用建筑结构工程和装修工程的统称。

2. 内照射指数（I_{Ra}）：建筑材料中天然放射性核素镭-226 的放射性比活度，除以比活度限量值 200 而得的商。

3. 外照射指数（I_r）：建筑材料中天然放射性核素镭-226、钍-232、钾-40 的放射性比活度，分别除以比活度限量值 370、260、4200 而得的商之和。

4. 氡浓度：单位体积空气中氡的放射性活度。

5. 总挥发性有机化合物：在相关规范规定的检测条件下，所测得空气中挥发性有机化合物的总量，简称 TVOC。

三、室内环境常见污染物的来源和危害

国家标准 GB 50325—2010 和地方性标准 DBJ 01—91—2004 所控制的室内环境污染物有：氡（Rn^{222}）、甲醛、氨、苯和总挥发性有机化合物（TVOC）。

1. 氡：氡是一种放射性的惰性气体，无色无味。世界卫生组织把氡列为 19 种主要的环境致癌物质之一。

室内空气中的氡主要来自：房屋的基础土壤和地质结构、建筑和装饰装修用的无机非金属材料、室外空气、从地下供水及用于取暖和厨房设备的天然气中释放出来的氡；

2. 甲醛：甲醛是一种无色、具有强烈气味的刺激性气体，主要是通过呼吸、食入、皮肤吸收等进入人体。甲醛对黏膜、上呼吸道、眼睛和皮肤有强烈刺激性。接触甲醛蒸气可引起眼部灼烧感、流泪、结膜炎、角膜炎、鼻炎、支气管炎，重者发生喉痉挛。

室内空气中的甲醛主要来自：人造板材、涂料、胶水类及壁纸、地毯等材料以及装修过程中使用的胶粘剂。

3. 氨：氨是一种无色且具有强烈刺激性臭味的气体，比空气轻（比重为 0.5）。通常以气体形式被吸入人体并进入肺泡内，氨被吸入肺后容易通过肺泡进入血液，与血红蛋白结合，破坏运氧功能。氨的溶解度极高，所以主要对动物或人体的上呼吸道有刺激和腐蚀作用，减弱人体对疾病的抵抗力。

室内空气中的氨主要来自：建筑施工中使用的混凝土外加剂、装饰装修材料中的添加剂和增白剂等。

4. 苯：苯是一种无色、具有特殊芳香气味的液体，易挥发为蒸气，易燃有毒。高浓度苯对中枢神经系统有麻醉作用，引起急性中毒。主要表现有：轻者有头痛、头晕、恶心、呕吐、轻度兴奋、步态蹒跚等酒醉状态；严重者发生昏迷、抽搐、血压下降，以致呼

吸和循环衰竭等。

室内空气中的苯主要来自：合成纤维、油漆、各种油漆涂料的添加剂和稀释剂、各种溶剂型胶粘剂、防水材料等。

5. 总挥发性有机化合物（TVOC）：TVOC 具有毒性、刺激性，能引起机体免疫水平失调，影响中枢神经系统功能，出现头晕、头痛、嗜睡、无力、胸闷等自觉症状，还可能影响消化系统，出现食欲不振、恶心等，严重时可损伤肝脏和造血系统。

室内空气中的 TVOC 主要来自：有机溶剂，如油漆、胶粘剂、密封胶等；建筑材料和室内装饰材料，如人造泡沫隔热材料、壁纸、地毯等。

四、土壤中氡浓度的测定

"国家级氡监测与防治领导小组"的调查和国内外进行的住宅内氡浓度水平调查结果表明：建筑物室内氡主要源于地下土壤、岩石和建筑材料，有地质构造断层的区域也会出现土壤氡浓度高的情况，因此民用建筑在设计前应了解土壤氡水平。

目前已初步完成了全国 18 个城市的土壤氡浓度测定，并算出了土壤氡浓度平均值。而其他绝大多数城市未进行过土壤氡的测定，当地的土壤氡实际情况并不清楚，因此，工程设计勘察阶段应进行土壤氡现场测定。

1. 一般规定

（1）新建、扩建的民用建筑工程设计前，应进行建筑工程所在城市区域土壤中氡的浓度调查，并提交相应的调查报告。未进行过区域土壤中氡浓度测定的，应进行建筑场地土壤的氡浓度测定，并提供相应的检测报告。

（2）新建、扩建的民用建筑工程的工程地质勘查资料，应包括工程所在城市区域土壤氡浓度历史资料及土壤氡浓度平均值数据。

（3）已进行过土壤中氡浓度区域性测定的民用建筑工程，当土壤氡浓度测定结果平均值不大于 $10000Bq/m^3$，且工程场地所在地点不存在地质断裂构造时，可不再进行土壤氡浓度测定；其他情况均应进行工程场地土壤氡浓度测定。

（4）当民用建筑工程场地土壤氡浓度测定结果不大于 $20000Bq/m^3$ 时，可不采取防氡工程措施。

（5）当民用建筑工程场地土壤氡浓度测定结果大于 $20000Bq/m^3$ 时，且小于 $30000Bq/m^3$ 时，应采取建筑物底层地面抗开裂措施。

（6）当民用建筑工程场地土壤氡浓度测定结果大于或等于 $30000Bq/m^3$ 时，且小于 $50000Bq/m^3$ 时，除采取建筑物底层地面抗开裂措施外，还必须按现行国家标准《地下工程防水技术规范》GB 50108 中的一级防水要求，对地基进行处理。

（7）当民用建筑工程场地土壤氡浓度测定结果大于或等于 $50000Bq/m^3$ 时，应采取建筑物综合防氡措施。

（8）当 I 类民用建筑工程场地土壤氡浓度测定结果大于或等于 $50000Bq/m^3$ 时，应进行工程场地土壤中的镭-226、钍-232、钾-40 比活度测定。当内照射指数（I_{Ra}）大于 1.0 或外照射指数（I_r）大于 1.3 时，该工程场地土壤不得作为工程回填土使用。

2. 现场检测配合及应注意事项

（1）土壤氡浓度检测一般由建设方进行委托，并应在建筑施工图交付前，工程场地平整后且在开挖前进行，并在设计和施工中落实；

（2）检测时应委托有资质的检测机构进行检测，由检测机构根据委托方提供的测量区域制定检测方案，并与委托方协商确定检测时间；

（3）测量区域范围应与工程地质勘查范围相同；

（4）取样测试时间宜在 8：00～18：00 之间，现场取样测试工作不应在雨天进行，如遇雨天，应在雨后 24h 后进行；

（5）在检测开始前，委托方应填写《委托协议书》（"协议书"格式由检测机构提供）。

五、室内空气质量检测

1. 一般规定

（1）民用建筑工程及室内装修工程的室内环境质量检测，应在工程完工至少 7d 后、工程交付使用前进行。

（2）民用建筑工程验收时，必须进行室内环境污染物浓度检测。

（3）民用建筑工程验收时，采用集中中央空调的工程，应进行室内新风量的检测，检测结果应符合设计要求和现行国家标准《公共建筑节能设计标准》GB 50189 的有关规定。

（4）民用建筑工程验收时，应抽检每个建筑单体有代表性的房间室内环境污染物浓度，抽检房间数量不得少于总房间数的 5%，每个建筑单体不得少于 3 间，当房间总数少于 3 间时，应全数检测。

（5）民用建筑工程验收时，凡进行了样板间室内环境污染物浓度检测而且检测结果合格的，抽检数量减半，并不得少于 3 间。

2. 民用建筑工程的分类

民用建筑工程根据控制室内环境污染的不同要求，划分为以下两类：

（1）Ⅰ类民用建筑工程：住宅、医院、老年建筑、幼儿园、学校教室等民用建筑工程；

（2）Ⅱ类民用建筑工程：办公楼、商店、旅馆、文化娱乐场所、书店、图书馆、展览馆、体育馆、公共交通等候室、餐厅、理发店等民用建筑工程。

3. 污染物浓度限量

民用建筑工程验收时，需检测的室内环境污染物有：氡（简称 Rn-222）、甲醛、氨、苯和总挥发性有机化合物（简称 TVOC）5 项，国家标准 GB 50325—2010《民用建筑工程室内环境污染控制规范》规定的污染物浓度限量如表 4.7.1 所示；北京市地方标准 DBJ01-91—2004《民用建筑工程室内环境污染控制规程》规定的污染物浓度限量如表 4.7.2 所示。

民用建筑工程室内环境污染物浓度限量 GB 50325—2010 表 4.7.1

污染物	Ⅰ类民用建筑工程	Ⅱ类民用建筑工程
氡（Bq/m³）	≤200	≤400
甲醛（mg/m³）	≤0.08	≤0.1
苯（mg/m³）	≤0.09	≤0.09
氨（mg/m³）	≤0.2	≤0.2
TVOC（mg/m³）	≤0.5	≤0.6

民用建筑工程室内环境污染物浓度限量 DBJ01-91—2004　　　　表 4.7.2

污染物	Ⅰ类民用建筑工程	Ⅱ类民用建筑工程
氡(Bq/m^3)	≤200	≤400
甲醛(mg/m^3)	≤0.08	≤0.12
苯(mg/m^3)	≤0.09	≤0.09
氨(mg/m^3)	≤0.2	≤0.5
TVOC(mg/m^3)	≤0.5	≤0.6

注：表中污染物浓度限量值，除氡外均指室内测量值扣除同步测定的室外上风向空气测量值（本底值）后的测量值。

4. 民用建筑工程室内环境污染物浓度检测点数应按表 4.7.3 和表 4.7.4 设置。

室内环境污染物浓度检测点数设置 GB 50325—2010)　　　　表 4.7.3

房间使用面积(m^2)	检测点数
<50	1个
≥50,<100	2个
≥100,<500	不少于3个
≥500,<1000	不少于5个
≥1000,<3000	不少于6个
≥3000	每1000 m^2 不少于3个

室内环境污染物浓度检测点数设置 DBJ01-91—2004)　　　　表 4.7.4

房间使用面积(m^2)	检测点数
<50	1个
≥50,<100	2个
≥100,<500	3个
≥500,<1000	4个
≥1000	每增加 1000m^2 增设 1个检测点。当增加的面积不足 1000m^2 时,按 1000m^2 计算

5. 现场检测时的配合及应注意的事项

（1）检测时应委托有资质的检测机构进行检测，并向所委托的检测机构提供建筑施工图纸，由检测机构制定检测方案，确定采样点的数量和布点方式。现场检测时间确定后，委托方应做好通风准备工作；

（2）民用建筑工程室内环境中甲醛、苯、氨、总挥发性有机化合物（TVOC）浓度检测时，对采用集中空调的民用建筑工程，应在空调正常运转的条件下进行；对采用自然通风的民用建筑工程，检测应在外门窗关闭 1h 后立即进行。对甲醛、苯、氨、总挥发性有机化合物（TVOC）取样检测时，装饰装修工程中完成的固定式家具，应保持正常使用状态；

（3）民用建筑工程室内环境中氡浓度检测时，对采用集中空调的民用建筑工程，应在空调正常运转的条件下进行；对采用自然通风的民用建筑工程，应在房间的外门窗关闭 24h 后进行；

（4）检测单位负责封闭被检测房间并记录封闭起始时间；

（5）在现场检测阶段，委托方应保证检测机构测试用的活性炭盒不会受到扰动甚至丢失；

（6）在检测开始前，委托方应认真填写《委托协议书》（"协议书"格式由检测机构提供）。

6. 检测结果的判定

（1）当室内环境污染物浓度的全部检测结果符合《民用建筑工程室内环境污染控制规范》GB 50325—2010 的规定时，应判定该工程室内环境质量合格。

（2）当室内环境污染物浓度检测结果不符合《民用建筑工程室内环境污染控制规范》GB 50325—2010 的规定时，应查找原因并采取措施进行处理。采取措施进行出理后的工程，可对不合格项进行再次检测。再次检测时，抽检量应增加 1 倍，并应包含同类型房间及原不合格房间。再次检测结果全部符合规范的规定时，应判定为室内环境质量合格。

（3）室内环境质量验收不合格的民用建筑工程，严禁投入使用。

第八节　钢结构工程现场检测

一、相关标准

1. 《钢结构工程施工质量验收规范》GB 50205—2001；
2. 《钢结构现场检测技术标准》GB/T 50621—2010；
3. 《建筑防火涂料（板）工程设计、施工与验收规程》DBJ01-616—2004；
4. 《钢结构防火涂料应用技术规范》CECS 24：90。

二、定义

1. 无损检测

对材料或工件实施的一种不损害其使用性能或用途的检测方法。

2. 超声波检测

利用超声波在介质中遇到界面产生反射的性质及其在传播时产生衰减的规律，来检测缺陷的无损检测方法。

3. 磁粉检测

利用缺陷处漏磁场与磁粉的相互作用，显示铁磁性材料表面和近表面缺陷的无损检测方法。

4. 渗透检测

利用毛细管作用原理检测材料表面开口性缺陷的无损检测方法。

5. 焊缝缺陷

焊缝中的裂纹、未焊透、未熔合、夹渣、气孔等。

6. 焊缝裂纹

焊缝中原子结合遭到破坏，而导致在新界面上产生缝隙。

7. 未焊透

母材金属未熔化，焊接金属未进入母材金属内而导致接头根部的缺陷。

8. 未熔合

焊接金属与母材金属之间或焊接金属之间未熔化结合在一起的缺陷。

9. 焊缝夹渣

焊接后残留在焊缝中的熔渣、金属氧化物夹杂等。

10. 钢结构防火涂层

见第二章，第八节。

11. 钢结构防腐涂层

目前钢结构防腐涂层以油漆类材料为主，一些特殊的工程或部位采用橡胶、塑料等材料。对防腐效果的判定以涂层厚度为指标。

三、超声波探伤

设计要求全焊透的一、二级焊缝应采用超声波探伤进行内部缺陷的检验，超声波探伤不能对缺陷作出判断时，应采用射线探伤。

1. 抽检批量

对现场安装焊缝，应按同一类型、同一施焊条件的焊缝条数计算百分比；对工厂制作焊缝，应按每条焊缝计算百分比。一级焊缝，探伤比例为100％；二级焊缝探伤比例为不少于 20%。

2. 现场检测配合

委托方应做好以下配合工作：

（1）确认钢结构工程所设计的焊缝级别、类型及施焊条件，以便确定需要检测的数量。

（2）与检测机构及见证人员进行沟通，以便确定检测方案及检测时间。

（3）依据检测方案，与检测机构共同确定检测位置。当被检构件位置较高时，需利用脚手架进行操作。

（4）在检测开始前，委托方应填写《委托检验协议书》（"协议书"格式由检测机构提供）。检测完成后，见证人员应及时填写《见证记录》。

3. 检测不合格的处理

当钢结构工程焊缝施工质量不符合要求时，应返修并重新进行检测。

四、焊缝表面缺陷的检测

焊缝表面缺陷通常使用磁粉检测或渗透检测。

1. 抽检批量

每批同类构件抽查 10%，且不应少于 3 件；被抽查构件中，每一类型焊缝按条数抽查 5%，且不应少于 1 条；每条检查 1 处，总抽查数不应少于 10 处。

检验方法：观察检查或使用放大镜、焊缝量规和钢尺检查，当存在疑义时，采用渗透或磁粉探伤检查。

2. 现场检测的配合

委托方的配合工作同超声波探伤现场检测的配合。

3. 检测不合格的处理

评定为不合格时，应对其进行返修，返修后应进行复检。

五、防火涂料厚度检测

1. 抽检批量

（1）依据《钢结构工程施工质量验收规范》GB 50205—2001，按构件数的 10%进行抽取，一般不得少于 3 件。

（2）依据《建筑防火涂料（板）工程设计、施工与验收规程》DBJ 01-616—2004，检查数量按构件数的 30%进行抽取。

2. 现场检测的配合

委托方的配合工作参照超声波探伤现场检测的配合。

3. 检测不合格的处理

评定为不合格时，应对其进行返修，返修后应进行复检。

六、防腐涂层厚度检测

1. 抽检批量

检查数量：按构件数抽查 10%，且同类构件不应少于 3 件。

2. 现场检测的配合

委托方的配合工作参照超声波探伤现场检测的配合。

3. 检测不合格的处理

评定为不合格时，应对其进行返修，返修后应进行复检。

第九节　地 基 基 础

一、相关标准

1. 《建筑地基基础工程施工质量验收规范》GB 50202—2002；
2. 《建筑地基处理技术规范》JGJ 79—2002；
3. 《建筑基桩检测技术规范》JGJ 106—2003；
4. 《建筑基坑支护技术规程》JGJ 120—99；
5. 《建筑基坑支护技术规程》DB11/489—2007；
6. 《锚杆喷射混凝土支护技术规范》GB 50086—2001；
7. 《基坑土钉支护技术规程》CECS 96：97；
8. 《岩土锚杆（索）技术规程》CECS 22：2005。

二、定义

1. 地基

为支承基础的土体或岩体。

2. 地基处理

为提高地基承载力，改善其变形性质或渗透性质而采取的人工处理地基的方法。

3. 复合地基

部分土体被增强或被置换形成增强体，由增强体和周围地基土共同承担荷载的地基。

4. 地基承载力特征值

由载荷试验测定的地基土压力变形曲线线性变形段内规定的变形所对应的压力值，其最大值为比例界限值。

5. 换填垫层

挖去地表浅层软弱土层或不均匀土层，回填坚硬、较粗粒径的材料，并夯压密实所形成的垫层。

6. 土工合成材料地基

在土工合成材料上填以土（砂土料）构成建筑物的地基，土工合成材料可以是单层，也可以是多层。一般为浅层地基。

7. 重锤夯实地基

利用重锤自由下落时的冲击能来夯实浅层填土地基，使表面形成一层较为均匀的硬层来承受上部载荷。强夯的锤击与落距要远大于重锤夯实地基。

8. 注浆地基

将配置好的化学浆液或水泥浆液，通过导管注入土体孔隙中，与土体结合，发生物化反应，从而提高土体强度，减小其压缩性和渗透性。

9. 预压地基

在原状土上加载，使土中的水排出，以实现土的预先固结，减少建筑物地基后期沉降和提高地基承载力。按加载方法的不同，分为堆载预压、真空预压、降水预压 3 种不同方法的预压地基。

10. 高压喷射注浆地基

利用钻机把带有喷嘴的注浆管钻至土层的预定位置或先钻孔后将注浆管放至预定位置，以高压使浆液或水从喷嘴中射出，边旋转边喷射浆液，使土体与浆液搅拌混合形成一固结体。

11. 水泥土搅拌桩地基

利用水泥作为固化剂，通过搅拌机械将其与地基土强制搅拌，硬化后构成的地基。

12. 土与灰土挤密桩地基

在原土中成孔后分层填以素土或灰土，并夯实，使填土压密，同时挤密周围土体，构成坚实的地基。

13. 水泥粉煤灰、碎石桩

用长螺旋钻机钻孔或沉管桩机成孔后，将水泥、粉煤灰及碎石混合搅拌后，泵压或经下料斗投入孔内，构成密实的桩体。

14. 振冲桩复合地基

在振冲器水平振动和高压水的共同作用下，使松砂土层振密，或在软弱土层中成孔，然后回填碎石等粗粒料形成桩柱，并和原地基土组成的复合地基。

15. 砂石桩复合地基

采用振动、冲击或水冲等方式在地基中成孔后，再将碎石、砂或砂石挤压入已成的孔中，形成砂石所构成的密实桩体，并和原桩周土组成的复合地基。

16. 夯实水泥土桩复合地基

将水泥和土按设计的比例拌和均匀，在孔内夯实至设计要求的密实度而形成的加固体，并与桩间土组成的复合地基。

17. 基桩

桩基础中的单桩。

18. 桩基础

由设置于岩土中的桩和连接于桩顶端的承台组成的基础。

19. 桩身完整性

反映桩身截面尺寸相对变化、桩身材料密实性和连续性的综合定性指标。

20. 桩身缺陷

使桩身完整性恶化，在一定程度上引起桩身结构强度和耐久性降低的桩身断裂、裂缝、缩颈、夹泥（杂物）、空洞、蜂窝、松散等现象的统称。

21. 静载试验

在桩顶部逐级施加竖向压力、竖向上拔力或水平推力，观测桩顶部随时间产生的沉降、上拔位移或水平位移，以确定相应的单桩竖向抗压承载力、单桩竖向抗拔承载力或单桩水平承载力的试验方法。

22. 低应变法

采用低能量瞬态或稳态激振方式在桩顶激振，实测桩顶部的速度时程曲线或速度导纳曲线，通过波动理论分析或频域分析，对桩身完整性进行判定的检测方法。

23. 钻芯法

用钻机钻取芯样以检测桩长、桩身缺陷、桩底沉渣厚度以及桩身混凝土的强度、密实性和连续性，判定桩端岩土性状的方法。

24. 声波透射法

在预埋声测管之间发射并接收声波，通过实测声波在混凝土介质中传播的声时、频率和波幅衰减等声学参数的相对变化，对桩身完整性进行检测的方法。

25. 土钉

用来加固或同时锚固现场原位土体的细长杆件，通常采取土中钻孔、置入变形钢筋（即带肋钢筋）并沿孔全长注浆的方法做成。土钉依靠与土体之间的界面粘结力或摩擦力，在土体发生变形的条件下被动受力，并主要承受拉力作用。土钉也可用钢管、角钢等作为钉体，采用直接击入的方法置入土中。

26. 土钉支护

以土钉作为主要受力构件的边坡支护技术，它由密集的土钉群、被加固的原位土体、喷混凝土面层和必要的防水系统组成。

27. 锚杆

将拉力传递到稳定的岩层或土体的锚固体系。它通常包括杆体（由钢绞线、钢筋、特制钢管等筋材组成）、注浆体、锚具、套管和可能使用的连接器。当采用钢绞线或高强钢丝束作杆体材料时，可称锚索。

三、抽检批量

1. 地基土及换填垫层承载力

对灰土地基、砂和砂石地基、土工合成材料地基、粉煤灰地基、强夯地基、注浆地基、预压地基，其竣工后的结果（地基强度或承载力）必须达到设计要求的标准。检验数量，每单位工程不应少于 3 点，$1000m^2$ 以上工程，每 $100m^2$ 至少应有 1 点，$3000m^2$ 以上工程，每 $300m^2$ 至少应有 1 点。每一独立基础下至少应有 1 点，基槽每 20 延米应有 1 点。

2. 复合地基竖向抗压承载力

对水泥土搅拌桩复合地基、高压喷射注浆桩复合地基、砂桩地基、振冲桩复合地基、土和灰土挤密桩复合地基、水泥粉煤灰碎石桩复合地基及夯实水泥土桩复合地基，其承载力检验，数量为总数的 0.5%～1%，且每个单体工程的试验数量不应少于 3 处。

3. 单桩承载力

（1）对单位工程内且在同一条件下的工程桩，应采用单桩竖向抗压承载力静载试验进行验收检测。抽检数量不应少于总桩数的 1%，且不少于 3 根；当总桩数在 50 根以内时，不应少于 2 根。

（2）对预制桩和满足高应变法适用检测范围的灌注桩，可采用高应变法进行单桩竖向抗压承载力验收检测。抽检数量不宜少于总桩数的 5%，且不得少于 5 根。

（3）对于承受拔力和水平力较大的桩基，应进行单桩竖向抗拔、水平承载力检测。检测数量不应少于总桩数的 1%，且不应少于 3 根。

4. 桩身完整性

（1）混凝土桩的桩身完整性检测的抽检数量应符合下列规定：

① 柱下三桩或三桩以下的承台抽检桩数不得少于 1 根。

② 设计等级为甲级，或地质条件复杂、成桩质量可靠性较低的灌注桩，抽检数量不应少于总桩数的 30%，且不得少于 20 根；其他桩基工程的抽检数量不应少于总桩数的

20%，且不得少于 10 根。

（2）对端承型大直径灌注桩，应在上述两款规定的抽检桩数范围内，选用钻芯法或声波透射法对部分受检桩进行桩身完整性检测。抽检数量不应少于总桩数的 10%。

（3）地下水位以上且终孔后桩端持力层已通过核验的人工挖孔桩，以及单节混凝土预制桩，抽检数量可适当减少，但不应少于总桩数的 10%，且不应少于 l0 根。

（4）对于水泥粉煤灰碎石桩（CFG 桩），应抽取不少于每单位工程总桩数的 10% 进行低应变动力试验，检测桩身完整性。

5. 土钉抗拔承载力

（1）依据《基坑土钉支护技术规程》CECS 96：97

土钉支护施工必须进行土钉的现场抗拔试验，应在专门设置的非工作钉上进行抗拔试验，用来确定极限荷载，并据此估计土钉的界面极限粘结强度。

每一典型土层中至少应有 3 个专门用于测试的非工作钉。测试钉除其总长度和粘结长度可与工作钉有区别外，应与工作钉采用相同的施工工艺同时制作，其孔径、注浆材料等参数以及施工方法等应与工作钉完全相同。测试钉的注浆粘结长度不小于工作钉的二分之一且不短于 5m，在满足钢筋不发生屈服并最终发生拔出破坏的前提下宜取较长的粘结段，必要时适当加大土钉钢筋直径。为消除加载试验时支护面层变形对粘结界面强度的影响，测试钉在距孔口处应保留不小于 1m 长的非粘结段。在试验结束后，非粘结段再用浆体回填。

（2）依据《建筑基坑支护技术规程》DB11/489—2007

土钉采用抗拉试验检测承载力，同一条件下，试验数量不宜少于土钉总数的 1%，且不宜少于 3 根。

6. 锚杆锁定力

验收试验锚杆数量不少于锚杆总数的 5%，且不得少于 3 根。

四、现场检测配合

委托方应做好以下配合工作：

1. 确认单位工程地基的面积、持力方式，基桩的总数，或土钉、锚杆的总数，以便确定需要检测的数量；

2. 与检测机构及见证人员（如需要）进行沟通，以便确定检测方案及检测时间；

3. 依据检测方案，与检测机构共同确定检测位置，处理桩头，协调配重的存放场地，起重及运输车辆的进出场，并保证电力供应；

4. 在检测过程中，避免现场无关人员靠近检测部位，以免发生危险；

5. 土钉、锚杆检测位置较高时，需借用脚手架；

6. 在检测开始前，委托方应填写《委托检验协议书》（"协议书"格式由检测机构提供）。检测完成后，见证人员应及时填写《见证记录》（如需要）。

五、检测不合格的处理

当检测结果不合格时，应由设计单位出具补桩等技术方案。

第十节　外墙外保温工程现场检测

一、保温构造

《建筑节能工程施工质量验收规范》GB 50411—2007 中对墙体节能工程要求保温隔热材料的厚度及各层构造做法必须符合设计要求，并在附录 C 给出了检验方法（外墙节能构造钻芯检验方法）。

1. 相关标准

《建筑节能工程施工质量验收规范》GB 50411—2007

2. 检测时间

钻芯检验外墙节能构造应在外墙施工完工后、节能分部工程验收前进行，应委托有见证资质的检测机构进行现场检测。

3. 取样部位和数量

钻芯检测外墙节能构造的取样部位和数量，应遵守下列规定：

（1）取样部位应由监理（建设）与施工双方共同确定，不得在外墙施工前先确定；

（2）取样部位应选取节能构造有代表性的外墙上相对隐蔽的部位，并宜兼顾不同朝向和楼层；取样部位必须确保钻芯操作安全，且应方便操作；

（3）外墙取样数量为一个单位工程每种节能保温做法至少取 3 个芯样。取样部位宜均匀分布，不宜在同一个房间外墙上取 2 个或 2 个以上芯样。

4. 检验结果的判定

（1）当实测芯样厚度的平均值达到设计厚度的 95％ 及以上且最小值不低于设计厚度的 90％时，应判定保温层厚度符合设计要求，否则，应判定保温层厚度不符合设计要求；

（2）当取样检验结果不符合设计要求时，应增加一倍数量再次取样检验。仍不符合设计要求时应判定围护结构节能构造不符合设计要求。此时应根据检验结果委托原设计单位或其他有资质的单位重新验算房屋的热工性能，提出技术处理方案。

5. 墙面处理

外墙取样部位的修补，可采用聚苯板或其他保温材料制成的圆柱形塞填充并用建筑密封胶密封。修补后宜在取样部位挂贴注有"外墙节能构造检验点"的标志牌。

6. 现场检测的配合

委托方应做好以下配合工作：

（1）确认工程所用节能保温做法种类数量，以便确定需要检测的芯样的组数；

（2）与检测机构及见证人员进行沟通，以便确定检测方案及检测时间；

（3）依据检测方案，在检测部位附近应配备电源，高层需利用脚手架进行操作；

（4）在检测开始前，委托方应填写《委托检验协议书》（"协议书"格式由检测机构提供）。检测完成后，见证人员应及时填写《见证记录》。

二、保温板拉拔

外墙外保温的保温板与墙体的粘结强度和锚固拉拔力，主要关系到安全和节能效果。《建筑节能工程施工质量验收规范》GB 50411—2007 中 4.2.7 第 2 条规定对墙体节能工程要求保温板材与基层的粘结强度应做现场拉拔试验；第 4 条规定后置锚固件应实行锚固力现场拉拔试验。

1. 相关标准

（1）《建筑节能工程施工质量验收规范》GB 50411—2007；

（2）《外墙外保温工程技术规程》JGJ 144—2004；

（3）《外墙外保温施工技术规程》（聚苯板增强网聚合物砂浆做法）DB11/T 584—2008；

（4）《外墙外保温技术规程》（现浇混凝土模板内置保温板做法）DB11/T 644—2009。

2. 墙体节能工程验收批划分应符合下列规定：

（1）采用相同材料、工艺和施工做法的墙面，每 $500 \sim 1000 m^2$ 面积划分为一个检验批，不足 $500 m^2$ 也为一个检测批。每个检测批抽查不少于 3 处。

（2）检验批的划分也可根据与施工流程相一致且方便施工与验收的原则，由施工单位与监理（建设）单位共同商定。

3. 检测时间

当单位工程外墙施工完工后，应委托有见证资质的检测机构进行现场检测。

4. 检测数量及检测指标值

（1）无网现浇系统粘结强度试验方法（JGJ144—2004）

EPS 板现浇混凝土外墙外保温系统（简称无网现浇系统）以现浇混凝土外墙作为基层，EPS 板为保温层。EPS 板内表面（与现浇混凝土接触的表面）沿水平方向开有矩形齿槽，内、外表面均满涂界面砂浆。在施工时将 EPS 板置于外模板内侧，并安装锚栓作为辅助固定件。浇灌混凝土后，墙体与EPS 板以及锚栓结合为一体。

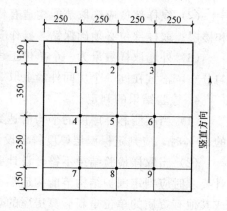

图 4.10.1　测点选取

检测时间：混凝土浇筑后养护 28d。

测点选取见图 4.10.1。

检测方法：按现行标准《建筑工程饰面砖粘结强度检验标准》JGJ110 规定进行试验，试样尺寸为 $100mm \times 100mm$，断缝应从 EPS 板表面切割至基层表面。

结果判定：EPS 板现浇混凝土外墙外保温系统现场粘结强度不得小于 0.1MPa. 并且破坏部位应位于 EPS 板内。

（2）EPS 板和胶粉 EPS 颗粒保温浆料（JGJ144—2004）

具有薄抹面层的外保温系统，抹面层与保温层的拉伸粘结强度不得小于 0.1MPa. 并且破坏部位应位于保温层内。

（3）聚苯板（DB11/T584—2008）

聚苯板与基层墙体拉伸粘结强度 EPS 板不得小于 0.1MPa，XPS 板不得小于 0.2MPa。按 110 的方法实测。

（4）保温板（DB11/T644—2009）

保温板与墙体的自然粘结强度：EPS 板应≥0.10MPa，XPS 板应≥0.20MPa。

5. 检测方法

248

按《建筑工程饰面砖粘结强度检验标准》JGJ110。

6. 现场检测的配合

委托方应做好以下配合工作：

（1）确认工程所用节能保温做法种类及面积，以便确定需要检测的拉拔的组数；

（2）与见证人员及检测机构进行沟通，以便确定检测方案及检测时间；

（3）现场检测时，应保证检测人员的人身安全，当被检测部位较高时，需搭设脚手架进行操作；

（4）在检测开始前，委托方应填写《委托检验协议书》（"协议书"格式由检测机构提供）。检测完成后，见证人员应及时填写《见证记录》。

三、保温锚固件拉拔

《建筑节能工程施工质量验收规范》GB 50411—2007 中 4.2.7 第 2 条规定对墙体节能工程要求保温板材与基层的粘结强度应做现场拉拔试验；4.2.7 第 4 条规定后置锚固件应时行锚固力现场拉拔试验。

1. 相关标准

《建筑节能工程施工质量验收规范》GB 50411—2007

2. 墙体节能工程验收批划分应符合下列规定：

①采用相同材料、工艺和施工做法的墙面，每 500～1000m² 面积划分为一个检验批，不足 500m² 也为一个检测批。每个检测批抽查不少于 3 处。

②检验批的划分也可根据与施工流程相一致且方便施工与验收的原则，由施工单位与监理（建设）单位共同商定。

3. 检测时间

当单位工程外墙施工完工后，应委托有见证资质的检测机构进行现场检测。

4. 结果评定

检测指标值由设计单位给定。如无指标，可进行破坏性检测，按 DB11/T 584—2008 中机械锚固件拉拔力确定。

5. 现场检测的配合

委托方应做好以下配合工作：

（1）确认工程所用节能保温做法种类及面积，以便确定需要检测的拉拔的组数；

（2）与见证人员及检测机构进行沟通，以便确定检测方案及检测时间；

（3）在确定检测部位时，应考虑检测人员人身安全，选取锚固在混凝土结构上的锚固件检测，高层需利用脚手架进行操作。

（4）在检测开始前，委托方应填写《委托检验协议书》（"协议书"格式由检测机构提供）。检测完成后，见证人员应及时填写《见证记录》。

第十一节　抹灰砂浆现场拉伸粘结强度检测

一、相关标准

《抹面砂浆技术规程》JGJ/T 220—2010

二、抹灰砂浆现场拉伸粘结强度试验取样数量

相同砂浆品种、强度等级、施工工艺的外墙、顶棚抹灰工程每 5000m² 为一检验批。每个检验批应取 1 组试样进行检测，不足 5000m² 的也应取 1 组试样。

三、检测龄期

抹灰砂浆拉伸粘结强度试验应在抹灰层施工完成 28d 后进行，应委托有见证资质的检测机构进行现场检测。

四、检测数量

1. 在抹灰层达到规定龄期时进行拉伸粘结强度试验取样，且取样面积不应小于 2m²，取样数量应为 7 个。

2. 按顶部拉拔板的尺寸切割试样，试样尺寸应与拉拔板的尺寸相同。切割应深入基层，且切入基层的深度不应大于 2mm。损坏的试样应废弃。

五、检测结果有效性判定

1. 当破坏发生在抹灰砂浆与基层连接界面时，检测结果可认定为有效，见图 4.11.1。

2. 当破坏发生在抹灰砂浆层内时，检测结果可认定为有效，见图 4.11.2。

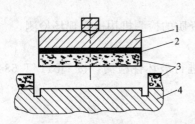 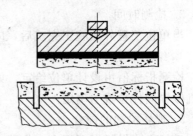

图 4.11.1　破坏发生在抹灰砂浆与基层连接界面　　　图 4.11.2　破坏发生在抹灰砂浆层内

1—顶部拉拔板；2—粘结层；3—抹层砂浆；4—基层

3. 当破坏发生在基层内，检测数据大于或等于粘结强度规定值时，检测结果可认定为有效；试验数据小于粘结强度规定值时，检测结果应认定为无效，如图 4.11.3 所示。

4. 当破坏发生在粘结层，检测数据大于或等于粘结强度规定值时，检测结果可认定为有效；试验数据小于粘结强度规定值时，检测结果应认定为无效，如图 4.11.4 所示。

六、检测结果的确定应符合下列规定

应取 7 个试样拉伸粘结强度的平均值作为试验结果。当 7 个测定值中有 1 个超出平均值的 20%，应去掉最大值和最小值，并取剩余 5 个试样粘结强度的平均值作为试验结果。当剩余 5 个测定值中有 1 个超出平均值的 20%，应再次去掉其中的最大值和最小值，取剩余 3 个试样粘结强度的平均值作为试验结果，当 5 个测定值中有 2 个超出平均值的 20%，该组试验结果应判定为无效。

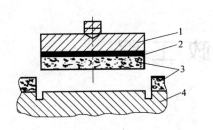 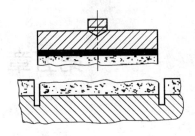

图 4.11.3　破坏发生在基层内　　　　图 4.11.4　破坏发生在粘结层

1—顶部拉拔板；2—粘结层；3—抹层砂浆；4—基层

对现场拉伸粘结强度试验结果有争议时，应以采用方形顶部拉拔板测定的测试结果为准。

七、检测结果的确定

抹灰砂浆现场拉伸粘结强度应符合表 4.11.1 的规定：

抹灰层拉伸粘结强度的规定值　　　　　　　　　表 4.11.1

抹灰砂浆品种	拉伸粘结强度（MPa）
水泥抹灰砂浆	0.20
水泥粉煤灰抹灰砂浆、水泥石灰抹灰砂浆、掺塑化剂水泥抹灰砂浆	0.15
聚合物水泥抹灰砂浆	0.30
预拌抹灰砂浆	0.25

八、现场检测的配合

委托方应做好以下配合工作：

（1）确认工程砂浆品种、强度等级、施工工艺及面积，以便确定需要检测的拉拔的组数；

（2）与见证人员及检测机构进行沟通，以便确定检测方案及检测时间；

（3）依据检测方案，根据检测部位准备爬梯或平台，高层需利用脚手架进行操作。

（4）在检测开始前，委托方应填写《委托检验协议书》（"协议书"格式由检测机构提供）。检测完成后，见证人员应及时填写《见证记录》。

第五章 市政工程

第一节 材料试验

一、土工

（一）相关标准

1.《公路土工试验规程》JTG E40—2007；

2.《北京市城市道路工程施工技术规程》DBJ 01-45—2000；

3.《城镇道路工程施工质量检验标准》DBJ01-11—2004；

4.《市政基础设施工程资料管理规程》DB11/T 808—2011。

（二）基本概念

1. 土的定义

土是岩石（母岩）风化（物理风化、化学风化和生物风化）的产物，是各种颗粒粒径的集合体。

2. 土的分类

（1）土的分类的目的

就是将颗粒粒径相近、工程性质相似的土划分为同一类型（称为粒组），并为"土"分类的定名奠定基础。

（2）土的分类依据

① 土颗粒组成特征；

② 土的塑性指标：液限、塑限和塑性指数；

③ 土中有机质存在情况。

（3）土的分类

土分为巨粒土、粗粒土、细粒土和特殊土，见表 5.1.1。

土分类总体系   表 5.1.1

土	巨粒土	漂石土
		卵石土
	粗粒土	砾类土
		砂类土
	细粒土	粉质土
		黏质土
		有机质土
	特殊土	黄土
		膨胀土
		红黏土
		盐渍土
		冻土

3. 土的代号：

（1）土的成分代号

漂石	B
块石	Ba
卵石	Cb
小块石	Cba
砾	G
角砾	Ga
砂	S
粉土	M
黏土	C
细粒土（粉土和黏土合称）	F
土（粗、细粒土合称）	SI
有机质土	O

（2）土的级配代号

级配良好	W
级配不良	P

（3）土的液限高低代号

高液限	H
低液限	L

（4）特殊土代号

黄土	Y
膨胀土	E
红黏土	R
盐渍土	St
冻土	Ft

4. 土的简易鉴别

土的简易鉴别方法是指用目测法代替筛分法确定土粒组成及其特征的方法；用干强度、手捻、韧性和摇振反应等定性方法代替用液限仪测定细粒土塑性的方法。

（1）巨粒土和粗粒土的简易鉴别方法

可将研散的风干试样摊成一薄层，参照粒组划分图（图5.1.1）凭目测估计土中巨、粗、细粒组在土粒组中所占的比例，根据不同比例进行分类。

图 5.1.1　粒组划分图（mm）

① 当试样中巨粒组土粒质量大于总质量 15％的土称巨粒土；

② 当试样中巨粒组土粒质量少于或等于总质量 15％，且巨粒组土粒与粗粒组土粒质量之和多于总土质量 50％的土称粗粒土；

③ 当试样中细粒组土粒质量多于或等于总质量 50％的土称细粒土。

（2）细粒土的简易鉴别方法（表 5.1.2）

① 干强度试验：将一小块土捏成土团，风干后用手指捏碎、掰断及捻碎，根据所需力度大小区分为：

很难或用力才能捏碎或掰断者为干强度高；

稍用力可捏碎或掰断者为干强度中等；

易于捏碎和捻成粉末者为干强度低。

② 手捻试验：将稍湿或硬塑的小土块在手中揉捻，然后用拇指和食指将土捻成片状，根据手感和土片光滑度可分为：

手感滑腻、无砂、捻面光滑者为塑性高；

稍有滑腻感、有砂粒、捻面稍有光泽者为塑性中等；

稍有黏性、砂感强、捻面粗糙者为塑性低。

③ 搓条试验：将含水率略大于塑限的湿土块在手中揉捻均匀，再在手掌上搓成土条，根据土条不断裂而能达到的最小直径可区分为：

能搓成小于 1mm 土条者为塑性高；

能搓成 1～3mm 土条而不断者为塑性中等；

能搓成直径大于 3mm 土条即断裂者为塑性低。

④ 韧性试验：将含水率略大于塑限的土块在手中揉捻均匀，然后在手掌中搓成直径为 3mm 的土条，再揉成土团，根据再次搓条的可能性可区分为：

能揉成土团，再成条，捏而不碎者为韧性高；

可再成团，捏而不易碎者为韧性中等；

勉强或不能揉成团，稍捏或不捏即碎者为韧性低。

⑤ 摇振反应试验：将软塑至流动的小土块，捏成土球，放在手掌上反复摇晃，并以另一手掌击此手掌，土中自由水渗出，球面呈现光泽；用两手指捏土球，放松后水又被吸入，光泽消失。根据上述渗水和吸水反应快慢可区分为：

立即渗水和吸水者为反应快；

渗水和吸水中等者为反应中等；

渗水吸水慢及不渗不吸者为无反应。

细粒土的简易分类　　　　　　　　　　　　　表 5.1.2

| 半固态时的干强度 | 硬塑～可塑态时的手捻感和光滑度 | 土在可塑态时 | | 软塑～流塑态时的摇振反应 | 土类名称/代号 |
		可搓成最小直径(mm)	韧性		
低～中	灰黑色、粉粒为主、稍黏、捻面粗糙	3	低	快～中	有机质低液限粉土/MLO
中	砂粒稍多、有黏性、捻面较粗糙、无光泽	2～3	低～中	快～中	低液限粉土/ML

254

半固态时的干强度	硬塑~可塑态时的手捻感和光滑度	土在可塑态时		软塑~流塑态时的摇振反应	土类名称/代号
		可搓成最小直径(mm)	韧性		
中~高	有砂粒、稍有滑腻感、捻面稍有光泽、灰黑色者为CLD	1~2	中	无~很慢	低液限黏土/CL 有机质低液限黏土/CLO
中	粉粒较多、有滑腻感、捻面较光滑	1~2	中	无~慢	高液限粉土/MH
中~高	灰黑色、无砂、滑腻感强、捻面光滑	<1	中~高	无~慢	有机质高液限粉土/MHO
高~很高	无砂感、滑腻感强、捻面有光泽、灰黑色者为CHO	<1	高	无	高液限黏土/CH 有机质高液限黏土/CHO

（三）常规试验

1. 土的现场常规试验参数

（1）土的含水率

① 试验目的

含水率是土的基本物理指标之一，它反映土的状态，它的变化将使土的一系列力学性质随之而异；又是计算土的干密度、孔隙比、饱和度等项目指标的依据，是检测土工构筑物施工质量的重要指标。

② 定义

在工程上讲，土的含水率是指土中自由水的质量与土颗粒质量的比值百分率（一般情况下在 105~110℃温度下能使土中自由水完全蒸发）。

③ 常用试验方法

施工现场测定含水率一般采用烘干法和酒精燃烧法。

A. 烘干法测土的含水率

本方法适用于测定黏质土、粉质土、砂类土、砂砾石、有机质土和冻土土类的含水率。

a. 试验步骤

取具有代表性试样，细粒土 15~30g，砂类土、有机质土为 50g，砂砾石为 1~2kg，放入称量盒内，立即盖好盒盖，称质量，结果减去称量盒质量即为湿土质量。

揭开盒盖，将试样和盒放入烘箱内，在温度 105~110℃恒温下烘干。烘干时间对细粒土不得少于 8h，对砂类土不得少于 6h。对含有机质超过 5％的土或含石膏的土，应将温度控制在 60~70℃的恒温下，干燥 12~15h 为好。

将烘干后的试样和盒取出，放入干燥器内冷却（一般只需 0.5~1h 即可）。冷却后盖好盒盖，称质量，准确至 0.01g。

注①：对于大多数土，通常烘干 16~24h 就足够。但是，某些土或试样数量过多或试样很潮湿，可能需要烘更长的时间。烘干的时间也与烘箱内试样的总质量、烘箱的尺寸及其通风系统的效率有关。

注②：如铝盒的盖密闭，而且试样在称量前放置时间较短，可以不需要放在干燥器中冷却。

b. 结果计算

按下式计算含水率：

$$\omega=\frac{m-m_{s}}{m_{s}}\times100$$

式中 ω——含水率（%），计算至 0.1；

  m——湿土质量（g）；

  m_{s}——干土质量（g）。

c. 精密度和允许差

本试验须进行二次平行测定，取其算术平均值，允许平行差值应符合表 5.1.3 的规定。

含水率测定的允许平行差值   表 5.1.3

含水率(%)	允许平行差值(%)	含水率(%)	允许平行差值(%)
5 以下	≤0.3	40 以上	≤2
40 以下	≤1	对层状和网状构造的冻土	<3

B. 酒精燃烧法测土的含水率

本试验方法适用于快速简易测定细粒土（含有机质的土除外）的含水率。

a. 试验步骤

取代表性试样（黏质土 5～10g，砂类土 20～30g），放入称量盒内，称湿土质量 m，准确至 0.01g。

用滴管将酒精注入放有试样的称量盒中，直至盒中出现自由液面为止。为使酒精在试样中充分混合均匀，可将盒底在桌面上轻轻敲击。

点燃盒中酒精，燃至火焰熄灭。

将试样冷却数分钟，重复上述步骤再重新燃烧两次。

待第三次火焰熄灭后，盖好盒盖，立即称干土质量 m_{s}，准确至 0.01g。

b. 结果计算

按下式计算含水率：

$$\omega=\frac{m-m_{s}}{m_{s}}\times100$$

式中 ω——含水率（%），计算至 0.1；

  m——湿土质量（g）；

  m_{s}——干土质量（g）。

c. 精密度和允许差

本试验须进行二次平行测定，取其算术平均值，允许平行差值应符合表 5.1.3 的规定。

（2）最大干密度和最佳含水率

① 通过击实试验，测定土在一定功能作用下干密度和含水率的关系，以确定土样的最大干密度和相应的最佳含水率，是控制回填土的重要指标。

② 干密度与含水率的关系

检测单位通过击实试验绘制出干密度与含水率的关系曲线（图 5.1.2）。取曲线峰值点相应的纵坐标为击实试样的最大干密度，相应的横坐标为击实试样的最优含水率。

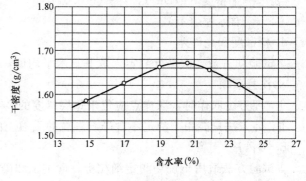

图 5.1.2　干密度与含水率关系曲线

③ 土的击实试验分轻型和重型两类，根据施工要求选择轻型击实还是重型击实；轻型击实试验适用于粒径不大于 20mm 的土，重型击实试验适用于粒径不大于 40mm 的土。

（3）土的密度

① 密度是指单位体积土的质量。在土的工程施工中，常用的是湿密度和干密度。

② 密度是土的基本物理性指标之一，用它可以换算土的干密度、孔隙率、孔隙比、饱和度等指标。

③ 无论是室内试验还是野外勘察以及施工质量控制等均要测定土的密度指标。

④ 施工现场测定密度的常用试验方法是环刀法和灌砂法。

A. 环刀法

本试验方法适用于细粒土。

a. 主要试验仪器

环刀：内径 6～8cm，高 2～5.4cm，壁厚 1.5～2.2mm。

天平：感量 0.1g。

其他：修土刀、钢丝锯、凡士林等。

b. 试验步骤

按工程需要取原状土或制备所需状态的扰动土样，整平两端；用修土刀或钢丝锯将土样上部削成略大于环刀直径的土柱。

环刀内壁涂一薄层凡士林，刀口向下放在土样上。

将环刀垂直下压，边压边削，至土样伸出环刀上部为止。削去两端余土，使土样与环刀口面齐平，并用剩余土样测定含水率。

擦净环刀外壁，称环刀与土合质量 m_1，准确至 0.1g。

c. 结果计算

按下式计算湿密度及干密度：

$$\rho = \frac{m_1 - m_2}{V}$$

$$\rho_\mathrm{d} = \frac{\rho}{1 + 0.01\omega}$$

式中　ρ——湿密度（g/cm³），计算至 0.01；

m_1——环刀与土合质量（g）；

m_2——环刀质量（g）；

V——环刀体积（cm³）；

ρ_d——干密度（g/cm³），计算至 0.01；

ω——含水率（%）。

d. 精密度和允许差

本试验须进行二次平行测定，取其算术平均值，其平行差值不得大于 0.03g/cm³。

e. 注意事项

Ⅰ. 环刀法取样时，取样点应位于每层厚度的 2/3 深度处。环刀应保证垂直下压。

Ⅱ. 环刀法只能用于测定不含砾石颗粒的细粒土的密度。

B. 灌砂法

本试验方法适用于现场测定细粒土、砂类土和砾类土的密度。试样的最大粒径一般不得超过 15mm，测定密度层的厚度为 150～200mm。

a. 主要试验仪器

灌砂筒、金属标定罐、基板、玻璃板、台秤、铝盒、天平、烘箱等

b. 准备量砂

粒径 0.25～0.50mm、清洁干燥的均匀砂，约 20～40kg。应先烘干，并放置足够时间，使其与空气的湿度达到平衡。若重复使用时，一定要过筛、清洗、烘干，再放置足够时间，使其与空气的湿度达到平衡。

c. 仪器标定

Ⅰ. 确定灌砂筒下部圆锥体内砂的质量

在储砂筒内装满砂，筒内砂的高度与筒顶的距离不超过 15mm，称筒内砂的质量 m_1，准确至 1g。每次标定及而后的试验都维持该质量不变。

将开关打开，让砂流出，并使流出砂的体积与工地所挖试洞的体积相当（或等于标定罐的容积）；然后关上开关，并称量筒内砂的质量 m_5，准确至 1g。

将灌砂筒放在玻璃板上，打开开关，让砂流出，直至筒内砂不再下流时，关上开关，并小心地取走灌砂筒。

收集并称量留在玻璃板上的砂或称量筒内的砂，准确至 1g。玻璃板上的砂就是填满灌砂筒下部圆锥体的砂。

重复上述测量，至少 3 次；最后取其平均值 m_2，准确至 1g。

Ⅱ. 用水确定标定罐的容积 V（cm³）

将空标定罐放在台秤上，使标定罐的上口处于水平位置，读记罐的质量 m_7，准确至 1g。

向标定罐中灌水，注意不要将水弄到台秤上或罐的外壁；将一直尺放在罐顶，当罐中水面快要接近直尺时，用滴管往罐中加水，直到水面接触直尺；移去直尺，读记罐和水的总质量 m_8。

重复测量时，仅需用吸管从罐中取出少量水，并用滴管重新将水加满到接触直尺。

标定罐的体积 V 按下式计算：

$$V = \frac{m_8 - m_7}{\rho_w}$$

式中 V——标定罐的容积（cm³），计算至 0.01；

m_7——标定罐质量（g）；

m_8——标定罐和水的总质量（g）；

ρ_w——水的密度（g/cm³）。

Ⅲ. 确定标定罐所需砂的质量

在储砂筒中装入质量为 m_1 的砂，并将灌砂筒放在标定罐上，打开开关，让砂流出，直到储砂筒内的砂不再下流时，关闭开关；取下灌砂筒，称筒内剩余的砂质量，准确至 1g。

重复上述测量，至少 3 次，最后取其平均值 m_3，准确至 1g。

按下式计算填满标定罐所需砂的质量 m_a：

$$m_a = m_1 - m_2 - m_3$$

式中 m_a——砂的质量（g），计算至 1g；

$\quad\quad m_1$——灌砂入标定罐前，筒内砂的质量（g）；

$\quad\quad m_2$——灌砂筒下部圆锥体内砂的平均质量（g）；

$\quad\quad m_3$——灌砂入标定罐后，筒内剩余砂的质量（g）。

Ⅳ. 按下式计算量砂密度 ρ_s（g/cm³）

$$\rho_s = \frac{m_a}{V}$$

式中 ρ_s——砂的密度（g/cm³），计算至 0.01；

$\quad\quad m_a$——砂的质量（g）；

$\quad\quad V$——标定罐的体积（cm³）。

d. 试验步骤

在试验地点，选一块约 40cm×40cm 的平坦表面，并将其清扫干净。

将基板放在此平坦表面上，如果此表面的粗糙度较大，则将盛有量砂 m_5 的罐砂筒放在基板中间的圆孔上。打开灌砂筒的开关，让砂流入基板的中孔内，直到储砂筒内的砂不再下流时关闭开关；取下罐砂筒，并称筒内砂的质量 m_6，准确至 1g。

取走基板，将留在试验地点的量砂收回，重新将表面清扫干净。将基板放在清扫干净的表面上，沿基板中孔凿洞，洞的直径 100mm（150mm 或 200mm）。在凿洞过程中，应注意不使凿出的试样丢失，并随时将凿松的材料取出，放在已知质量的塑料袋内密封。试洞的深度应与标定罐高度接近或一致。凿洞毕，称此塑料袋中全部试样质量，准确至 1g。减去已知塑料袋质量后，即为试样的总质量 m_t。

从挖出的全部试样中取有代表性的样品，放入铝盒中，测定其含水率 ω。样品数量：对于细粒土，不少于 100g；对于粗粒土，不少于 500g。

将基板安放在试洞上，将灌砂筒安放在基板中间（储砂筒内放满砂到恒量 m_1），使灌砂筒的下口对准基板的中孔及试洞。打开灌砂筒的开关，让砂流入试洞内。关闭开关。小心取走灌砂筒，称量筒内剩余砂的质量 m_4，准确至 1g。

如清扫干净的平坦的表面上，粗糙度不大，则不需放基板，将灌砂筒直接放在已挖好的试洞上。打开筒的开关，让砂流入试洞内。在此期间，应注意勿碰动灌砂筒。直到储砂筒内的砂不再下流时，关闭开关。仔细取走灌砂筒，称量筒内剩余砂的质量 m'_4，准确至 1g。

取出试洞内的量砂，以备下次试验时再用。若量砂的湿度已发生变化或量砂中混有杂质，则应重新烘干，过筛，并放置一段时间，使其与空气的湿度达到平衡后再用。

如试洞中有较大孔隙，量砂可能进入孔隙时，则应按试洞外形，松弛地放入一层柔软的纱布。然后再进行灌砂工作。

e. 结果计算

Ⅰ. 按下式计算填满试洞所需砂的质量 m_b：

灌砂时，试洞上不放基板的情况

$$m_b = m_1 - m_4' - m_2$$

灌砂时，试洞上放有基板的情况：

$$m_b = m_1 - m_4 - (m_5 - m_6)$$

式中　　m_b——填满试洞所需砂的质量（g）；

m_1——灌砂入试洞前筒内砂的质量（g）；

m_2——灌砂筒下部圆锥体内砂的平均质量（g）；

$(m_5 - m_6)$——灌砂筒下部圆锥体内及基板和粗糙表面间砂的总质量（g）；

m_4、m_4'——灌砂入试洞后，筒内剩余砂的质量（g）。

Ⅱ. 按下式计算试验地点土的湿密度：

$$\rho = \frac{m_t}{m_b} \times \rho_s$$

式中　ρ——土的湿密度（g/cm³），计算至 0.01；

m_t——试洞中取出的全部土样的质量（g）；

m_b——填满试洞所需砂的质量（g）；

ρ_s——量砂的密度（g/cm³）。

Ⅲ. 按下式计算土的干密度 ρ_d：

$$\rho_d = \frac{\rho}{1 + 0.01\omega}$$

式中　ρ_d——土的干密度（g/cm³），计算至 0.01；

ρ——土的湿密度（g/cm³）；

ω——土的含水率（%）。

f. 精密度与允许差

本试验须进行二次平行测定，取其算术平均值，其平行差值不得大于 0.03g/cm³。

g. 注意事项

Ⅰ. 在测定细粒土的密度时，可以采用 Φ100mm 的小型灌砂筒。

Ⅱ. 如最大粒径超过 15mm，则应相应地增大灌砂筒和标定罐的尺寸，例如：粒径达 40~60mm 的粗粒土，灌砂筒和现场试洞的直径应为 150~200mm。

Ⅲ. 标定罐的深度对标定砂的密度有影响，因此应选择标定罐的深度与试洞的深度一致。

Ⅳ. 储砂筒中砂面的高度对标定砂的密度有影响，因此现场测量时，储砂筒中的砂面高度，应与标定砂的密度时储砂筒中的砂面高度一致。

Ⅴ. 砂的颗粒组成对试验的重现性有影响，使用的砂应清洁干燥，否则，砂的密度会有明显变化。

Ⅵ. 若表面不光滑、粗糙，首先要测定基板与粗糙表面消耗的量砂，检测时一定要加基板再进行。

（4）承载比（CBR）

① 承载比（CBR）值反映的是土体在部分侧限条件下所具有的某种承载能力。

② 承载比（CBR）值是指试料贯入量达 2.5mm 时，单位压力对标准碎石压入相同贯入量时标准荷载强度的比值。标准荷载与贯入量之间的关系如表 5.1.4 所示。

不同贯入量时的标准荷载强度和标准荷载　　　　　　表 5.1.4

贯入量（mm）	标准荷载强度（kPa）	标准荷载（kN）
2.5	7000	13.7
5.0	10500	20.3
7.5	13400	26.3
10.0	16200	31.8
12.5	18300	36.0

③ 技术指标

采用设计给定值。

（四）组批原则

1. 击实试验（最大干密度和最佳含水率）取样频率

每批质量相同的土，应检验 1～3 次。

2. 土的密度取样频率：

路基土方——每层每 1000m² 取 1 组，每组 3 点；

沟槽土方——每层每两井之间取 1 组，每组 3 点；

基坑土方——每一构筑物每层取 1 组，每组 3 点；

桥梁工程填方——每一构筑物每层取 4 点。

3. 土的承载比（CBR）取样频率：不同土质测定 1 次。

（五）取样方法

1. 土样可在试坑、平洞、竖井、天然地面及钻孔中采取。

2. 取原状土样时，必须保持土样的原状结构及天然含水率，并使土样不受扰动。

3. 采取扰动土时，应先清除表层土，然后分层用四分法取样。

4. 取样数量按相应试验项目规定采取。

（六）取样注意事项

1. 检测单位针对土样的不同粒径，会采取不同的试验方法。施工现场的回填土，由于回填部位不同，土质和的颗粒形状、大小不一，所以取样时，一定要有针对性和代表性。

2. 原状土或需要保持天然含水率的扰动土，在取样之后，应立即密封，在包装上注明土样层位，应按上、下部位立放；原状土应保持土样结构不变，保持温度不变，放在阴凉处。

（七）试样标识

按标准取得试样后，应及时对试样做出唯一性标识，标识应包括以下内容：工程编号、试样编号、取样地点、试样名称、试样种类和取样日期；参考样式见图5.1.3。

工程编号	××××××	试样编号	
取样地点		K1+200	
试样名称		回填土	
土的种类		细粒土	
取样日期		年 月 日	

图 5.1.3 试件标识样式

（八）工作程序

取样、标识、登记台账和委托送检等工作程序参照第一章第三节。

二、无机结合料

（一）相关标准

1.《公路工程无机结合料稳定材料试验规程》JTG E51—2009；

2.《城镇道路工程施工质量检验标准》DBJ01-11—2004；

3.《北京市城市道路工程施工技术规程》DBJ 01-45—2000；

4.《城镇道路工程施工与质量检验规范》CJJ1—2008；

5.《市政基础设施工程资料管理规程》DB11/T 808—2011。

（二）基本概念

1. 定义

（1）集料

在混合料中起骨架和填充作用的粒料，包括碎石、砾石、机制砂、石屑、砂等。

（2）无机结合料

主要指水泥、石灰、粉煤灰及其他工业废渣。

（3）最佳含水量和最大干密度

无机结合料稳定材料进行击实或振实试验时，在含水量-干密度坐标系上绘出各个对应点，连成圆滑的曲线，曲线的峰值点对应的含水量和干密度即为最佳含水量和最大干密度。表明在最佳含水量及最佳压实效果的状态下稳定材料所能达到的最大干密度。

（4）无侧限抗压强度

试样在无侧向约束条件下，抵抗轴向压力的极限强度。

2. 分类

无机结合料稳定料（俗称半刚性基层）分为水泥稳定材料、石灰稳定材料、综合稳定材料。

（1）水泥稳定材料

在经过粉碎的或原来松散的材料中，掺入足量的水泥和水，经拌和得到的混合料，在压实和养生后，当其抗压强度符合规定的要求时，称为水泥稳定材料。

（2）石灰稳定材料

在粉碎的或原来松散的材料（包括各种粗、中、细粒土）中，掺入足量的石灰和水，经拌和得到的混合料，在压实及养生后，当其抗压强度符合规定的要求时，称为石灰稳定材料。

（3）综合稳定材料

两种或两种以上无机结合材料稳定的强度符合要求的混合料。

（三）常规试验项目

1. 最大干密度和最佳含水量；

2. 无侧限抗压强度；

3. 水泥或石灰剂量；

4. 石灰有效氧化钙和氧化镁的含量。

（四）现场取样

1. 最大干密度和最佳含水量

常用试验方法有击实试验和振动压实试验。

（1）击实试验

① 适用范围

本方法适用于在规定的试筒内，对水泥稳定材料（在水泥水化前）、石灰稳定材料及石灰（或水泥）粉煤灰稳定材料进行击实试验，以绘制稳定材料的含水量-干密度关系曲线，从而确定其最佳含水量和最大干密度。

② 取样频率

按单位工程，同一配合比，同一厂家，取击实试样 1 组。

③ 取样方法

在料堆的上部、中部、下部各取 1 份试样，混合后按四分法分料取样。

（2）振动压实试验

① 适用范围

本方法适用于在室内对水泥、石灰、石灰粉煤灰稳定粒料土基层材料进行振动压实试验，以确定这些材料在振动压实条件下的含水量-干密度曲线，确定其最佳含水量和最大干密度。

本方法适用于粗集料含量较大的稳定材料。一般来说，振动压实试验确定的最佳含水量小于击实试验确定的最佳含水量，最大干密度大于击实试验确定的最大干密度。

② 取样频率

按单位工程，同一配合比，同一厂家，取样 1 组。

③ 取样方法

在料堆的上部、中部、下部各取 1 份试样，混合后按四分法分料取样。

2. 无侧限抗压强度

（1）适用范围

本方法适用于测定无机结合料稳定材料（包括稳定细粒土、中粒土和粗粒土）试件的无侧限抗压强度。

（2）取样频率

每层每 2000m² 取 1 组，小于 2000m² 按 1 组取样。

（3）取样方法

在进行混合料验证时，宜在摊铺机后取料，且取料应分别来源于 3～4 台不同的料车，然后混合到一起进行四分法取样，进行无侧限抗压强度成型及试验。

在评价施工离散性时，应在施工现场的不同位置按随机取样原则分别取样。

3. 水泥或石灰剂量（EDTA 滴定法）

（1）适用范围

本方法适用于在工地快速测定水泥和石灰稳定材料中水泥和石灰的剂量，并可用于检查现场拌和和摊铺的均匀性。

本方法适用于在水泥终凝之前的水泥含量测定，现场土样的石灰剂量应在现场拌合后尽快测试，否则需要用相应龄期的 EDTA 二钠标准溶液消耗量的标准曲线确定。

本方法也可用来测定水泥和石灰综合稳定材料中结合料的剂量。

（2）取样频率

每层每 1000m² 取 1 点，小于 1000m² 按 1 点取样。但对于石灰粉煤灰钢渣基层每层每 1000m² 取 2 点，小于 1000m² 按 2 点取样。

（3）取样方法

宜在施工现场摊铺机摊铺宽度范围内左、中、右 3 处取样，对于结合料剂量还需要在同一位置的上层和下层分别取样。

4. 石灰有效氧化钙和氧化镁的含量。

取样频率：以同一厂家、同一品种、质量相同的石灰，不超过 100t 为一批，且同一批连续生产不超过 5d。

（五）技术指标

1. 7d 无侧限抗压强度符合设计要求。

2. 水泥或石灰剂量要求见表 5.1.5。

道路基层石灰剂量允许偏差　　　　　　　　　　　　表 5.1.5

项目	允许偏差	检查频率		检验方法
		范围	点数	
石灰土含灰量	−1.0%～+1.5%	1000m²	1	EDTA 滴定法
石灰粉煤灰含灰量	0%～+1.0%	1000m²	1	EDTA 滴定法
石灰粉煤灰钢渣含灰量	0%～+1.0%	1000m²	2	EDTA 滴定法

3. 钙镁含量技术指标见表 5.1.6。

钙镁含量技术指标　　　　　　　　　　　　表 5.1.6

类别 项目	钙质生石灰			镁质生石灰			钙质消石灰			镁质消石灰		
	等级											
	Ⅰ	Ⅱ	Ⅲ	Ⅰ	Ⅱ	Ⅲ	Ⅰ	Ⅱ	Ⅲ	Ⅰ	Ⅱ	Ⅲ
氧化钙和氧化镁含量（%）	≥85	≥80	≥70	≥80	≥75	≥65	≥65	≥60	≥55	≥60	≥55	≥50
未消化残渣含量 5mm 圆孔筛的筛余（%）	≤7	≤11	≤17	≤10	≤14	≤20	/	/	/	/	/	/

类别\项目	钙质生石灰			镁质生石灰			钙质消石灰			镁质消石灰		
	等级											
	I	II	III	I	II	III	I	II	III	I	II	III
钙镁石灰的分类界限,氧化镁含量(%)	≤5			>5			≤4			>4		

（六）进厂检验与材质证明文件核验

1. 材料进场检验

混合料进场前，应对混合料配合比进行验证。

2. 材质证明文件核验

核验供料单位提供的产品合格证或质量检验报告，内容应包括：产地、名称、规格、检测依据、检测项目、检测结果、结论、检测日期等内容，并随车提供混合料运输单。

（七）取样注意事项

对于水泥稳定类材料，从加水拌和到进行击实试验间隔的时间愈长，水泥的水化作用和结硬程度愈大。它会影响水泥混合料所能达到的密实度，间隔时间愈长，影响愈大。因为以水泥为结合料的试验要在拌和后1h内完成，石灰土（特别是稳定黏土类土）击实最大干密度在7d以内其数值是逐渐减小的，因此应注意取样时间与击实试验的时间。

（八）试样标识

按标准取得试样后，应及时对试样作出唯一性标识，标识应包括以下内容：

工程编号、试样编号、试样名称、灰剂量、取样地点和日期；参考样式见图5.1.4。

工程编号	××××××	试样编号	
取样地点	K1+200		
试样名称	混合料名称		
水泥(石灰)剂量	4%		
取样日期	年　　月　　日		

图5.1.4　试件标识样式

（九）工作程序

取样、标识、登记台账和委托送检等工作程序参照第一章第三节。

（十）试验不合格情况处理

1. 退货

根据石灰和无机结合料的具体用途，如果试验结果不符合要求，应对已进场的材料进行退货处理。

2. 改为其他用途

如果试验结果不符合某一用途的技术指标，但技术指标符合其他用途，可把已进场的材料改为他用。

三、沥青

（一）相关标准

1.《公路工程沥青及沥青混合料试验规程》JTG E20—2011；

2.《北京市城市道路工程施工技术规程》DBJ 01-45—2000；

3.《城镇道路工程施工质量检验标准》DBJ01-11—2004；

4.《城镇道路工程施工与质量检验规范》CJJ1—2008；

5.《市政基础设施工程资料管理规程》DB11/T 808—2011。

（二）基本概念

1. 针入度

在规定温度和时间内，附加一定质量的标准针垂直贯入沥青试样的深度，以0.1mm 计。

2. 延度

规定形态的沥青试样，在规定温度下以一定速度受拉伸至断开时的长度，以 cm 计。

3. 软化点（环球法）

沥青试样在规定尺寸的金属环内，上置规定尺寸和质量的钢球，放于水或甘油中，以规定的速度加热，至钢球下沉达规定距离时的温度，以℃计。

（三）常规试验

1. 试验项目

（1）石油沥青

① 针入度；

② 软化点；

③ 延度；

④ 含蜡量（需要时）。

（2）煤沥青：黏度。

（3）乳化沥青：黏度。

2. 沥青的主要技术指标

见表5.1.7和表5.1.8。

道路石油沥青的主要技术指标　　　　　　　　　　　　表5.1.7

指标	单位	等级	沥青标号													
			110			90					70					50
针入度(25℃,5s,100g)	0.1mm		100~120			80~100					60~80					40~60
适用的气候分区			2-1	2-2	2-3	1-1	1-2	1-3	2-2	2-3	1-3	1-4	2-2	2-3	2-4	1-4
软化点 ≥	℃	A	43			45					44		46	45		49
		B	42			43					42		44	43		46
		C	41			42							43			50
10℃延度≥	cm	A	40			45	30	20	30	20	20	15	25	20	15	15
		B	30			30	20	15	20	15	15	10	20	15	10	10

指标	单位	等级	沥青标号			
			110	90	70	50
15℃延度 ≥	cm	A	100			80
		B				
		C	60	50	40	30
蜡含量 (蒸馏法)≤	%	A	2.2			
		B	3.0			
		C	4.5			

（四）取样频率

1. 石油沥青

对于高速公路、一级公路、城市快速路、主干路，每 100t 为一验收批，每批取样 1 次。

2. 煤沥青和乳化沥青

每 50t 为一验收批，每批取样 1 次。

（五）进厂检验与材料证明文件核验

核验供料单位提供的产品合格证或质量检验报告，内容应包括：产地、名称、规格、检测依据、检测项目、检测结果、结论、检测日期等内容。

（六）取样方法

1. 用沥青取样器分别按以下要求取样

（1）从储油罐中取样，应按液面上、中、下位置（液面高各为 1/3 等分处，但距罐底不得低于总液面高度的 1/6）各取 1～4L 样品。对无搅拌设备的储罐，将取出的 3 个样品充分混合后，取 4kg 的样品作试样；对有搅拌设备的储罐，用取样器从沥青层的中部取规定数量试样。

（2）从槽、罐、洒布车中取样，对设有取样阀的，待流出至少 4kg 或 4L 后再取样；对仅有放料阀的，待放出全部沥青的一半时再取样；对从顶盖处取样，可用取样器从中部取样。

（3）从沥青储存池中取样，沥青经管道或沥青泵流至加热锅之后取样。分间隔每锅至少取 3 个样品，然后充分混匀后再取 4.0kg 作为样品。

（4）从沥青桶中取样，当确认是同一批生产的产品时，可随机取样。当不能确认是同一批生产的产品时，根据桶数按规定随机选取沥青桶数，将沥青桶加热全熔成流体后，按罐车取样方法取样。

（5）从桶、袋、箱装固体沥青中取样。应在表面以下及容器侧面以内至少 5cm 处采样。

（6）在验收地点取样，当沥青达到验收地点卸货时，应尽快取样。在卸货过程中取样，要按时间间隔均匀地取至少 3 个规定数量样品，然后充分混匀后取规定数量样品作为试样。所取样品为 2 份：1 份样品用于验收试验；另 1 个样品留存备查。

2. 取样数量

进行沥青性质常规检验的取样数量为：黏稠或固体沥青不少于 1.5kg；液体沥青不少于 1L；沥青乳液不少于 4L。进行沥青性质非常规检验及沥青混合料性质试验所需的沥青数量，应根据实际需要确定。

（七）取样注意事项

1. 每次取样，取样器应尽可能倒净；

2. 试样需要加热采取时，应一次取够，应尽量减少重复加热取样，防止沥青老化，改变沥青样品技术性质；

3. 用于质量仲裁检验的样品，重复加热的次数不得超过 2 次；

4. 除液体沥青、乳化沥青外，所有需要加热的沥青试样必须存放在密封带盖的金属容器中。试样应放在阴凉干燥处，注意防止试样污染。

（八）试样标识

按标准取得试样后，应及时对试样做出唯一性标识，标识应包括以下内容：

工程编号、试样编号、试样名称、取样地点（部位）和日期；参考样式见图 5.1.5。

工程编号	×××××	试样编号	
取样地点（部位）	×××		
试样名称	煤沥青（石油、乳化沥青）		
取样日期	年　月　日		

图 5.1.5　试件标识样式

（九）工作程序

取样、标识、登记台账和委托送检等工作程序参照第一章第三节。

（十）试验不合格情况处理

1. 退货

根据沥青的具体用途，如果试验结果不符合要求，应对已进场的材料进行退货处理。

2. 改为其他用途

如果试验结果不符合某一用途的技术指标，但符合其他用途，可把已进场材料改为他用。

四、沥青混合料

（一）相关标准

1.《公路工程沥青及沥青混合料试验规程》JTG E20—2011；

2.《北京市城市道路工程施工技术规程》DBJ0 1-45—2000；

3.《城镇道路工程施工质量检验标准》DBJ 01-11—2004；

4.《市政基础设施工程资料管理规程》DB11/T 808—2011。

（二）基本概念

1. 定义

（1）沥青混合料

由矿料与沥青结合料拌和而成的混合料的总称。

（2）沥青混凝土混合料

由适当比例的粗集料、细集料及填料组成的符合规定级配的矿料，与沥青结合料拌和而制成的符合技术标准的沥青混合料。

2. 分类

（1）按材料组成及结构分为连续级配、间断级配混合料。

（2）按矿料级配组成及空隙率大小分为密级配、半开级配、开级配混合料。

（3）按公称最大粒径的大小可分为特粗式、粗粒式、中粒式、细粒式、砂粒式沥青混合料。

（4）按制造工艺分为热拌沥青混合料、冷拌沥青混合料、再生沥青混合料。

（5）常用的热拌沥青混合料（HMA）适用于各种等级公路的沥青路面，其种类按集料公称最大粒径、矿料级配、空隙率划分，分类见表5.1.8。

热拌沥青混合料种类 表 5.1.8

混合料种类	密级配			开级配		半开级配	公称最大粒径(mm)	最大粒径(mm)
	连续级配	间断级配	间断级配			沥青碎石		
	沥青混凝土	沥青稳定碎石	沥青玛琋脂碎石	排水式沥青磨耗层	排水式沥青碎石基层			
特粗式	/	ATB-40	/	/	ATPB-40	/	37.5	53.0
粗粒式	/	ATB-30	/	/	ATPB-30	/	31.5	37.5
	AC-25	ATB-25	/	/	ATPB-25	/	26.5	31.5
中粒式	AC-20	/	SMA-20	/	/	AM-20	19.0	26.5
	AC-16	/	SMA-16	OGFC-16	/	AM-16	16.0	19.0
细粒式	AC-13	/	SMA-13	OGFC-13	/	AM-13	13.2	16.0
	AC-10	/	SMA-10	OGFC-10	/	AM-10	9.5	13.2
砂粒式	AC-5	/	/	/	/	/	4.75	9.5
设计空隙率(%)	3～5	3～6	3～4	＞18	＞18	6～12	/	/

（三）常规试验

1. 试验项目

（1）温度：出厂温度、摊铺温度、碾压温度。

① 常用热拌沥青混合料的施工温度见表5.1.9。

常用热拌沥青混合料的施工温度（℃） 表 5.1.9

施工工序		石油沥青标号			
		50 号	70 号	90 号	110 号
沥青加热温度		160～170	155～165	150～160	145～155
矿料加热温度	间隙式拌合机	集料加热温度比沥青温度高 10～30			
	连续式拌合机	矿料加热温度比沥青温度高 5～10			
沥青混合料出料温度		150～170	145～165	140～160	135～155
混合料贮料仓贮存温度		贮料过程中温度降低不超过 10			
混合料废弃温度,高于		200	195	190	185

施工工序	石油沥青标号			
	50 号	70 号	90 号	110 号
运输到现场温度,不低于①	145～165	140～155	135～145	130～140
混合料摊铺温度,不低于①	140～160	135～150	130～140	125～135
开始碾压的混合料内部温度,不低于①	135～150	130～145	125～135	120～130
碾压终了的表面温度,不低于②	80～85	70～80	65～75	60～70
	75	70	60	55
开放交通的路表温度,不高于	50	50	50	45

①常温下宜用低值,低温下宜用高值。
②视压路机类型而定,轮胎压路机取高值,振动压路机取低值。

② 聚合物改性沥青混合料拌合及施工温度应根据实践经验经试验确定。通常宜较普通沥青混合料温度提高 10～20℃施工经验不足时宜按表 5.1.10 进行初选。

聚合物改性沥青混合料拌合及施工温度（℃）　　　　　　　　表 5.1.10

工序	聚合物改性沥青品种		
	BSB 类	SBR 胶乳类	EVA、PE 类
沥青加热温度	160～165		
改性沥青现场制作温度	165～170	/	165～170
成品改性沥青加热温度,≤	175	/	175
集料加热温度	190～220	200～210	185～195
改性沥青和 SMA 混合料出厂温度	170～185	160～180	165～180
混合料最高温度（废弃温度）	195		
混合料贮存温度	拌合出料后降低不超过 10		
摊铺温度,≥	160		
初压开始温度,≥	150		
碾压终了的表面温度,≥	90		
开放交通的路表温度,≤	50		

（2）马歇尔稳定度

按规定条件采用马歇尔试验仪测定的沥青混合料所能承受的最大荷载,以 kN 计。

（3）流值

沥青混合料在马歇尔试验时相应于最大荷载时试件的竖向变形,以 mm 计。

（4）油石比（沥青含量）

① 油石比:沥青混合料中沥青结合料质量与矿料总质量的比值,以百分率计表示。

② 沥青含量:沥青混合料中沥青结合料质量与沥青混合料总质量的比值,以百分率表示。（沥青含量包括有效沥青和被集料吸收入内部空隙的部分沥青）。

③ 沥青含量和油石比两者之间的换算方法:

沥青含量＝油石比×100/（100＋油石比）。

（5）密度

压实沥青混合料常温条件下单位体积的干燥质量，以 g/cm³ 计。

密度的试验方法：表干法、水中重法、蜡封法、体积法。

（6）矿料级配

各种不同粒径的集料，按照一定的比例搭配起来，以达到较高的密实度（或较大的摩擦力），可以采用连续级配和间断级配两种级配组成。

连续级配：是某一矿料在由标准筛配成的筛系列中进行筛分析时，所得的级配曲线平顺圆滑，具有粒级连续的（不间断的）性质，相邻粒径的颗粒之间，有一定的比例关系（按质量计）。这种由大到小，逐级粒径均有，并按比例相互搭配组成的矿料，称为连续级配矿料。

间断级配：是在矿料中剔除其中一个（或几个）粒级，形成一种粒级不连续的混合料，称为间断级配矿料。

2. 技术指标均应符合设计要求。

（四）组批原则（抽样频率）

1. 出厂、摊铺温度的检测频率

不少于 1 次/车。

2. 碾压温度的检测频率

随时（初压、复压、终压）。

3. 马歇尔稳定度、流值、油石比、矿料级配、密度的检测频率

每台拌和机 1 次或 2 次/日；或同一厂家、同一配合比、每连续摊铺 600t 为一检验批，不足 600t 按 600t 计，每批取 1 组。

（五）进场检验与材料证明文件核验：

1. 材料进场检验

沥青混合料进场前，应对配合比进行验证。

2. 材质证明文件核验

核验供料单位提供的产品合格证或质量检验报告，内容应包括：产地、名称、规格、检测依据、检测项目、检测结果、结论、检测日期等内容，并随车提供混合料运输单、标准密度等资料。

（六）取样方法

1. 在沥青混合料拌合厂取样

在拌合厂取样时，宜用专用的容器（一次可装 5～8kg）装在拌合机卸料斗下方，每放一次料取 1 次样，顺次装入试样容器中，每次倒在清扫干净的平板上，连续几次取样，混合均匀，按四分法取样至足够数量。

2. 在沥青混合料运料车上取样

在运料车上取沥青混合料样品时，宜在汽车装料一半后，分别用铁锹从不同方向的 3 个不同高度处取样，然后混合在一起用手铲适当拌和均匀，取出规定数量。运料车到达施工现场后取样时，应在卸掉一半后从不同方向取样，样品宜从 3 辆不同的车上取样混合使用。

3. 在道路施工现场取样

在道路施工现场取样时，应在摊铺后未碾压前，在摊铺宽度两侧的 1/3～1/2 位置处

取样，用铁锹取该摊铺层的料，但不得将摊铺层下的其他层料铲入。每摊铺一车料取 1 次样，连续 3 车取样后，混合均匀按四分法取样至足够数量。

4. 乳化沥青常温混合料试样的取样方法与热拌沥青混合料相同，但宜在乳化沥青破乳水分蒸发后装袋，对袋装常温沥青混合料，亦可直接从储存的混合料中随机取样。取样袋数不少于 3 袋，使用时将 3 袋混合料倒出作适当拌和，按四分法取出规定数量试样。

5. 液体沥青常温沥青混合料的取样方法同上，当用汽油稀释时，必须在溶剂挥发后方可封袋保存。但用煤油或柴油稀释时，可在取样后即装袋保存，保存时应特别注意防火安全。其余与热拌沥青混合料相同。

6. 从碾压成型的路面上取样时，应随机选取 3 个以上不同地点，钻孔、切割或刨取该层混合料，仔细清除杂物和不属于这一层的混合料。需重新制作试件时，应加热拌匀按四分法取样至足够数量。

7. 取样数量

(1) 试样数量由试验目的决定，宜不少于试验用量的 2 倍。一般按表 5.1.11 取样。

常用沥青混合料试验项目的样品数量　　　　　　　　表 5.1.11

试验项目	目的	最少试样量(kg)	取样量(kg)
马歇尔试验、抽提筛分	施工质量验收	12	20
车辙试验	高温稳定性检验	40	60
浸水马歇尔试验	水稳定性检验	12	20
冻融劈裂试验	水稳定性检验	12	20
弯曲试验	低温性能检验	15	25

(2) 取样材料用于仲裁试验时，取样数量除应满足本取样方法规定外，还应多取 1 份备用样，保留到仲裁结束。

(七) 取样注意事项

1. 沥青混合料应随机取样，并具有充分的代表性。

2. 在运料车上取样时不得仅从满载的运料车顶上取样，且不允许只在一辆车上取样。

3. 对热拌沥青混合料每次取样时，都必须用温度计测量温度，准确至 1℃。

(八) 样品标识

按标准取得试样后，应及时对试样作出唯一性标识，标识应包括以下内容：
工程编号、试样编号、试样名称、取样地点和日期；参考样式见图 5.1.6。

工程编号	×××××	试样编号	
取样地点	K1+200		
试样名称	AC-20		
取样日期	年　　月　　日		

图 5.1.6　试件标识样式

(九) 工作程序

取样、标识、登记台账和委托送检等工作程序参照第一章第三节。

(十) 试验不合格情况处理

根据沥青混合料的具体用途，如果试验结果不符合要求，应对已进场的沥青混合料进行退货处理。

五、路面砖

（一）相关标准

1.《城市道路混凝土路面砖》DB11/T 152—2003；

2.《混凝土路面砖》JC/T 466—2000；

3.《北京市城市道路工程施工技术规程》DBJ 01-45—2000；

4.《城镇道路工程施工质量检验标准》DBJ 01-11—2004；

5.《市政基础设施工程资料管理规程》DB11/T 808—2011。

（二）基本概念

1. 定义

以水泥和集料为主要原材料，经加工、振动加压或其他成型工艺制成的，用于铺设城市道路人行道、城市广场等的混凝土路面及地面工程的块、板等。其表面可以是有面层（料）的或无面层（料）的；本色的或彩色的。

2. 分类

按混凝土路面砖形状分为：

普通型混凝土路面砖，代号为 N；

联锁型混凝土路面砖，代号为 S。

3. 规格尺寸，见表 5.1.12

混凝土路面砖规格尺寸（mm）　　　　　　　表 5.1.12

边长（长或宽）	100、150、200、250、300、400、500
厚度	50、60、80、100、120

4. 等级

（1）依据标准《城市道路混凝土路面砖》DB11/T 152—2003 的等级划分

① 抗压强度等级分为：Cc40、Cc50、Cc60。

② 抗折强度等级分为：$C_f4.0$、$C_f5.0$、$C_f6.0$。

③ 抗滑等级分为：R1、R2、R3、R4。

④ 渗透等级分为：T1、T2、T3、T4。

⑤ 质量等级：在符合规定强度等级以及抗渗等级前提下，根据外观质量、尺寸偏差和物理性能分为优等品（A）、一等品（B）和合格品（C）。

（2）依据标准《混凝土路面砖》JC/T 466—2000 的等级划分

① 抗压强度等级分为：Cc30、Cc35、Cc40、Cc50、Cc60。

② 抗折强度等级分为：$C_f3.5$、$C_f4.0$、$C_f 5.0$、$C_f 6.0$。

③ 质量等级：符合规定强度等级的路面砖，根据外观质量、尺寸偏差和物理性能分为优等品（A）、一等品（B）和合格品（C）。

5. 标记

按产品代号、规格尺寸、强度、防滑、渗透性能、质量等级和标准编号顺序进行标记。

普通型路面砖规格为 250mm×250mm×60mm，抗压强度等级 C_c40，防滑等级为 R_3，渗透等级为 T_2，合格品的标记示例：N 250×250×60 C_c40 R_3 T_2 C DB11/T 152—2003 (JC/T 446—2000)。

（三）常规试验

1. 混凝土路面砖试验参数

尺寸偏差、外观质量、抗压强度、抗折强度、耐磨性、防滑性能、渗透性能。

2. 技术指标

（1）依据标准《城市道路混凝土路面砖》DB11/T 152—2003 技术指标

① 外观质量指标

混凝土路面砖的外露表面应平整，宜有倒角。混凝土路面砖的外观质量应符合表 5.1.13 的规定。

混凝土路面砖外观质量 (mm)　　　　　　表 5.1.13

项　　目		优等品	一等品	合格品
正面粘皮及缺损的最大投影尺寸(不多于1处) ≤		0	2	5
缺棱掉角的最大投影尺寸(不多于1处) ≤		0	5	5
裂纹	非贯穿裂纹长度最大投影尺寸 ≤	0	5	10
	贯穿裂纹	不允许		
色差、杂色		不允许	不允许	不明显
返碱		不允许	不允许	不明显

② 尺寸偏差指标

混凝土路面砖的尺寸偏差应符合表 5.1.14 的规定。

混凝土路面砖尺寸允许偏差 (mm)　　　　　　表 5.1.14

项目	优等品	一等品	合格品
长度、宽度	±1.0	±1.5	±2.0
厚度	±1.0	±1.5	±2.0
厚度差	≤1.0	≤2.0	≤2.0
平整度	≤1.0	≤2.0	≤2.0
垂直度	≤1.0	≤2.0	≤2.0
饰面层的厚度	不小于 5mm		
表面花纹图案的沟槽深度	不得超过面层(料)的厚度		

③ 力学性能指标

混凝土路面砖应满足一定的力学性能，满足相应的强度要求。当边长与厚度比值≥5 时应增加抗折强度试验，其力学性能必须符合表 5.1.15 的规定。

④ 防滑和渗透性能指标

混凝土路面砖应满足一定的防滑和渗透性能，相应分级和性能符合表 5.1.16 规定。

⑤ 物理性能指标

混凝土路面砖应满足一定的物理性能，物理性能必须符合表 5.1.17 规定。

混凝土路面砖力学性能指标（MPa）　　　　表 5.1.15

边长/厚度	＜5		≥5		
抗压强度等级	平均值 ≥	单块最小值 ≥	抗折强度等级	平均值 ≥	单块最小值 ≥
Cc40	40.0	35.0	C$_f$4.0	4.0	3.2
Cc50	50.0	42.0	C$_f$5.0	5.0	4.2
Cc60	60.0	50.0	C$_f$6.0	6.0	5.0

混凝土路面砖防滑和渗透性能指标　　　　表 5.1.16

防滑性能		渗透性能	
分级	指标 BPN	分级	指标（mL/min）
R1	≥80	T1	≥300
R2	≥70	T2	≥150
R3	≥65	T3	≥100
R4	≥60	T4	≥50

混凝土路面砖物理性能指标　　　　表 5.1.17

质量等级	耐磨性		吸水率（%） ≤	抗冻性
	磨坑长度（mm） ≤	耐磨度 ≥		
优等品	24	2.0	5.0	冻融循环试验后,外观质量须符合表 5.1.13 的规定;强度损失不得大于 20%
一等品	28	1.9	6.5	
合格品	35	1.2	7.5	

注：磨坑长度与耐磨度 2 项试验只做 1 项即可。

（2）依据标准《混凝土路面砖》JC/T 466—2000 技术指标

① 外观质量指标

混凝土路面砖外观质量应符合表 5.1.18 的规定。

混凝土路面砖外观质量（mm）　　　　表 5.1.18

项目		优等品	一等品	合格品
正面粘皮及缺损的最大投影尺寸≤		0	5	10
缺棱掉角的最大投影尺寸≤		0	10	20
裂纹	非贯穿裂纹长度最大投影尺寸	0	10	20
	贯穿裂纹	不允许		
色差、杂色		不明显		
分层		不允许		

② 尺寸偏差指标

混凝土路面砖的尺寸偏差应符合表 5.1.19 的规定。

③ 力学性能指标

根据路面砖当边长与厚度比值，选择做抗压强度或抗折强度试验，其力学性能须符合

275

表 5.1.20 的规定。

混凝土路面砖尺寸允许偏差 （mm）　　　　　　表 5.1.19

项目	优等品	一等品	合格品
长度、宽度	±2.0	±2.0	±2.0
厚度	±2.0	±3.0	±4.0
厚度差	≤2.0	≤3.0	≤3.0
平整度	≤1.0	≤2.0	≤2.0
垂直度	≤1.0	≤2.0	≤2.0

混凝土路面砖力学性能指标 （MPa）　　　　　　表 5.1.20

边长/厚度	<5		≥5		
抗压强度等级	平均值≥	单块最小值≥	抗折强度等级	平均值≥	单块最小值≥
Cc30	30.0	25.0	$C_f3.5$	3.50	3.00
Cc35	35.0	30.0	$C_f4.0$	4.00	3.20
Cc40	40.0	35.0	$C_f5.0$	5.00	4.20
Cc50	50.0	42.0	$C_f6.0$	6.00	5.00
Cc60	60.0	50.0	/	/	/

④ 物理性能指标

混凝土路面砖物理性能须符合表 5.1.21 规定。

混凝土路面砖物理性能指标　　　　　　表 5.1.21

质量等级	耐磨性		吸水率（%）≤	抗冻性
	磨坑长度(mm)≤	耐磨度≥		
优等品	28.0	1.9	5.0	冻融循环试验后，外观质量须符合表 5.1.18 的规定；强度损失不得大于 20%
一等品	32.0	1.5	6.5	
合格品	35.0	1.2	8.0	

注：磨坑长度与耐磨度 2 项试验只做 1 项即可

（四）组批原则（取样频率）

应以同一类别、同一规格、同一等级、每 2 万块为一验收批，不足 2 万块按一批计。

（五）进厂检验与材料证明文件核验

1. 材料进场检验

混凝土路面砖进场应检查尺寸偏差、外观质量。

2. 材质证明文件核验

核验供料单位提供的产品合格证或质量检验报告，内容应包括：产地、名称、规格、检测依据、检测项目、检测结果、结论、检测日期等内容。

（六）抽样方法

1. 外观质量检验的试件，抽样前预先确定好抽样方法，按随机抽样法从每批产品中抽取 80 （50）块混凝土路面砖，使所抽取的试件具有代表性。

2. 规格尺寸检验的试件，从外观质量检验合格的试件中按随机抽样法抽取 10 块混凝土路面砖。

3. 物理、力学性能检验的试件，按随机抽样法从外观质量及尺寸检验合格的试件中抽取 50（30）块混凝土路面砖。物理、力学性能试验试件的龄期为不少于 28d。

（七）样品标识

按标准取得试样后，应及时对试样做出唯一性标识，标识应包括以下内容：

工程编号、试样编号、试样名称、等级、龄期、取样数量和日期；参考样式见图 5.1.7。

工程编号	×××××	试样编号	
取样数量	50 块		
试样名称（等级）	N 250×250×60 C_c40 R_3 T_2 C		DB11/T 152—2003
龄期	28d		
取样日期	年　　月　　日		

图 5.1.7　试件标识样式

（八）工作程序

取样、标识、登记台账和委托送检等工作程序参照第一章第三节。

（九）判定规则

1. 外观质量

在 60（50）块试件中，根据不合格试件的总数（K_1）及二次抽样检验中不合格（包括第一次检验不合格试件）的总数（K_2）进行判定。

若 $K_1 \leqslant 3$，可验收；若 $K_1 \geqslant 7$，拒绝验收；若 $4 \leqslant K_1 \leqslant 6$，则允许按上述（六)-1 节中的规定进行第二次抽样检查。

若 $K_2 \leqslant 8$，可验收；若 $K_2 \geqslant 9$ 拒绝验收。

2. 尺寸偏差

在 10 块试件中根据不合格试件的总数（K_1）及二次抽样检验中不合格（包括第一次检验不合格试件）的总数（K_2）进行判定。

若 $K_1 \leqslant 1$，可验收；若 $K_1 \geqslant 3$，拒绝验收；若 $K_1 = 2$，则允许按上述（六)-2 节中的规定进行第二次抽样检查。

若 $K_2 = 2$，可验收；若 $K_2 \geqslant 3$ 拒绝验收。

3. 物理、力学性能

经检验，各项物理、力学性能符合某一等级规定时，判该项目为相应等级。

若两种耐磨性结果有争议，以 GB/T 12988 试验结果为最终结果。

4. 总判定

所有项目的检验结果都符合某一等级规定时，判为相应等级；有一项不符合合格品等级规定时，判为不合格品。

注：上述括弧中的抽样数为标准《混凝土路面砖》JC/T 466—2000 规定的。

（十）试验不合格情况处理

1. 退货

根据混凝土路面砖的具体用途，如果试验结果不符合要求，应对已进场的材料进行退货处理；

2. 改为其他用途

如果试验结果不符合某一用途的技术指标，但技术指标符合其他用途，可把已进场的材料改为他用。

六、混凝土路缘石

（一）相关标准

1.《混凝土路缘石》JC 899—2002；

2.《北京市城市道路工程施工技术规程》DBJ01-45—2000；

3.《城镇道路工程施工质量检验标准》DBJ 01-11—2004；

4.《市政基础设施工程资料管理规程》DB11/T 808—2011。

（二）基本概念

1. 分类及定义：

（1）混凝土路缘石按使用功能分为混凝土路缘石、混凝土平缘石、混凝土立缘石、混凝土平面石。

① 混凝土路缘石

铺设在路面边缘或标定路面界限的预制混凝土的界石。

② 混凝土平缘石

顶面与路面平齐的混凝土路缘石。

③ 混凝土立缘石

顶面高出路面的混凝土路缘石。

④ 混凝土平面石

铺砌在路面与立缘石之间的混凝土平缘石。

（2）混凝土路缘石按结构形状分为直线形和曲线形缘石。

2. 缘石型号

直线形缘石按其截面分为 H 型、T 型、R 型、F 型、P 型、RA 型。

3. 代号

BCC——直线形混凝土路缘石；

CC——混凝土路缘石；

CCC——曲线形混凝土路缘石；

CFC——混凝土平缘石；

CGA——混凝土平面石；

CVC——混凝土立缘石；

RACC——直线形、截面 L 状混凝土路缘石。

4. 等级

直线形缘石抗折强度分为 $C_f6.0$、$C_f5.0$、$C_f4.0$、$C_f3.0$。

曲线形及直线形、截面 L 状缘石抗压强度等级分为 Cc40、Cc35、Cc30、Cc25。

5. 质量等级

符合某个强度等级的缘石，根据其外观质量、尺寸偏差和物理性能分为优等品（A）、一等品（B）、合格品（C）。

6. 标记

缘石按产品代号，规格尺寸，强度、质量等级和标准编号顺序进行标记。

示例：H 型的立缘石，规格尺寸 240mm×300mm×1000mm，抗折强度等级 $C_f4.0$，一等品的标记为：CVC H 240×300×1000（$C_f4.0$）（B）JC 899—2002。

（三）常规试验

1. 混凝土路缘石试验参数

外观质量、尺寸偏差、抗压强度、抗折强度。

2. 技术指标

（1）外观质量指标

混凝土路缘石外观质量应符合表 5.1.22 的规定。

混凝土路缘石外观质量　　　　　　　　　　表 5.1.22

项　目		单位	优等品（A）	一等品（B）	合格品（C）
缺棱掉角影响顶面或正侧面的破坏最大投影尺寸 ≤		mm	10	15	30
面层非贯穿裂纹最大投影尺寸 ≤		mm	0	10	20
可视面粘皮（脱皮）及表面缺损最大面积 ≤		mm²	20	30	40
贯穿裂纹		不允许			
色差、杂色		不明显			
分层		不允许			

（2）尺寸偏差指标

混凝土路缘石允许尺寸偏差应符合表 5.1.23 的规定。

混凝土路缘石尺寸允许偏差（mm）　　　　　　表 5.1.23

项目	优等品（A）	一等品（B）	合格品（C）
长度，l	±3	+4 −3	+5 −3
宽度，b	±3	+4 −3	+5 −3
厚度，h	±3	+4 −3	+5 −3
平整度 ≤	2	3	4
垂直度 ≤	2	3	4

（3）力学性能指标

① 直线形缘石抗折强度应符合表 5.1.24 的规定。

279

路缘石抗折强度指标（MPa）　　　　　　　　　　　　　　　表 5.1.24

等级	$C_f6.0$	$C_f5.0$	$C_f4.0$	$C_f3.0$
平均值，$\overline{C_f} \geqslant$	6.00	5.00	4.00	3.00
单块最小值，$C_{fmin} \geqslant$	4.80	4.00	3.20	2.40

② 曲线形缘石，直线形、截面 L 状缘石抗压强度应符合表 5.1.25 的规定。

路缘石抗压强度（MPa）　　　　　　　　　　　　　　　表 5.1.25

等级	Cc40	Cc35	Cc30	Cc25
平均值，$\overline{C_c} \geqslant$	40.0	35.0	30.0	25.0
单块最小值，$C_{cmin} \geqslant$	32.0	28.0	24.0	20.0

（四）组批原则（取样频率）

应以同一块形，同一颜色，同一强度且以 2 万块为一验收批，不足 2 万块按一批计。

现场可用回弹法检测混凝土抗压强度，应以同一块形，同一颜色，同一强度且以 2000 块为一验收批，不足 2000 块按一批计。每批抽检 5 块进行回弹。

（五）进厂检验与材料证明文件核验：

1. 材料进场检验

路缘石进场应检查尺寸偏差、外观质量。

2. 材质证明文件核验

核验供料单位提供的产品合格证或质量检验报告，内容应包括：企业名称和商标、批量编号、生产日期、检验结果、合格证书编号、标记、检验单位、检测依据等内容。

（六）抽样方法

1. 应随机抽样。抽样前应预先确定抽样方法，使所抽取的试件具有代表性。抽取龄期不小于 28d 的试件。

2. 外观质量和尺寸偏差试验的试件，按随机抽样法从成品堆场中每批产品抽取 13 块。

3. 物理性能与力学性能试验的试件（块），按随机抽样法从外观质量和尺寸偏差检验合格的试件中抽取。每项物理性能与力学性能中抗压强度试块应分别从 3 个不同的缘石上各切取 1 块符合试验要求的试块；抗折强度直接抽取 3 个试件。

（七）样品标识

按标准取得试样后，应及时对试样做出唯一性标识，标识应包括以下内容：

工程编号、试样编号、试样名称、等级、龄期、取样块数和日期；参考样式见图 5.1.8。

工程编号	××××××	试样编号	
取样块数			
试样名称（等级）	CVC H 240×300×1000（$C_f4.0$）（B）JC 899—2002		
龄期	28d		
取样日期	年　　月　　日		

图 5.1.8　试件标识样式

（八）工作程序

取样、标识、登记台账和委托送检等工作程序参照第一章第三节。

（九）判定规则

1. 外观质量及尺寸允许偏差

经检验外观质量及尺寸允许偏差的所有项目都符合某一等级规定时，判定该项为相应质量等级。

根据某一项目不合格试件的总数 R_1 及二次抽样检验中不合格（包括第一次检验不合格试件）的总数 R_2 进行判定。

若 $R_1 \leqslant 1$，合格；若 $R_1 \geqslant 3$，不合格；若 $R_1 = 2$ 时，则允许按上述（六）-2 节中规定进行第二次抽样检验。若 $R_2 \leqslant 4$ 时，合格；若 $R_2 \geqslant 5$，不合格。

若该批产品两次抽样检验达不到标准规定的要求而不合格时，可进行逐件检验处理，重新组成外观质量和尺寸偏差合格的批。

2. 物理、力学性能

（1）物理性能

经检验，各项物理性能 3 块试验结果的算术平均值符合某一等级规定时，判定该项为相应质量等级。

（2）力学性能

经检验，力学性能 3 件（块）试验结果的算术平均值及单件（块）最小值都符合某一等级规定时，判定该项为相应强度等级。

3. 总判定

所有检验项目的结果都符合某一等级规定时，判为相应等级；有一项不符合合格品等级规定时，判为不合格品。

（十）试验不合格情况处理

1. 退货

根据路缘石的具体用途，如果试验结果不符合要求，应对已进场的材料进行退货处理。

2. 改为其他用途

如果试验结果不符合某一用途的技术指标，但技术指标符合其他用途，可把已进场的材料改为他用。

第二节　路基路面现场检测

一、相关标准

1. 《公路路基路面现场测试规程》JTG E60—2008；
2. 《城镇道路工程施工质量检验标准》DBJ 01-11—2004；
3. 《市政基础设施工程资料管理规程》DB 11/T 808—2011；
4. 《公路工程质量检验评定标准》JTG F80/1—2004。

二、现场检测项目

1. 路面厚度检测

（1）检测频率

按平方米计算，每 1000m² 检测一点。

（2）抽样方式

随机选点。

（3）委托内容

应清晰填写委托单位、委托人、工程名称、施工部位、设计值、检测依据等信息。

（4）委托时间

提前一天与检测机构联系。

（5）准备工作

现场配备电源、提供施工图纸。

（6）现场配合

现场应有安全保证措施，保证检测人员的安全；检测机构与现场技术人员进行沟通、确定检测方案、检测注意事项及检测用时间；在检测开始前，委托方应填写委托合同（格式由检测机构提供），双方签字确认后开始检测。

（7）允许偏差

路面厚度允许偏差为 −5mm～+10mm。

（8）结论

按照设计值，满足（7）的允许偏差要求，即视为合格。

2. 路基路面压实度

（1）定义

压实度：筑路材料压实后的干密度与标准最大干密度之比，以百分率表示。

（2）常用检测方法

路基压实度检测：挖坑灌砂法、环刀法。

路面压实度检测：钻芯法、核子密度仪法；

　　　　　　　　无核密度仪法（其检验结果不能作为评定依据）。

（3）抽样方式：随机选点。

（4）委托内容：应清晰填写委托单位、委托人、工程名称、施工部位、要求压实度、检测依据等信息。

（5）委托时间：提前一天与检测机构联系。

（6）准备工作：现场配备电源、提供施工图纸。

（7）现场配合：现场应有安全保证措施，保证检测人员的安全；检测机构与现场技术人员进行沟通，确定检测方案、检测注意事项及检测用时间；在检测开始前，委托方应填写委托合同（格式由检测机构提供），双方签字确认后开始检测。

（8）技术指标

路基土方、土路床、路肩、路基基层、沥青混凝土路面的压实度技术指标见表5.2.1～表5.2.6。

路基土方压实度（重型击实方法）　　表 5.2.1

序号	项　目			压实度（%）	检查频率		检验方法
					范围	点数	
1	路床以下深度（cm）	填方	0～80		1000m²	每层1组（3点）	用环刀法或灌砂法检验
			快速路和主干路	≥95			
			次干路	≥93			
			支路	≥93			
2			80～150				
			快速路和主干路	≥93			
			次干路	≥90			
			支路	≥90			
3			>150				
			快速路和主干路	≥90			
			次干路	≥90			
			支路	≥90			
4		挖方	0～30				
			快速路和主干路	≥95			
			次干路	≥93			
			支路	≥90			

路基土方压实度（轻型击实方法）　　表 5.2.2

序号	项　目			压实度（%）	检查频率		检验方法
					范围	点数	
1	路床以下深度（cm）	填方	0～80		1000m²	每层1组（3点）	用环刀法或灌砂法检验
			次干路	≥98			
			支路	≥95			
2			80～150				
			次干路	≥95			
			支路	≥92			
3			>150				
			次干路	≥92			
			支路	≥92			
4		挖方	0～30				
			次干路	≥95			
			支路	≥92			

（9）检测注意事项

使用核子密度仪检测时应注意：

① 仪器应经有关部门审查合格的专人保管，专人使用。从事仪器保管及使用的人员，应符合有关核辐射检测的有关规定。

土路床（深度 0～30cm）压实度

表 5.2.3

规定值(%)			检查频率		检验方法
			范围	点数	
快速路和主干路	重型击实	≥95	1000m²	3	用环刀法或灌砂法检验
次干路	轻型击实	≥98			
	重型击实	≥93			
支路	轻型击实	≥95			
	重型击实	≥93			

路肩压实度

表 5.2.4

规定值(%)	检查频率		检验方法
	范围	点数	
≥90(重型击实) ≥92(轻型击实)	40m	2	用环刀法或灌砂法检验,每侧计一点

路基基层压实度

表 5.2.5

序号	基 层 类 别	压实度(%)		检查频率		检验方法
				范围	点数	
1	砂石基层	快速路、主干路	97	1000m²	1	灌砂法
		次干路、支路	95			
2	碎石基层	快速路、主干路	97	1000m²	1	灌砂法
		次干路、支路	95			
3	石灰土类基层	快速路、主干路	97	1000m²	1	环刀法
		次干路、支路	95			
4	石灰粉煤灰稳定砂砾 （碎石)基层	快速路、主干路	97	1000m²	1	灌砂法
		次干路、支路	95			
5	石灰粉煤灰钢渣基层	快速路、主干路	97	1000m²	1	灌砂法
		次干路、支路	95			
6	水泥稳定粒料基层	快速路、主干路	98	1000m²	1	灌砂法
		次干路、支路	95			

沥青混凝土路面压实度

表 5.2.6

规定值(%)		检查频率		检 验 方 法
		范围	点数	
快速路、主干路	≥96	1000m²	1	钻芯法、核子密度仪法;无核密度仪法 (其检验结果不能作为评定依据)
次干路、支路	≥95			

② 仪器使用时，所有人员应退至距离仪器 2m 以外的地方；仪器不使用时，应将手柄置于安全位置，仪器应装入专用的仪器箱内，放置在符合核辐射安全规定的地方。

③ 对刚铺完的路面检测时，仪器不能长时间放在测试路面上，测试完成后应将仪器

移开测试路面进行冷却，避免影响结果。

④ 检测时，检测点周围 10m 之内不能存在其他核子仪和任何其他放射源。

3. 平整度检测

（1）定义

平整度：路面表面相对于理想平面的竖向偏差。

（2）检测频率

路　宽	检测频率
<9m	平整度仪法：全线检测 1 遍 3m 直尺法：全线每 100m 测 1 处，每处 10 尺。全线测 1 遍
9～15m	平整度仪法：全线检测 2 遍 3m 直尺法：全线每 100m 测 1 处，每处 10 尺。全线测 2 遍
>15m	平整度仪法：全线检测 3 遍 3m 直尺法：全线每 100m 测 1 处，每处 10 尺。全线测 3 遍

（3）检测位置

质量验收或路况评定时，通常以行车道一侧车轮轮迹带作为连续检测的标准位置；对旧路已形成车辙的路面，应取车辙中间位置为测定位置，用粉笔在路面上做好标记。

（4）委托时间

提前一天与检测机构联系。

（5）委托内容

应清晰填写委托单位、委托人、工程名称、施工部位、路面种类、设计要求（如果有）、检测依据等信息

（6）准备工作

准备好施工图，以便确定检测位置。检测时必须保证现场清洁，在检测设备前面边清扫边检测。

（7）现场配合

现场应有安全保证措施，保证检测人员的安全；检测机构与现场技术人员进行沟通，确定检测方案、检测注意事项及检测用时间；在检测开始前，委托方应填写委托合同（格式由检测机构提供），双方签字确认后开始检测。

（8）技术指标

路面平整度允许偏差　　　　　　　　　　　表 5.2.7

序号	路面种类	允许偏差		检验频率			检验方法
				范围	点数		
1	水泥混凝土路面	≤5mm		每块板	1		3m 直尺法
2	钢筋水泥混凝土路面	≤5mm		每块板	1		3m 直尺法
3	沥青混凝土路面	快速路、主干路	σ≤1.2mm	100m	路宽（m）	<9	1	连续式平整度仪法
		次干路、支路	σ≤1.8mm			9～15	2	
						>15	3	

285

（9）注意事项

牵引连续式平整度仪时，应保持匀速，速度宜为 5km/h，最大不得超过 12km/h。也可用人力拖拉平整度仪，仍要保持匀速前进。

4. 承载能力

（1）定义

在规定的荷载作用下，路基或路面表面产生的总垂直变形（总弯沉）或垂直回弹变形值（回弹弯沉），以 0.01mm 为单位表示。

（2）常用检测方法：贝克曼梁法

（3）检测频率：

路宽	检 测 频 率
<9m	贝克曼梁法：每 20m 检测 1 点，全线检测 2 遍
9~15m	贝克曼梁法：每 20m 检测 1 点，全线检测 4 遍
>15m	贝克曼梁法：每 20m 检测 1 点，全线检测 6 遍

（4）测点位置

测点应在路面行车车道的轮迹带上，并用白油漆或粉笔划上标记。

（5）委托内容

应清晰填写委托单位、委托人、工程名称、施工部位、设计要求、检测依据等信息。

（6）委托时间

提前一天与检测机构联系。

（7）准备工作

准备施工图、配备后轴重 10t 的载重车。

（8）现场配合

现场应有安全保证措施，保证检测人员的安全；检测机构与现场技术人员进行沟通，确定检测方案、检测注意事项及检测用时间；在检测开始前，委托方应填写委托合同（格式由检测机构提供），双方签字确认后开始检测。

（9）检测结果评定

检测结果应满足设计要求。

5. 渗水系数

（1）定义

在规定的初始水头压力下，单位时间内渗入路面规定面积的水的体积。

（2）检测频率

渗水系数检测，每车道每 200m 检测 1 处。

（3）取样位置

在行车道的路面上，每 200m 内随机取 3 个检测点。

（4）委托内容

应清晰填写委托单位、委托人、工程名称、施工部位、设计要求、检测依据等信息。

（5）委托时间

提前一天与检测机构联系。

（6）准备工作

准备施工图、现场清扫干净、提供路面用沥青混合料类型及规格。

（7）现场配合

现场应有安全保证措施，保证检测人员的安全；检测机构与现场技术人员进行沟通，确定检测方案、检测注意事项及检测用时间；在检测开始前，委托方应填写委托合同（格式由检测机构提供），双方签字确认后开始检测。

（8）检测结果评定

检测结果应满足设计要求值。

6. 抗滑能力

（1）定义

抗滑能力分为：摩擦系数及构造深度。

① 摩擦系数是测定潮湿状态下路面的抗滑能力；

② 构造深度测定的是干燥状态下的抗滑能力，指路表面开口空隙的平均深度。

（2）检测频率：

摩擦系数——摆式仪法：每车道每 200m 测 1 处。

构造深度——铺砂法：每车道每 200m 测 1 处。

（3）检测位置

在车道的轮迹带上随机取点，距路面边缘应不小于 1m。

（4）委托内容

应清晰填写委托单位、委托人、工程名称、施工部位、设计要求、检测依据等信息。

（5）委托时间

提前一天与检测机构联系。

（6）准备工作

① 构造深度检测进行前，必须使检测处的路面保持干燥状态，清扫时应去除附着在路面的所有杂物，保持清洁状态；

② 摩擦系数检测进行前，路面必须保持清洁。

（7）现场配合

现场应有安全保证措施，保证检测人员的安全；检测机构与现场技术人员进行沟通，确定检测方案、检测注意事项及检测用时间；在检测开始前，委托方应填写委托合同（格式由检测机构提供），双方签字确认后开始检测。

（8）检测结果评定

检测结果应满足设计要求。

附录 1

通用试样台账

试样编号	品种/种类	规格/等级	产地/厂别	代表数量	其他参数	是否见证	取样人	取样日期	送检日期	委托编号	报告编号	检测试验结果	备注

附录 2

钢筋试样台账

试样编号	种类	规格 (mm)	牌号 (级别)	厂别	代表数量 (t)	炉罐号	是否见证	取样人	取样日期	送检日期	委托编号	报告编号	检测试验结果	备注

附录 3

钢筋连接接头试样台账

试样编号	接头类型	接头等级	代表数量	原材试验编号	公称直径 (mm)	是否见证	取样人	取样日期	送检日期	委托编号	报告编号	检测试验结果	备注

混凝土试件台账

试件编号	浇筑部位	强度、抗渗等级	配合比编号	成型日期	试件类型	养护方式	是否见证	制作人	送检日期	委托编号	报告编号	检测试验结果	备注

砂浆试件台账

试件编号	砌筑部位	强度等级	砂浆种类	配合比编号	成型日期	养护方式	是否见证	制作人	送检日期	委托编号	报告编号	检测试验结果	备注